# 重庆市示范性高职院校优质核心课程系列教材

## 建设委员会成员名单

重庆市示范性高职院校优质核心课程系列教材

# 天然药物生产技术

张先淑　编著
贾廷华　主审

化学工业出版社

·北京·

《天然药物生产技术》以生物制药生产过程各岗位所需要的知识和技能为依据，以生产流程为主线，从天然药物（药用植物）的识别开始，到中药的炮制，最后介绍天然药物的提取、浓缩、纯化、成型与鉴别等，具体包括药用植物的识别、中药的炮制、天然药物的提取与分离技术、生物碱药物的提取、醌类药物的提取、香豆素类药物的提取、木脂素类药物的提取、黄酮类药物的提取、萜类药物的提取、挥发油类药物的提取与皂苷类药物的提取。

通过本课程的学习和训练，学生能够熟悉天然药物生产的整个环节，逐步具备天然药物生产人员的职业素养，为今后的工作和学习打下坚实的基础，也有助于学生考取相关的职业资格证书。

《天然药物生产技术》适用于职业教育生物制药相关专业师生用书，也可供从事相关技术工作的科技人员参考使用。

**图书在版编目（CIP）数据**

天然药物生产技术/张先淑编著 . —北京：化学
工业出版社，2016.1
ISBN 978-7-122-19086-4

Ⅰ.①天…　Ⅱ.①张…　Ⅲ.①生物制品-生产工艺-
教材　Ⅳ.①TQ464

中国版本图书馆 CIP 数据核字（2015）第 305608 号

---

责任编辑：迟　蕾　李植峰　　　　　　文字编辑：焦欣渝
责任校对：边　涛　　　　　　　　　　装帧设计：张　辉

---

出版发行：化学工业出版社（北京市东城区青年湖南街 13 号　邮政编码 100011）
印　　装：三河市延风印装有限公司
787mm×1092mm　1/16　印张 17¼　字数 451 千字　2016 年 4 月北京第 1 版第 1 次印刷

---

购书咨询：010-64518888（传真：010-64519686）　售后服务：010-64518899
网　　址：http://www.cip.com.cn
凡购买本书，如有缺损质量问题，本社销售中心负责调换。

---

定　　价：42.00 元

# 序

　　随着高等职业教育"工学结合，校企合作"人才培养模式的不断发展，示范院校示范专业的课程建设进入到全新的阶段，特别是在《教育部关于推进高等职业教育改革创新　引领职业教育科学发展的若干意见》（教职成〔2011〕12号）的正式出台，标志着我国高等职业教育以课程为核心的改革与建设成为高等职业院校当务之急。重庆工贸职业技术学院经过十年的改革探索和三年的示范性建设，在课程改革和教材建设上取得了一些成就，纳入示范建设的3门食品工艺与检测专业优质核心课程的物化成果之一———教材，现均已结稿付样，即将与同行和同学们见面交流。

　　本系列教材力求以职业能力培养为主线，以工作过程为导向，以典型工作任务和生产项目为载体，立足行业岗位要求，参照相关的职业资格标准和行业企业技术标准，遵循高职学生成长规律、高职教育规律和行业生产规律进行开发建设。教材建设过程中广泛吸纳了行业、企业专家的智慧，按照任务驱动、项目导向教学模式的要求，在内容选取上注重了学生可持续发展能力和创新能力培养，教材具有典型的工学结合特征。

　　本套以工学结合为主要特征的系列化教材的正式出版，是学院不断深化教学改革，持续开展工作过程系统化课程开发的结果，更是重庆市示范性高职院校建设的一项重要成果。本套教材是我们多年来按食品生产流程开展教学活动的一次理性升华，也是借鉴国外职教经验的一次探索尝试，凝聚了各位编审人员的大量心血与智慧，希望该系列教材的出版能为推动全国高职高专食品工艺与检测专业建设起到引领和示范作用。当然，系列教材涉及的工作领域较多，编者对现代教育理念的理解不一，难免存在各种各样的问题，希望得到专家的斧正和同行的指点，以便我们改进。

　　本系列教材的正式出版得到了全国生物技术职业教育教学委员会副主任陈电容教授等职教专家的悉心指导，以及娃哈哈集团重庆饮料有限公司刘炜、重庆涪陵榨菜集团张玉礼等专家和技术人员的大力支持，在此一并表示感谢！

宋正富

2014年10月

# 前言

　　本教材是在全国生物技术职业教育教学指导委员会的指导下，根据教育部有关高职高专教材建设的文件精神，以高职高专生物制药技术专业学生的培养目标为依据编写的。在本教材的编写过程中，广泛地征求了生产一线工程技术专家的意见，紧密地结合了生产实际，具有极强的实用性。该教材适用于高职高专生物制药技术、中药制药技术、生化制药技术、生物化工工艺等专业的教学使用。

　　本教材是药用植物学与天然药物化学两门课程的整合，以适应我国高职高专学生文化基础实际情况；降低了理论难度，突出了实用性；体现了"厚基础、宽口径、广就业"的教育指导思想。该教材以生物制药生产过程各岗位所需要的知识和技能为依据，以生产流程为主线，按照项目化过程从天然药物（药用植物）的识别开始，到中药的炮制，最后介绍天然药物的提取、浓缩、纯化、成型与鉴别等内容。通过本课程的学习和训练，使学生能够熟悉天然药物生产的整个环节，逐步具备天然药物生产所具备的职业素养，为今后的工作、学习打下坚实的基础，也有助于学生考取相关的职业资格证书，为从事药物提取工作作准备。

　　本教材在编写过程中得到了葵花药业集团重庆有限公司贾廷华工程师的关心和指导，得到了教育部全国生物技术职业教育教学指导委员会副主任陈电容教授的指导，同时得到了有关兄弟院校和化学工业出版社的大力支持，在此表示诚挚的感谢！

　　由于编者水平有限，时间仓促，书中难免有欠妥和疏漏之处，欢迎广大读者批评指正。

编者

2015 年 3 月

# 第一篇　药用植物

## ◎ 第四章 醌类药物的提取　172

## ◎ 第五章 香豆素药物的提取　186

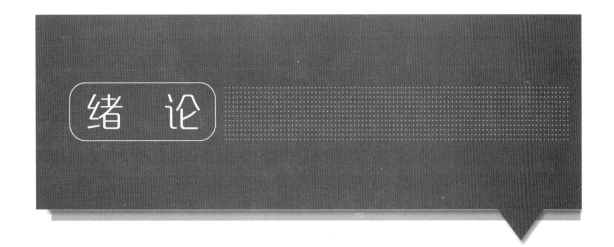

绪　论

## 一、天然药物的涵义

药物主要有两种来源：一是来源于自然界；二是人工制备。自然界中动物、植物和矿物构成的有药理活性的天然产物被称为天然药物，包括中药及一部分西药。如：穿山甲、雄黄、芍药、当归、三七、冬虫夏草等。而来自于植物的植物药在天然药物中占据了主导地位。植物药，顾名思义，是以植物初生代谢产物如蛋白质、多糖和次生代谢物（如生物碱、酚类、萜类）为有效成分的原料药及制剂；市场上植物来源的中药、中成药均在植物药之列。因此，天然药物在一定程度上和中草药重叠，但实际上天然药物并不完全等同于中药或中草药。

## 二、天然药物的有效成分

天然药物中的有效成分有很多类型，其中主要可以归纳为三类：一是生物大分子，如蛋白质、多糖、树脂、果胶等；二是天然有机化合物类，如生物碱、黄酮、萜类等；三是无机盐和有机盐类，如盐酸盐、草酸盐、柠檬酸盐等。它们的结构与理化性质差异较大。现就几类主要成分作简单介绍。

### 1. 生物碱

生物碱是含氮原子的天然有机化合物，不溶或难溶于水，可溶于乙醇、乙醚、丙酮和酸水中。如马钱子碱为无色结晶，味极苦，几乎不溶于水和乙醚，能溶于氯仿，微溶于乙醇和苯，剧毒，通常对人致死量范围为 5～120mg。生物碱类成分非常常见，香烟中的尼古丁、槟榔中的槟榔碱、香菇中的嘌呤等都是生物碱。生物碱主要分布于植物界100多个科中，如茄科、罂粟科、小檗科等植物中普遍含有；动物中极少发现生物碱，仅在蟾蜍、麝等动物身上有所发现。绝大多数生物碱具有特殊而显著的生理活性。如临床上治疗痢疾的黄连素、强烈镇痛药吗啡、抗癌药物长春碱与长春新碱等均属于生物碱类药物。

### 2. 苷

苷是糖或糖的衍生物与另一类非糖物质通过糖苷键结合而成的化合物，其中非糖部分称为苷元或配基。苷的种类很多，其生理作用因苷元不同而异。如白果、桃仁、瓜蒂、亚麻仁等中药，红景天和木薯等根茎中含有氰苷，它们会造成人畜中毒；郁金香花叶中的酯苷能抗菌；车前草叶中的酚苷能镇咳。

### 3. 醌

醌是分子内具有共轭不饱和环二酮结构的化合物。常显黄、红、紫等漂亮的颜色，被用作天然染料和食用色素。不少醌类化合物在生物氧化过程中起传递电子的作用，并且多具有抗氧化、抗菌或抗癌等生物活性。它在植物界分布广泛，高等植物中约有 50 多科植物含有醌类，主要集中在了蓼科、茜草科、鼠李科和豆科等科属以及低等植物地衣和菌类的代谢产物中。常见的天然药物紫草、丹参、芦荟、大黄、何首乌、决明子和核桃皮等药材中都含有醌类成分。

### 4. 黄酮

黄酮是两个苯环通过中间三碳链连接而成的一系列化合物。多分布于高等植物及蕨类植物中，如豆科和菊科植物中含的黄酮类化合物较为丰富。黄酮类化合物具有多种多样的生理活性。如：槐花米中的芸香苷具有降低血管通透性及抗毛细血管脆性的作用；葛根素、金丝桃苷等具有扩张冠状动脉血管的作用；大豆异黄酮作为保健品用于缓解女性更年期不适等。

### 5. 萜类

萜类化合物由两个或两个以上异戊二烯分子聚合衍生而成，有单萜、倍半萜、二萜、三萜等。萜类化合物在动植物、微生物及海洋微生物中分布相当广泛，结构多样，种类繁多，是天然产物中数量最多的一类化学成分，也是寻找和发现天然药物生物活性成分的重要来源。如：青蒿素具有抗疟作用，穿心莲内酯具有抗菌消炎作用，甘草酸具有促肾上腺皮质激素作用，齐墩果酸具有保肝功效等。

### 6. 香豆素

香豆素最早是从植物香豆中提取，因具有芳香气味而得名。它是邻羟基桂皮酸的内酯，常以游离形式分布于植物界，尤其多见于芸香科、豆科等植物。如：花椒中的花椒内酯、白芷中的白芷内酯和草木犀中的紫苜蓿酚等都属于香豆素类化合物。它们具有多种生物活性。如：蛇床子中的蛇床子素可抑制乙型肝炎表面抗原；豆科植物草木犀中的紫苜蓿酚具有显著的抗凝血活性；杭白芷总香豆素、补骨脂内酯能治疗白斑病等。

### 7. 木脂素

木脂素是一类由 2 分子苯丙素衍生物聚合而成的天然化合物，多数呈游离状态，少数与糖结合成苷而存在于植物的木质部和树脂中。其结构类型众多，兼具大量的取代基变化和立体异构形式，因而显示出众多的生物活性。如：五味子果实中的木脂素有保肝和降低血清谷丙转氨酶活性的作用；厚朴中的木脂素（厚朴酚、和厚朴酚）具有镇静和肌肉松弛作用等。

### 8. 挥发油

挥发油是一类具有挥发性的油状液体，其组成比较复杂。一种挥发油中往往含有数十乃至上百种成分，其中有萜类化合物、芳香族化合物、脂肪族化合物以及芥子油等其他类化合物等。由于它成分复杂，因而其生物活性也多种多样。如：薄荷中的挥发油可祛风解表；大蒜挥发油有祛痰、镇静、杀菌、消炎等作用；广藿香挥发油可作香料中的定香剂；砂仁挥发油有行气调中、和胃、醒脾等功效。

### 9. 皂苷

皂苷是由一多环烃的非糖部分（苷元）与糖通过苷键的方式连接而成的一类天然产物。根据已知皂苷元的结构特点将其分为两大类型——甾体皂苷和三萜皂苷。三萜皂苷在生物生成过程中常使分子中具有羧基结构，故又称为酸性皂苷；而甾体皂苷的分子不具有这种特性，故又称中性皂苷。

皂苷类化合物在植物界分布非常广泛，有文献记载，对中亚地区的 104 科、1700 余种植物进行了系统研究，其中 79 科植物（约 76%）中含有皂苷。常见含有皂苷的中药材有：山药、人参、西洋参、远志、柴胡、桔梗、牛膝、麦门冬、土茯苓、三七、黄芪等。许多食用植物也含有皂苷，如豆类、番茄、土豆、丝瓜等。

**10. 强心苷**

强心苷分子由一个醇基或醇样基团（配基、苷元）结合于数量不等的糖分子而构成。若配基中含固醇核（甾核），其 17 位碳原子连以一个不饱和内酯环，其 3 位碳原子与糖分子相连，这种苷即为强心苷。强心苷是一类具选择性强心作用的药物，又称强心甙或强心配糖体。临床上主要用于治疗心功能不全，此外又可治疗某些心律失常，尤其是室上性心律失常。

强心苷在植物界分布比较广泛，主要存在于夹竹桃科、玄参科、百合科、萝摩科、十字花科、毛茛科、卫矛科、大戟科、桑科等十几个科的一百多种植物中。在植物体中主要存于花、叶、种子、鳞茎、树皮和木质部等组织器官中。

## 三、天然药物的开发和应用现状

近年来，由于天然药物在治疗上的独特优势而备受重视。在一些欧洲国家（如德国）植物药、保健饮品已广为大众接受；美国已通过修改 FDA 的有关条款放宽对植物药的限制；而韩国、日本、中国台湾等地更是植物药的生产大户；中国香港特别行政区已决定斥巨资组建中药港。国内植物药的应用与研究也及其普遍。在 1997 年出台的国家知识创新工程中，植物药的研究备受重视。昆明、上海等地的天然药物研究或筛选中心纷纷入选创新工程，势将大力推动国内的天然药物研究与开发，使天然药物在人类文明和进步中大放异彩！

**1. 全球的天然药物使用情况**

到目前为止，已形成应用系统理论的有：中国医药、印度佛教医学、伊斯兰医学、欧洲传统草药、南美民族医学和非洲民族医药。其中中国医药被认为是当今国际上发展最为成熟的天然药物体系。

**2. 天然药物使用的规模**

我国天然药物总数已达 12772 种，其中植物来源的为 11118 种，动物来源的为 1574 种，矿物来源的为 80 种；而植物来源的天然药物又以被子植物中的双子叶植物最多，占到 8598 种。

**3. 天然药物开发和应用的技术水平**

从天然药物开发和应用的技术水平分析，具体有三种情况：一是原料药，亦即传统意义上的中药，这在我国的市场上占了很大比例；二是制剂或提取物，通过一些简单的加工制成，中成药大多来源于此；三是纯天然有效化学成分，美国的 FDA 即如此要求，但近年来也逐渐放松管制。这三种情况里，已有的技术水平不断成熟、提高，使用规模也逐渐壮大。天然药物在人们心目中具有举足轻重的地位。

然而，目前国际上还有一些热点天然药物需要我们不断地去探索与挖掘。例如：抗癌药物紫杉醇及其衍生物；抗疟药青蒿素；心脑血管药物银杏素内酯；对于抗艾滋病的天然药物虽有很多报道，但还无药可进入临床。由此可见，有关天然药物的应用与研究会有美好的前景！

## 四、生物制药与植物药之间的关系

生物制药是用生物工程的方法及分离提纯工艺获得治疗疾病的有效成分。生物制药与植物药之间的关系表现在：

**1. 植物药为生物制药提供先导化合物**

化学物质具有什么样的治疗活性，不能凭空推想，一般都是在已有的植物药中去寻找，然后用生物工程的方法生产这种有效成分或其衍生物。

**2. 植物药的药源植物为生物制药提供场所或为寻找这种场所提供方向**

例如：紫杉醇是在太平洋红豆杉中发现的，在我国的东北红豆杉中也有发现。红豆杉，是世界上公认的濒临灭绝的天然珍稀抗癌植物，是第四纪冰川遗留下来的古老树种，在地球上已有 250 万年的历史。由于在自然条件下红豆杉生长速度缓慢，再生能力差，所以很长时间以来，世界范围内还没有形成大规模的红豆杉原料林基地。中国已将其列为一级珍稀濒危保护植物，联合国也明令禁止采伐。由于红豆杉植物的匮乏，需用生物工程的方法生产紫杉醇，通常选用红豆杉属植物的离体培养物，如悬浮培养细胞，进行快速、大量地繁殖，以保证需要。

**3. 植物药为生物制药指明方向**

现在，基因工程药物很多，而它通常是把控制有效成分合成的基因克隆，整合到受体中令其表达，得到需要的化合物。而基因来源于植物！当然，生物制药不会局限于植物，也涉及微生物。例如：抗生素的生产；2003 年美国成功采用合成生物技术使青蒿素在酵母细胞内表达等。

第一篇

药用植物

# 第一章

# 植物器官的形态

【学习目标】

1. 知识目标

(1) 掌握植物各器官的形态学基础知识。

(2) 了解植物细胞、组织及器官内部构造知识。

2. 技能目标

能分清药用植物的营养器官及生殖器官，会观察植物细胞、组织及器官的内容构造。

药用植物的认识是以具有防治疾病和保健作用的植物为对象，用植物学的知识和方法认识它们的形态与结构，熟悉它们的生理功能、化学成分、分类鉴定及合理利用等。它是天然药物生产技术的一个基础环节。

## 一、植物的细胞

细胞是植物体结构和功能的基本单位，也是植物生命活动的基本单位。植物的种类繁多，但就植物体的构造来说，除了低等的类型（病毒）以外，都是由细胞构成的。通常有些植物由单个细胞构成，也有些植物由多个细胞构成。单细胞的植物，一个细胞就代表一个个体，其生长、发育和繁殖等一切生命活动，都由一个细胞来完成，如衣藻、小球藻等。复杂的高等植物，其个体由多个细胞构成，细胞之间有机能上的分工和形态结构上的分化；它们相互依存、彼此协作，共同维持着整个植物体正常生活的进行。

然而各国科学家也相继用花粉细胞、胚乳细胞甚至原生质体培养出了再生植株。这说明高等植物的每个生活细胞，在实验条件下能成长为新的个体，即植物细胞具有全能性。

[知识链接]

植物细胞全能性是指每个细胞或某部分组织经培养后能发育成原植物的新个体。它是组织培养的理论基础。

1902 年，德国植物学家哈伯兰特预言植物细胞具有全能性。他用高等植物的叶肉细胞、髓细胞、表皮细胞等多种细胞进行培养，发现有细胞增大，但没看到细胞分裂和增殖。后来科学家们通过 50 余年的不断试验，植物细胞全能性得到了充分论证，组织培养技术也得到了迅速发展。例如：1934 年，美国的怀特在番茄根尖切口处培养出了愈伤组织；1946 年，中国学者罗士韦培养菟丝子茎尖，在试管中形成了花；1964 年，Cuba 和 Mabesbwari 利用毛叶曼陀罗的花药培育出单倍体植株；1969 年 Nitch 将烟草的单个单倍体孢子培养成了完整的单倍体植株；1970 年 Steward 用悬浮培养的胡萝卜单个细胞培养成了可育的植株。

### （一）细胞的形状和大小

组成植物体的细胞的形状与大小各不相同，其不同部位的细胞，形状、大小与它们的功能密切相关。如游离或排列疏松的多呈球状体；排列紧密的则呈多面体或其他形状；执行机械作用的多细胞壁增厚，呈圆柱形、纺锤形等；执行输送作用的则多为长管状。植物的细胞一般都很小，直径通常在 $10 \sim 50 \mu m$，一般必须在显微镜下才能看到。但植物细胞的大小差异较大，大多数高等植物细胞的直径通常约在 $10 \sim 200 \mu m$ 之间。种子植物细胞的直径一般在 $10 \sim 100 \mu m$ 之间，较大细胞的直径也不过是 $100 \sim 200 \mu m$；有少数植物的细胞较大，肉眼可以分辨出来，如番茄果肉、西瓜瓤的细胞，直径可达 1mm；苎麻茎中的纤维细胞，最长可达 550mm；最长的细胞无节乳汁管长达数米至数十米，如橡胶树的乳汁管，但这些细胞在横向直径上仍是很小的。植物细胞的大小是由遗传因素所控制，其中主要是由于细胞核的作用。植物细胞的形状如图 1-1-1 所示。

图 1-1-1 植物细胞的形状
1—长纺锤形；2—长柱形；3—球形；4—多面体；
5—表皮细胞；6—根毛细胞；7—星形；
8—长梭形；9—长筒形

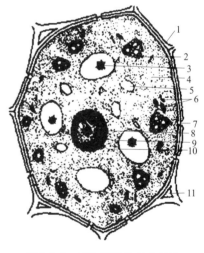

图 1-1-2 植物细胞的基本结构
1—细胞壁；2—具同化淀粉的叶绿体；3—晶体；4—细胞质；5—液泡；6—线粒体；7—纹孔；8—细胞核；
9—核仁；10—核质；11—细胞间隙

### （二）细胞的结构

植物体的不同细胞具有不同的结构，即便同一个细胞在不同的发育时期结构也有所不同。但其基本结构主要包括外面坚韧的细胞壁和里面有生命的原生质体。另外，细胞中还含有许多原生质体的代谢产物，称为后含物。植物细胞的基本结构如图 1-1-2 所示。

**1. 原生质体**

原生质体是构成生活细胞的除细胞壁以外的各部分，是细胞里有生命的物质的总称。它由细胞质、细胞核、质体、线粒体等几个部分组成。

（1）细胞质 细胞质由质膜和细胞基质（简称胞基质）组成。在幼嫩的生活细胞中，细胞质充满整个细胞腔；在成熟细胞中，由于液泡的形成与增大，细胞质逐渐成为紧贴细胞壁的薄层，介于细胞壁和液泡之间。

质膜又称细胞膜、生物膜，其厚度为 7.5～10nm。它具有"选择透性"特点，因而能控制细胞内外物质的交换。

细胞基质中含有蛋白质、类脂、核酸、水分等物质，呈胶体状态，有一定的黏度和弹性，细胞核及其他细胞器都包埋于其中。

（2）细胞核 是被细胞质包被而折光性较强的环状结构，由核膜、核液、核仁和核质（染色质）等部分组成。

细胞核的主要功能是控制细胞的遗传和调节细胞内物质的代谢途径，对细胞的生长、发育、有机物质的合成等均具有重要的作用。细胞核的作用与细胞质密不可分，互相依存，互相影响。

（3）质体 除菌类和蓝藻外，一切绿色植物都具有。外有单位膜构成的质膜，内有吸附色素的质体。根据所含的色素不同，可分成叶绿体、有色体和白色体三种。

① 叶绿体 叶片、嫩茎皮层细胞含有叶绿体，因其含叶绿素较多而呈绿色。叶绿体是植物进行光合作用和合成淀粉的场所。

② 有色体 存在于植物的花瓣、果实和根中，它含有叶黄素和胡萝卜素及类胡萝卜素，呈橙红、橙黄色，因而使植物的果实、花瓣显现鲜艳的颜色。如番茄、辣椒果实、胡萝卜根等都含有有色体。

③ 白色体 多见于幼嫩或不见光的组织细胞中，如番薯块根、马铃薯块茎等储藏器官，植物种子的胚等含有白色体。

三种质体在一定的条件下可以发生转化，如马铃薯的白色体经光照后可变成叶绿体；胡萝卜的根露出地面后其有色体变成叶绿体；辣椒成熟后其叶绿体变成有色体。

（4）线粒体 除细菌、蓝藻外细胞都具有线粒体。它由双层膜构成，外面一层称外膜，内膜向内形成管状突起称"嵴"。在嵴上附有很多功能与呼吸作用有关的酶，由于"嵴"的形成增大了内膜的表面积。"嵴"与"嵴"之间称基质，其由蛋白质、类脂组成。

线粒体是细胞进行呼吸作用的重要场所，其呼吸释放出大量能量，使糖、蛋白质、脂肪等氧化产生 $CO_2$ 和水。因此，线粒体成为了释放能量的中心，被形容为"细胞的动力工厂"。

（5）高尔基体 高尔基体是意大利科学家 Golgi 从动物细胞中发现的。

高尔基体与细胞的分泌作用有关，能合成纤维素、半纤维素等多糖类物质。

（6）内质网 是分布在细胞质中由单层膜构成的网状管道系统，它可与核膜的外膜、质膜相连，甚至还可通过细胞壁的胞间连丝与相邻细胞的内质网发生联系。

（7）核糖体 又称核糖核蛋白体，一般呈长圆形或近球形，直径 15～25nm，主要成分是 RNA 和蛋白质，大量分布在细胞质中和附着在内质网的外表面。核糖体是细胞中蛋白质合成的中心。

（8）溶酶体 外形、大小都很像线粒体，但仅具有一层膜，内部无"嵴"，膜内含有多种很高浓度的水解酶、核酸酶、蛋白酶、糖苷酶、磷酸酶、组织蛋白酶、脂酶等，它们能分解所有生物大分子。

（9）液泡 植物细胞中最显著的内部结构，也是一种细胞器。液泡由一层膜包围，膜内充满细胞液。液泡膜具选择透性，通透性比质膜高。幼年细胞液泡多、小且分散。随着细胞生长，吸收水分，代谢产物增多，液泡合并，增大，最后形成中央大液泡，体积占整个细胞的 90%，将细胞质挤在一边，细胞核及各种细胞器被挤到紧贴细胞壁。

液泡内的细胞液的主要成分是水及溶于水中的糖、脂肪、蛋白质、无机盐、有机酸、植物碱、花青素等。

**2. 细胞壁**

细胞壁、液泡和质体是植物细胞区别于动物细胞的结构。

细胞壁是由原生质体分泌的物质构成，对细胞起保护、支持的作用，使细胞保持一定的形状和相对稳定的外环境。细胞壁本身结构疏松，外界可通过细胞壁进入细胞中。

（1）细胞壁的结构

① 胞间层　又称中胶层，是相邻两细胞共有的一层薄膜，它将相邻细胞连接起来。主要成分为果胶质（果胶酸钙和果胶酸镁）。

② 初生壁　细胞生长过程中，原生质体分泌出纤维素、半纤维素、果胶质附加在中胶层的两面，构成初生壁。初生壁薄，厚 $1\sim3\mu m$，富有弹性，可塑空间大，适应细胞生长时体积增大。

③ 次生壁　细胞停止生长后，原生质体分泌纤维素、半纤维素、木质素附加在初生壁上，使细胞腔越来越小。次生壁可以分成三层，包括外层、中层和内层。次生壁质地坚硬，有较强的机械支持作用。

（2）纹孔　具有初生壁的细胞进行次生加厚形成次生壁时，加厚不是均匀的，未加厚的部位形成空隙，称为纹孔。

（3）胞间连丝　细胞壁并非把两个细胞截然分开，而是有很纤细的细胞质丝穿过纹孔的细胞壁而相互联系，起细胞间物质运输和信息传递的作用，这种方式称为胞间连丝。如柿子的果肉、椰枣的果肉、七叶树种子的胚乳细胞在初生壁上有胞间连丝通过。

由于胞间连丝的联系，构成了完整的膜系统，起着细胞间的物质交换、信息传递的作用，同时病毒也可以利用胞间连丝进行传递。

（4）细胞间隙　在细胞生长过程中，细胞壁的中胶层（胞间层）部分溶解，形成一些空隙，称为细胞间隙，具有物质运输、通气、储藏气体的作用。

（5）细胞壁的特化　纤维素是细胞壁的主要组成成分。但由于受环境影响，细胞壁还常常会沉积其他物质，发生理化性质的变化而导致生理机能的不同，这就是细胞壁的特化现象。如木质化、木栓化、角质化、黏质化和矿质化等。

**3. 植物细胞的后含物**

细胞代谢过程中产生的非生命物质，统称为后含物。存在于细胞质、液泡、细胞器中。其形态和性质往往是生药鉴定的重要依据。后含物主要有淀粉、蛋白质、脂类和结晶等。

（1）淀粉　以淀粉粒的形式储藏在细胞质中，最常见的是块根、块茎、种子的胚乳或子叶中。

（2）蛋白质　后含物中的蛋白质是无生命的，化学性质稳定，常存在于种子的胚乳和子叶的细胞中，无定形或以结晶形式存在。

（3）脂类　脂类物质常存在于胚、胚乳与储藏器官中，包括油脂和类脂。油脂是油和脂肪的总称。一般把常温下呈固态或半固态的称为脂，如可可脂等；常温下呈液态的称为油，如蓖麻油、大豆油、油菜籽油等。类脂主要包括蜡、磷脂、萜类和甾族化合物等。这些物质在药用植物中也存在，如大豆磷脂、茯苓三萜等，它们也具有重要的作用。

（4）结晶　结晶在液泡中形成，通常为草酸钙结晶，常见的有单晶、针晶、簇晶等，可作分类鉴定的特征。

（5）其他后含物　细胞后含物除了以上几种物质外，在各种细胞的细胞液中还含有糖类、盐类、生物碱、挥发油、树脂等后含物；在细胞内还含有生理活性物质如酶、维生素以及植物激素等，它们对植物生长、发育起着重要作用。

## 二、植物的组织

在个体发育中，来源相同、形态结构相似、机能相同而又紧密联系的细胞群，称为组织。由同一种细胞构成的组织叫简单组织；多种细胞构成的组织叫复合组织。

植物的组织，按其形态结构和功能的不同，分为分生组织、薄壁组织、保护组织、机械组织、输导组织和分泌组织等六类。

## （一）分生组织

分生组织由一群具有分生能力的细胞组成，能不断进行细胞分裂，增加细胞的数目，使植物不断生长。按照分生组织在植物体内所处位置的不同有顶端分生组织、侧生分生组织和居间分生组织三种类型；而按分生组织的性质来源可分为原生分生组织、初生分生组织和次生分生组织三种类型。

### 1. 原生分生组织

原生分生组织由种子内的胚遗留下来的终身具有分裂能力的细胞组成。位于根、茎和枝的先端，即生长点，又称顶端分生组织；原生分生组织分生的结果，使根、茎和枝不断地伸长和长高。

### 2. 初生分生组织

初生分生组织是原生分生组织分化出来而保持分生能力的细胞，如原表皮层、基本分生组织和原形成层。初生分生组织分生的结果，产生根和茎的初生构造。

分生组织保留下来的一部分分生组织，称居间分生组织。分生的结果，产生居间生长。

### 3. 次生分生组织

次生分生组织是由成熟组织中的某些薄壁细胞如皮层、维管柱鞘等细胞重新恢复分生功能而形成的。如木栓形成层、根的形成层和茎的束间形成层。一般排列成环状，并与轴相平行，又称侧生分生组织。它们与根、茎的加粗和重新形成保护组织有关。

## （二）薄壁组织

在植物体内占有很大部分，是组成植物体的基础，由主要起代谢活动和营养作用的薄壁细胞所组成，又称为基本组织。一般由纤维素和果胶质组成，是生活细胞。薄壁组织的类型与特点见表 1-1-1 所示。

表 1-1-1　薄壁组织的类型与特点

| 组织类别 | 存在部位 | 特　　点 | 功　　能 | 实　　例 |
|---|---|---|---|---|
| 一般薄壁组织 | 根、茎的皮层与髓部 | 细胞质薄，液泡大，细胞排列疏松，有细胞间隙 | 填充与联系其他组织，并能转化成次生分生组织 | 根、茎的皮层和髓部 |
| 通气薄壁组织 | 水生与沼泽植物体内 | 细胞间隙特别发达，间隙相互联结，形成气腔或四通八达的管道 | 具有储藏空气、漂浮和支持作用 | 水稻的根、莲和菱的叶柄，莲的根茎、灯心草的茎髓 |
| 同化薄壁组织 | 叶肉细胞及幼茎、幼果的表面易受光照的部位 | 含有极多的叶绿体，分栅栏组织和海绵组织 | 具同化作用 | 叶 |
| 输导薄壁组织 | 木质部及髓部 | 细胞较长 | 输导水分和养料 | 髓射线 |
| 吸收薄壁组织 | 根尖的根毛区 | 部分表皮细胞外壁向外凸起形成根毛，细胞壁薄 | 从土壤中吸收水分和矿物质等，并将吸收的物质运送到输导组织 | 根毛 |
| 储藏薄壁组织 | 地下部分及果实、种子中 | 细胞较大，其中含有大量淀粉、蛋白质、脂肪油和糖等营养物质 | 储藏营养物质 | 落花生子叶中的蛋白质、脂肪，芦荟叶片中储藏的大量水分 |

**1. 一般薄壁组织**

一般薄壁组织存在于根和茎的皮层和髓部，主要起填充和联系其他组织的作用，并具有转化为次生分生组织的可能。

**2. 通气薄壁组织**

通气薄壁组织多存在于水生和沼泽植物体内；细胞间隙特别发达，具有储藏空气的功能。如莲的叶柄和灯心草的髓部。

**3. 同化薄壁组织**

同化薄壁组织又称绿色组织，含有极多的叶绿体，多存在于植物的叶肉细胞中的幼茎、幼果的表面易受光照的部位。

**4. 输导薄壁组织**

输导薄壁组织多存在于植物器官的木质部及髓部；细胞较长，有输导水分和养料的作用。

**5. 吸收薄壁组织**

吸收薄壁组织位于根尖的根毛区，它的部分表皮细胞外壁向外凸起形成根毛，细胞壁薄；主要功能是从土壤中吸收水分和矿物质等，并将吸收的物质运送到输导组织中。

**6. 储藏薄壁组织**

储藏薄壁组织多存在于植物的地下部分及果实、种子中，细胞较大，其中含有大量淀粉、蛋白质、脂类和糖等营养物质。

**（三）保护组织**

保护组织包被在植物各个器官的表面，保护植物的内部组织，能控制和进行气体交换，防止水分的过度散失、病虫的侵害以及机械损伤等。根据来源和形态结构的不同，保护组织又分为初生保护组织（表皮组织）和次生保护组织（周皮）。

**1. 表皮组织**

分布于幼嫩的器官表面。由一层呈扁平的长方形、多边形和波状不规则形，彼此嵌合，排列紧密，无细胞间隙的生活细胞组成。通常不含叶绿体，外壁常角质化，并在表面形成连续的角质层，有的角质层上有蜡被，有防止水分散失的作用。有的表皮细胞常分化成气孔或向外凸出形成毛茸。它们也是鉴别生药的依据之一。

图 1-1-3　叶的表皮及气孔器
1—表皮；2—气孔器

（1）气孔　是植物进行气体交换的通道。双子叶植物的气孔（如图 1-1-3 所示）由两个半月形的保卫细胞组成，两个保卫细胞凹入的一面是相对的，中间的细胞壁胞间层溶解成为孔隙，即为气孔。气孔有控制气体交换和调节水分蒸发的能力。

保卫细胞与周围的表皮细胞（副保卫细胞）间排列的方式称为气孔的轴式，它是鉴别叶类药材的依据之一。

双子叶植物气孔的类型最常见的有五种（如图 1-1-4 所示）。

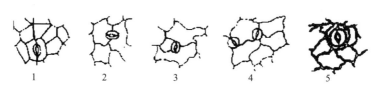

图 1-1-4　双子叶植物气孔的几种类型
1—平轴式；2—直轴式；3—不定式；4—不等式；5—环式

① 平轴式气孔　又称平列型气孔。副卫细胞 2 个，长轴与气孔长轴平行，如茜草科、

豆科植物的气孔。

②直轴式气孔  又称横列型气孔。副卫细胞2个，长轴与气孔长轴垂直，如石竹科、唇形科、爵床科等植物的气孔。

③不定式气孔  又称无规则型气孔。副卫细胞3个以上，大小基本相同，并与其他表皮细胞形状相似，如毛茛科、玄参科等植物的气孔。

④不等式气孔  又称不等型气孔。副卫细胞3～4个，但大小不等，其中一个特别小，如十字花科、茄科等植物的气孔。

⑤环式气孔  副卫细胞数目不定，较其他表皮细胞小，围绕气孔周围排列成环状，如山茶科的茶叶、桃金娘科的桉叶的气孔。

单子叶植物的气孔，保卫细胞为哑铃形。也有两种比较典型的类型：

①禾本科型  保卫细胞较细长，呈哑铃形，除两端的细胞壁内侧面较薄外，细胞壁普遍增厚，当保卫细胞充水两端膨胀时，气孔缝隙就张开。同时在保卫细胞的两边，还有两个平行而略作三角形的副卫细胞，称辅助细胞，对气孔的开闭有辅助作用，为禾本科和莎草科植物所特有。禾本科气孔类型如图1-1-5所示。

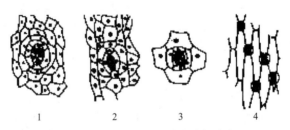

图1-1-5  单子叶植物的禾本科气孔类型
1—*Strelitzia nicolei*；2—露兜树；3—鸭跖草；4—鸢尾

②石蒜科型  气孔器长轴与周围表皮细胞长轴平行，数目为4个，且大小相近，为石蒜科、百合科植物所特有。

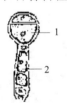

图1-1-6  腺毛结构
1—腺头；2—腺柄

（2）毛茸  是由表皮细胞向外伸出形成的突起物，具有保护和减少水分蒸发或分泌的功能。毛茸常分两类：

①腺毛  是由表皮细胞分化而来的，能分泌挥发油、树脂、黏液等物质，分为腺头和腺柄两部分。腺毛结构如图1-1-6所示。

②非腺毛  无腺头和腺柄之分；无分泌功能。由于组成非腺毛的细胞数目、分枝状况不同而有多种类型的非腺毛，如单细胞的、洋地黄的多细胞的非腺毛、毛蕊花叶的分枝状毛、艾叶的丁字形毛、蜀葵叶的星状毛、胡颓子叶的鳞毛。

**2. 周皮**

周皮由木栓形成层及其向外产生的木栓层、向内产生的栓内层三者组成。其结构如图1-1-7所示。

**（四）机械组织**

机械组织是细胞壁明显增厚的一群细胞，有支持植物体和增加其坚固性的作用。根据细胞壁增厚的成分、增厚的部位和增厚的程度，可分为厚角组织和厚壁组织两种类型。

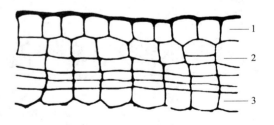

图1-1-7  周皮的结构
1—表皮层；2—木栓层；3—栓内层

**1. 厚角组织**

厚角部分由纤维素和果胶质组成。如伞形科植物的棱角处，白芷和野胡萝卜的茎和叶柄可见的明显纵棱就是一种厚角组织。

**2. 厚壁组织**

多位于根、茎的皮层、维管束及果皮、种皮中，可分为纤维和石细胞两种类型。

（1）纤维　纤维是细胞壁为纤维素和木质化增厚的细长细胞，一般为死细胞，通常成束，纤维之间彼此嵌合，增强了坚固性。常见有韧皮纤维（木质部外纤维）和木纤维两种类型。

（2）石细胞　细胞壁明显增厚且木质化，细胞壁死亡。多数为近球形、多面体形，亦有短棒状、分枝状等。单个石细胞或成群分布在根皮、茎皮、果皮及种皮中，梨果实的石细胞比较丰富。石细胞的形态如图 1-1-8 所示。

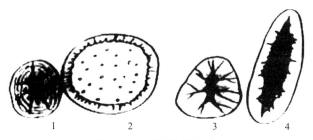

图 1-1-8　石细胞的形态

1—多面体形；2—近球形；3—分枝状；4—短棒状

（五）输导组织

植物体中输送水分、无机盐和营养物质的组织。其细胞常上下相连成细长管状。有以下几种类型：

**1. 导管和管胞**

导管和管胞负责自下而上输送水分及溶于水中的无机养料，存在于木质部。

（1）管胞　蕨类植物和大多数裸子植物主要的输导组织，有些被子植物的某些器官也有管胞。管胞互相连接且集合成群，依靠纹孔未增厚的部分运输水分，较为原始。

（2）导管　被子植物最主要的输导组织之一，麻黄等少数裸子植物和个别蕨类植物也有导管。导管的长度远比由一个细胞构成的管胞长，输导水分的能力强。由于导管次生壁木质化增厚情形不同，出现了不同的类型（如图 1-1-9 所示），常见的有以下几种。

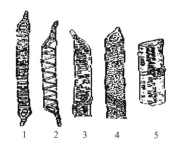

图 1-1-9　导管的类型

1—环纹导管；2—环纹导管；3—梯纹导管；
4—网纹导管；5—孔纹导管

① 环纹导管　增厚部分呈环状，多存在于幼嫩器官中，如玉米、凤仙花等。

② 螺纹导管　增厚部分呈螺旋状，螺旋带一条或数条，多存在于幼嫩器官中，如藕、半夏等。

③ 梯纹导管　增厚部分（连续）与未增厚部分（间断部分）间隔成梯形，导管壁既有横的增厚，也有纵的增厚，这种导管分化程度较深，多存在于成熟器官中，如葡萄茎的导管。

④ 网纹导管　增厚部分（连续）呈网状，多存在于成熟器官中，如大黄、南瓜等。

⑤ 孔纹导管　细胞壁绝大部分已增厚，未增厚处呈单纹孔或具缘纹孔，如甘草、向日

葵等。

**2. 筛管和伴胞**

筛管和伴胞输送光合作用制造的有机营养物质，存在于韧皮部。

（1）筛管 其上下两端横壁由于不均匀孔状纤维质增厚而成筛板，其上具筛孔，彼此相连形成同化产物输送的通道。

（2）伴胞 位于筛管分子旁侧的近等长、两端尖、直径较小的薄壁细胞。具有浓厚的细胞质和明显的细胞核，并含有多种酶，呼吸作用旺盛。筛管的疏导功能与伴胞有密切的关系。

（六）分泌组织

分泌组织由分泌细胞组成，能分泌某些特殊物质，如挥发油、乳汁、黏液、树脂和蜜腺等。亦可作为鉴别药材的依据之一，常分为外部分泌组织和内部分泌组织两种类型。

**1. 外部分泌组织**

外部分泌组织位于植物的体表，其分泌物直接排出体外，包括腺毛、腺鳞、蜜腺。

（1）腺毛 腺毛是由表皮细胞分化而来的，有腺头和腺柄之分，头部具有分泌功能，如天竺葵叶上的腺毛。

（2）蜜腺 是分泌蜜汁的腺体，由一层表皮细胞及其下面数层细胞分化而来。常存在于虫媒花植物的花瓣基部或花托上，如大戟属植物的蜜腺。

**2. 内部分泌组织**

内部分泌组织其分泌物储存在细胞内或细胞间隙中。包括分泌细胞、分泌腔、分泌道、乳汁管。

（1）分泌细胞 分泌细胞是单个散在的具有分泌能力的细胞，常比周围细胞大，其分泌物储存在细胞内。分泌细胞充满分泌物后，即成为死亡的储存细胞。

（2）分泌腔 分泌腔是由多数分泌细胞所形成的腔室，分泌物大多是挥发油储存在腔室内，又称为油室。

（3）分泌道 是植物体内许多分泌细胞围成的管道，分泌物储存在管道中。

（4）乳汁管 乳汁管是由一个或多个细长分枝的乳细胞形成。乳细胞为生活细胞，分泌乳汁储存在细胞中。乳汁管分为两类：一是有节乳管，由一系列管状乳细胞连接成为网状系统，如菊科、桔梗科等；二是无节乳管，为一个分枝长达几米的乳细胞构成，如夹竹桃科、桑科等。

## 三、植物的器官

在植物界里，有许多能开花、结实，并以种子进行繁殖的植物，称为种子植物。其植物体由根、茎、叶、花、果实和种子六部分组成，这些部分称为器官。根、茎、叶能吸收、制造、输送和储藏营养物质，供生长发育需要，称营养器官；花、果实和种子能繁衍后代，称繁殖器官。

（一）根

根通常是近圆柱形，先端尖细；向土中生长，不分节和节间，不生芽、叶和花。"根深叶茂，树大根深"可以说明根在植物生长中的作用。其功能是使植物体固定于土壤中，并从土壤中吸收水分和无机盐，亦有储藏和繁殖的作用，也有合成蛋白质、氨基酸、生物碱等功能。许多植物的根，如人参、三七、党参、当归、黄芪、甘草等，可供药用。

**1. 根的类型和根系**

（1）定根和不定根 按照根的发生部位不同，可分为定根和不定根两类。定根包括主根和侧根。种子萌发时胚根突破种皮形成主根。侧根是从主根上长出来的分枝，侧根的分枝上还可以再生分枝。不定根是从茎部或叶部以及老根或胚轴上生出的根。例如柳树插条上生的根就是一种不定根，秋海棠叶上也可长出不定根。

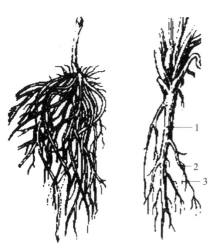

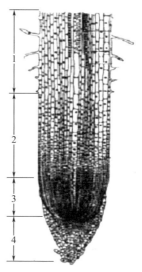

图 1-1-10　须根系（左）与直根系（右）　　　　　图 1-1-11　根尖的纵切面
1—主根；2—侧根；3—纤维根　　　　　1—根毛区；2—伸长区；3—分生区；4—根冠

（2）根系及类型　根系是一株植物所有根的总称。根系有两种类型：直根系和须根系（如图 1-1-10 所示）。直根系的主根发达而明显，侧根的长短粗细显著次于主根。裸子植物和大多数的双子叶植物都属直根系植物。须根系植物主根生长缓慢，早期停止生长或死亡，根系主要由不定根所组成的。大多数单子叶植物属须根系植物。

**2. 根尖的结构**

根的顶端根毛生长处及其以下的一段，叫做根尖（如图 1-1-11 所示）。根尖从顶端起，可依次分为根冠、分生区、伸长区、根毛区（成熟区）等四区。根尖的构造、特点及功能如表 1-1-2 所示。

表 1-1-2　根尖的构造、特点及功能

| 名　称 | 位　置 | 特　点 | 功　能 |
|---|---|---|---|
| 根冠 | 根尖最顶端 | 形状似帽状的结构，由许多薄壁细胞组成 | 保护分生区，能分泌黏液，起润滑作用 |
| 分生区 | 根冠内侧 | 细胞体积小、壁薄、质浓、核大、排列紧密，具有强烈的分裂能力 | 根中各种组织的"发源地" |
| 伸长区 | 分生区上方 | 细胞逐渐分化并纵向伸长 | 根尖入土的主要推动力 |
| 根毛 | 伸长区上方 | 细胞已停止生长，并且分化成熟 | 根吸收水分和无机盐的主要部位 |

（1）根冠　根冠位于根尖的顶端，由许多薄壁细胞组成冠状结构。根冠包被着根尖的分生区，具有保护根尖的幼嫩分生组织的功能。根冠由薄壁细胞所构成，细胞内含有淀粉粒，细胞排列疏松，向外分泌黏液。

（2）分生区　分生区位于根冠上方，长度 1～2mm。分生区的顶端部分是原分生组织，原分生组织是一群最年幼且保持着细胞旺盛分裂能力的细胞群，所以此区亦称生长点。

分生区分裂出的细胞，一部分分化为根冠细胞，另一部分体积增大和延长，转变为伸长区细胞。因此，分生区细胞可不断地进行分裂，增加细胞数目，并经过细胞的进一步生长、分化，逐渐形成根的表皮、皮层和中柱等各种结构。

（3）伸长区　分生区的上面就是伸长区，长度为数毫米（一般 2～5mm）。伸长区的细胞伸长迅速，细胞质成一薄层位于细胞的边缘部分，液泡明显，并逐渐分化出一些形态不同的组织。该区细胞剧烈伸长的力量，成为根在土壤中向前推进的动力。

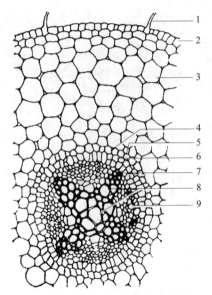

图 1-1-12 双子叶植物根的初生结构
1—根毛；2—表皮；3—皮层薄壁组织；4—凯氏点；
5—内皮层；6—中柱鞘；7—原生木质部；
8—后生木质部；9—初生韧皮部

（4）根毛区 根毛区长度为几毫米到几厘米。根毛区表面密被根毛，增大了根的吸收面积。根毛区是根部吸收水分的主要部分，其内部的细胞已停止分裂活动，分化为各种成熟组织，故亦称为成熟区。

根毛是表皮细胞向外突出形成的顶端密闭的管状结构，成熟根毛长度介于 $0.5\sim10mm$，直径 $5\sim17\mu m$。极少数植物根毛可以出现分叉，甚至形成多细胞根毛。

根毛对湿度特别敏感。在湿润的环境中，根毛的数目很多，每平方毫米的表皮上，玉米约有 420 条，豌豆约有 230 条；在淹水情况下，根毛一般很少；在干旱情况下，根毛同样很少。

根毛的寿命很短，一般不超过两三周。根毛区上部的根毛逐渐死亡，而下部又产生新的根毛，不断更新。随着根尖的生长，根毛区则向土层深处推移，许多根毛分别与新的土粒接触，并分泌有机酸，使土壤中难溶性的盐溶解，大大增加了根的吸收效率。

### 3. 双子叶植物根的结构

（1）初生结构 根的初生结构由外向内依次为表皮、皮层和中柱三部分，如图 1-1-12 所示。

表皮位于根的最外层，由单层细胞组成，细胞排列紧密，细胞壁薄，无角质层，无气孔器，部分细胞外切向壁外突出形成根毛。皮层由外皮层、皮层薄壁细胞与内皮层组成：外皮层是皮层最外方紧接表皮的一层细胞，细胞排列紧密、整齐、无间隙；皮层薄壁细胞由多层大型薄壁细胞组成；而内皮层则是皮层最内一层细胞，常以特殊方式增厚形成凯氏带。

（2）次生结构 双子叶植物的根完成初生生长后，由于形成层的发生和活动，不断产生次生维管组织和周皮，使根的直径增粗，产生次生结构，如图 1-1-13 所示。

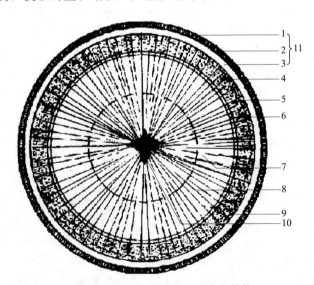

图 1-1-13 双子叶植物根的次生结构
1—木栓层；2—木栓形成层；3—栓内层；4—次生韧皮部；5—韧皮射线；6—维管形成层；
7—次生木质部；8—木射线；9—初生韧皮部；10—初生木质部；11—周皮

双子叶植物根的次生构造从外向内依次为：周皮（木栓层、木栓形成层、栓内层）、韧皮部（初生韧皮部、次生韧皮部）、形成层、木质部（次生木质部、初生木质部）等。

#### 4. 单子叶植物根的结构

单子叶植物根的基本结构也可分为表皮、皮层、中柱三个部分，但各部分有其特点，特别是不产生维管形成层和木栓形成层，不能进行次生生长。其构造如图 1-1-14 所示。表皮是根最外一层细胞，在根毛枯死后，往往解体而脱落。一般禾本科植物根的皮层中，靠近表皮的一层至数层细胞为外皮层。在根发育的后期，往往转变为厚壁的机械组织，起支持和保护作用。在机械组织的内侧为细胞数量较多的皮层薄壁组织。维管柱最外一层薄壁细胞组成中柱鞘。维管柱中央有发达的髓，由薄壁细胞组成。原生木质部紧靠中柱鞘常由几个小型导管组成，内侧相连的后生木质部常具大型导管。每束初生韧皮部主要由少数筛管和伴胞组成，它与初

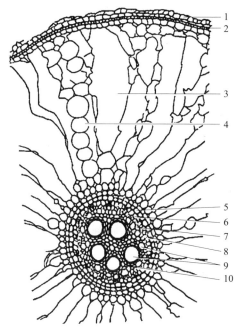

图 1-1-14　单子叶植物根的结构（水稻）
1—表皮；2—外皮层；3—气腔；4—残余的皮层薄壁细胞；
5—内皮层；6—中柱鞘；7—初生韧皮部；8—原生木质部；
9—后生木质部；10—厚壁细胞

生木质部相间排列，二者之间的薄壁细胞不能恢复分裂能力，不产生形成层。以后，其细胞壁木化而变为厚壁组织。

### （二）茎

种子萌发后，随着根系的发育，上胚轴和胚芽向上发育为地上部分的茎和叶。茎的主要生理功能是运输和支持作用。茎将根吸收的水分和矿物质养料运输到叶，又将叶制造的有机物质运输到根、花、果和种子。茎支持着全部枝叶，抵抗风、雨、雪等外力。茎还有储藏和繁殖功能。有些植物可以形成鳞茎、块茎、球茎、根状茎等变态茎，储藏大量养料，人们可以采用枝条扦插、压条、嫁接等方法来繁殖植物。此外，绿色的茎还能进行光合作用。

#### 1. 茎的基本形态

茎的形态多种多样，有三棱形，如马铃薯和莎草科植物的茎；四棱形，如薄荷、益母草等唇形科植物的茎；多棱形，如芹菜的茎。但一般而言，植物的茎多为圆柱体形，其基本形态如图 1-1-15 所示。

茎的大小也有很大的差别，最高大的茎，如澳洲的一种桉树高 15 米，但也有非常短小的茎，短小到看起来似乎没有茎一样，如蒲公英和车前草的茎。茎的性质因植物不同而不同，有的柔软，有的坚硬。植物学上常根据茎的性质将植物分为草本植物和木本植物两大类。茎可分为节和节间两部分。茎上着生叶的部位称为节；相邻两个节之间的部分称为节间。有些植物的节很明显，如玉米、甘蔗、

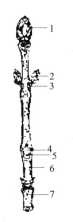

图 1-1-15　茎的外部形态
1—顶芽；2—侧芽；3—节；4—叶痕；
5—束痕；6—节间；7—皮孔

高粱等的节非常明显，形成不同颜色的环，上面还有根原基；但大多数植物节不明显，只是叶柄处略突起，表面无特殊结构。

着生叶和芽的茎称为枝条。枝条上节间长短差异很大，其长短往往随植物体的部位、植物的种类、生育期和生长条件不同而有差异。如玉米、甘蔗等植物中部的节间较长，茎端的节间较短；水稻、小麦、油菜等在幼苗期，各节间密集于基部，节间很短，抽穗后，节间较长；苹果、梨等果树，它们植株上有长枝和短枝，长枝的节与节间距较长，短枝的节与节间距较短。短枝是开花结果的枝，称为花枝或果枝。木本植物的枝条，其叶片脱落后留下的痕迹，称为叶痕。叶痕中的点状突起是枝条与叶柄间的维管束断离后留下的痕迹，称叶迹。花枝或小的营养枝脱落后留下的痕迹称枝迹。

枝条外表往往可见一些小型的皮孔，这是枝条与外界进行气体交换的通道。有的枝条由于顶芽的开放，其芽鳞脱落后，在枝条上留下的密集痕迹，称为芽鳞痕。因顶芽每年春季开放一次，故根据芽鳞痕的数目和相邻芽鳞痕的距离，可判断枝条的生长年龄和生长速度。

## 2. 芽和分枝

(1) 芽及其类型

① 芽的基本结构 芽是未发育的枝或花和花序的原始体。芽的中央是幼嫩的茎尖，茎尖上部节间极短，节不明显，周围有许多突出物，这是叶原基和腋芽原基。在茎尖的下部，节与节间开始分化，叶原基分化为幼叶，将茎尖包围，这是芽的基本结构。将来芽进一步生长，节间伸长，幼叶展开长大，便形成枝条。若为花芽，其顶端的周围产生花各组成部分的原始体或花序的原始体。有些芽外有芽鳞包被。

图 1-1-16 芽的类型
Ⅰ—定芽；Ⅱ—不定芽；Ⅲ—鳞芽；Ⅳ—裸芽
1—腋芽；2—顶芽

② 芽的类型 按照芽生长位置、性质、结构和生理状态，可将芽分为下列几种类型（如图 1-1-16 所示）：

a. 定芽和不定芽 按芽在枝上的生长位置将芽分为定芽和不定芽。定芽生长在枝的一定位置。定芽包括顶芽（生长在枝的顶端）和侧芽（或称腋芽，生长在叶腋处的芽）。如有多个腋芽在一个叶腋内，除一个腋芽外，其余的都称为副芽。悬铃木的芽被叶柄基部所覆盖，叶落后芽才显露，这种芽称为柄下芽，也属于定芽。如芽不是生于枝顶或叶腋，而是由老茎、根、叶上或从创伤部位产生的芽，称不定芽。如桑、柳等的老茎，甘薯、刺槐等的根，秋海棠、大叶落地生根的叶上都能产生不定芽。

b. 叶芽、花芽和混合芽 按芽发育后所形成的器官将芽分为叶芽、花芽和混合芽。叶芽将来发育为营养枝；花芽发育为花或花序；混合芽同时发育为花（或花序）、枝、叶。梨和苹果的顶芽便是混合芽。花芽和混合芽一般较肥大，易与叶芽区别。

c. 裸芽和鳞芽 按芽鳞的有无将芽分为裸芽和鳞芽。裸芽无芽鳞包被，实际是被幼叶包围着的茎、枝顶端的生长锥；鳞芽外有芽鳞保护。多数温带木本植物的芽都是鳞芽；多数草本植物的芽为裸芽，整个甘蓝的包心部分可视为一个巨大的裸芽。

d. 活动芽和休眠芽 按生理活动状态将芽分为活动芽和休眠芽。能在当年生长季节中萌发的芽，称为活动芽；当年生长季节不活动，暂时保持休眠状态的芽称为休眠芽。一年生草本植物的芽，多为活动芽；温带多年生木本植物，其枝条上近下部的许多腋芽为休眠芽。活动芽和休眠芽在不同条件下可以互相转变，例如当植物受到外界条件的刺激（创伤或虫害）往往可以打破休眠状态，芽便可萌发；相反，当高温、干旱突然降临，也会促使活动芽转为休眠芽。

（2）茎的分枝　　分枝是植物的基本特性之一，常见的分枝方式有单轴分枝、合轴分枝、假二叉分枝等。植物的合理分枝，使植物地上部分在空间分布协调，以充分利用空间，接受光能。茎的分枝如图 1-1-17 所示。

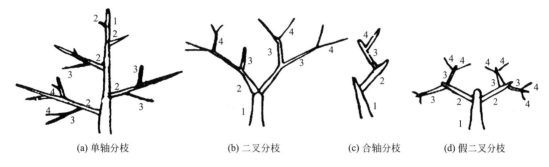

| (a) 单轴分枝 | (b) 二叉分枝 | (c) 合轴分枝 | (d) 假二叉分枝 |

图 1-1-17　茎的分枝图解

（1、2、3、4 表示分枝级数）

① 单轴分枝　　又称总状分枝。植物体有一个明显的主轴，主轴顶芽不死，年年向上生长，顶芽下面的侧芽展开，依次发展成侧枝。侧枝也以同样的方式进行分枝，结果形成一个尖塔形或圆锥形的植物体，叫单轴分枝。多数裸子植物（如银杏、侧柏、圆柏等）和一些草本植物具这种分枝方式。

② 合轴分枝　　植物的顶芽活动到一定时间后，生长缓慢，甚至死亡或分化为花芽或发生变态，靠近顶芽的腋芽则迅速发展为新枝代替主茎的位置。不久，新枝顶芽又同样停止生长，再由其侧边的腋芽所代替，这种分枝方式叫合轴分枝。如番茄、马铃薯、榆树、桃树以及大多数落叶乔木和灌木等都具有合轴分枝方式；许多果树如柑橘类、葡萄、枣、李等具有合轴分枝特性，其植株上有长枝（营养枝）、短枝（果枝）之分；茶树和一些树木在幼年期为单轴分枝，长成后则出现合轴分枝。

③ 假二叉分枝　　当植物的顶芽生长成一段枝条后，停止发育，而顶端两侧对生的两个侧芽同时发育为新枝。新枝的顶芽生长活动也同母枝一样，再生一对新枝，如此继续发育，外表上形成二叉分枝，实际上是一种合轴分枝方式的变化，被称为假二叉分枝，如丁香、七叶树、泡桐树和很多石竹科植物均具有假二叉分枝方式。

二叉分枝是由顶端分生组织本身分裂为二所形成的，与假二叉分枝不同。二叉分枝多见于低等植物（如网地藻）和少数高等植物如地钱、石松、卷柏等。

**3. 茎的种类**

（1）以质地分

① 木质茎　　质地坚硬显著木质化增粗的茎。具木质茎的植物称本本植物。其有明显高大主干，上部分枝的称乔木，如黄柏、厚朴等；无明显主干，基部多分枝的称灌木，如连翘等；茎为缠绕或攀援性的木本植物称木质藤本，如木通、葡萄等。

② 草质茎　　质地柔软，木质部不发达的茎。具草质茎的植物称为草本植物。其中在一年内完成生命周期的称一年生草本植物，如水稻、大豆等；第一年长出基生叶，第二年抽茎、开花、结果后枯死的称二年生草本植物（或越年生草本）如荠菜、益母草等；生命周期两年以上的称多年生草本植物，如人参、桔梗等。茎为缠绕或攀援性的草本植物称草质藤本，如牵牛、扁豆等。

③ 肉质茎　　质地柔软、多汁肥厚的茎，如芦荟、景天等。

（2）依生长习性分

① 直立茎　茎直立地面生长，如黄柏、亚麻等。

② 缠绕茎　茎呈螺旋状缠绕它物向上生长。如打碗花、忍冬等。

③ 攀援茎　茎以卷须、吸盘、不定根攀附它物向上生长，如葡萄、爬山虎、常春藤等。

④ 匍匐茎　茎平卧地面，节上生不定根，如甘薯、草莓等。若节上无不定根则为平卧茎，如马齿苋、地锦等。

**4. 茎的构造**

（1）双子叶植物茎的初生构造　双子叶植物幼茎是由茎的生长点细胞经过分裂、伸长和分化形成的，自外向内分为表皮、皮层和中柱（也称维管柱）三部分，其结构如图 1-1-18 所示。

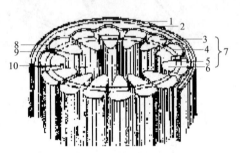

图 1-1-18　双子叶植物茎的初生构造
1—表皮；2—皮层；3—韧皮纤维；4—初生韧皮部；
5—形成层；6—初生木质部；7—维管束；
8—维管柱；9—髓射线；10—髓

① 表皮　是幼茎最外面的一层细胞。表皮上有气孔、表皮毛或腺毛。表皮对茎的内部起着保护作用。

② 皮层　位于表皮和中柱之间。靠近表皮部位常有一至数层厚角细胞，对幼茎具有机械支持作用。

③ 中柱　位于皮层以内，由维管束、髓和髓射线三部分组成。

（2）双子叶植物茎的次生构造　双子叶植物的茎形成初生结构后不久，维管形成层和木栓形成层活动便进行次生生长，产生次生结构，其结构如图 1-1-19 所示。

① 形成层的产生与活动　形成层由束内形成层和束间形成层组成形成层环。束内形成层的分裂，向外产生次生韧皮部，向内产生次生木质部，并且形成的次生木质部远比次生韧皮部多；束内形成层还能在韧皮部和木质部内形成许多呈辐射状排列的维管射线。束间形成层分裂时，向内、向外产生大量的薄壁细胞，使髓射线得以延伸。

② 木栓形成层的产生与活动　多数木栓形成层是由皮层的薄壁细胞转变的。木栓形成层向外分裂产生木栓层，向内产生栓内层。木栓层、木栓形成层和栓内层合称为周皮。

双子叶植物茎的次生构造由外向内包括：木栓层、木栓形成层、栓内层、皮层（有或无）、初生韧皮部、次生韧皮部、形成层、次生木质部、初生木质部、髓（有或无）和维管射线。

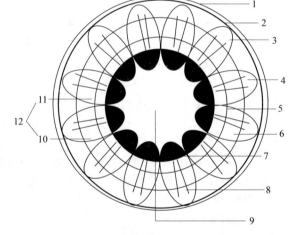

图 1-1-19　双子叶植物茎的次生构造（木本植物）
1—表皮；2—周皮；3—初生韧皮部；4—次生韧皮部；
5—微管形成层；6—次生木质部；7—初生木质部；
8—髓射线；9—髓；10—晚材；11—早材；12—年轮

（3）禾本科植物茎的构造特点　小麦、玉米、水稻都是禾本科植物，它们的茎在形态上有明显的节和节间，其内部构造有以下特点：

① 禾本科植物的茎多数没有次生构造。

② 表皮细胞常硅质化。有的还有蜡质覆盖，如甘蔗、高粱等。

③ 禾本科植物茎的皮层和中柱之间没有明显的界线，维管束分散排列于茎内。每个维管束由韧皮部和木质部组成，没有形成层。所以，禾本科植物茎的增粗受到一定的限制。

**5. 茎的生理功能**

植物的茎具有多种生理功能，如输导作用、支持作用、繁殖作用、储藏作用等。另外，植物茎也是食用、药用、工业等的原材料。

**（三）叶**

叶的主要生理功能是光合作用、蒸腾作用和气体交换作用。光合作用是绿色组织通过叶绿体色素和有关酶的活动，利用太阳能把二氧化碳和水合成有机物（主要是葡萄糖）并将光能转化为化学能而储藏起来，同时释放氧气的过程。可以说，整个动物界和人类都是直接或间接地依靠绿色植物光合作用所制造的有机物质而生活，其释放的氧气也是生物生存的必需条件。蒸腾作用是根吸水的主要动力；蒸腾作用还可降低叶片的温度，使叶片在强烈的阳光下不致因受热而灼伤。植物与周围环境进行气体交换（$O_2$、$CO_2$的吸收与释放）作用。气体交换作用对于植物的生活与植物光合作用都很重要。

此外，有些叶还能进行繁殖，在叶片边缘的叶脉处可以形成不定根和不定芽。

**1. 叶的组成**

发育成熟的叶分为叶片、叶柄和托叶三部分，称为完全叶，缺少任何一部分的叶称不完全叶，如甘薯、油菜的叶缺托叶，烟草的叶缺叶柄。叶的组成如图 1-1-20 所示。

（1）叶片　叶片是叶的主体，具有较大的表面积。较大的表面积可以扩大叶片与外界环境的接触面。叶片一般较薄，可以缩短叶肉细胞和叶表面的距离，有利于气体交换和光能的吸收。而叶片的形状和大小因植物种类而有差异，即使同一植物不同部位的叶片在形态上也存在差异。常见的如小麦、水稻的叶是线形，苹果叶椭圆形，萝卜叶是琴形等。

另外，叶片上还分布着许多叶脉，它具有输导水分和养料的功能，也对叶片具有支撑的作用。根据叶脉的分布规律，将植物叶脉分为网状脉和平行脉两大类。

（2）叶柄　叶柄是茎和叶间物质交流的主要通道，同时又支持叶片。多为细长柄状，有些植物叶柄的基部微微膨大，膨大的部分叫叶枕。

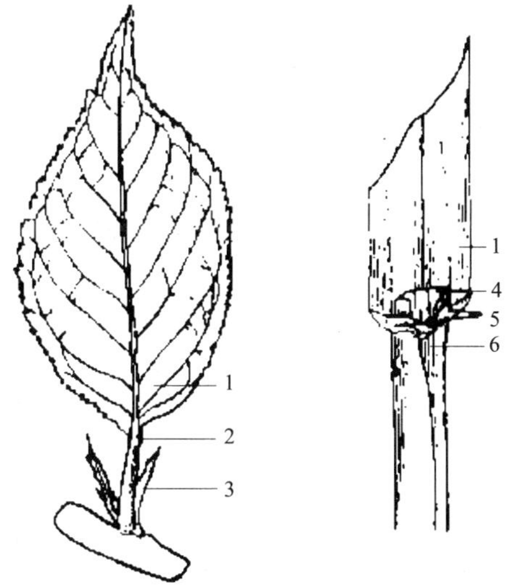

（3）托叶　是叶柄基部的附属物，通常成对而生。托叶的形状因植物而异，如棉花的托叶为

图 1-1-20　叶的组成部分
1—叶片；2—叶柄；3—托叶；4—叶舌；
5—叶耳；6—叶鞘

三角形、苎麻的托叶为薄膜状、豌豆的托叶大而呈绿色。多数托叶的寿命短，具有早落性。有些植物，如玉兰，托叶脱落后留有明显的托叶痕。

禾本科植物的叶由叶片和叶鞘组成。叶片呈条形或狭带形，纵列平行脉序。叶鞘狭长而抱茎，具有保护、输导和支持作用。叶片和叶鞘连接处的外侧称为叶环，栽培学上称为叶枕，有弹性和延伸性，借以调节叶片的位置。在叶片与叶鞘相接处的腹面，有膜状的突出物，称为叶舌，它可以防止水分、昆虫和病菌孢子落入叶鞘内。在叶舌的两旁，有一对从叶片基部边缘伸长出来的略如耳状的突出物，称为叶耳。叶耳、叶舌的有无、大小及形状，常可作为识别禾本科植物的依据。

**2. 叶的形态**

（1）叶片的形状　叶片通常扁平，呈绿色，其形状和大小随植物种类而异，甚至在同一植株上也不一样。但一般同一种植物上其叶片的形状特征是比较稳定的，可作为识别植物或植物分类的依据。叶片的长度差别极大，如：柏的叶片细小，长仅数毫米；芭蕉的叶片可长达数米。叶片的形状主要根据叶片长度与宽度的比例，以及最宽处的位置来确定。常见的形状有圆形、阔椭圆形、长椭圆形、卵形、阔卵形、披针形、倒披针形、线形与剑形等。除此之外，还有其他较特殊的叶片形状，如：松树叶为针形；海葱、文殊兰叶为带形；银杏叶为扇形；紫荆、细辛叶为心形；积雪草、连钱草叶为肾形；蝙蝠葛、莲叶为盾形等。当然，还有一些植物的叶是两种形状的综合，如卵状椭圆形、椭圆状披针形等。还有的植物其基生叶与上部叶片的形状不一，分属两种以上类型，这种现象称为异形叶。

（2）叶端形状　叶端又称叶尖，其形状主要有圆形、钝形、截形、急尖、渐尖、渐狭、尾状、芒尖、短尖、凸尖、微凹、微缺、倒心形等［如图 1-1-21(a) 所示］。

（3）叶基形状　叶基的形状与叶尖相类似，仅出现在叶的基部，主要有楔形、钝形、圆形、心形、耳形、箭形、戟形、截形、渐狭、偏斜、盾形、穿茎、抱茎等［如图 1-1-21(b) 所示］。

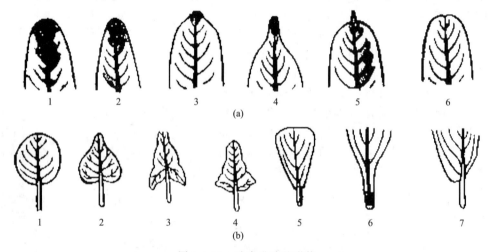

图 1-1-21　叶尖及叶基形状
（a）叶尖的基本形状：1—浑圆；2—钝形；3—短尖；4—渐尖；5—凸尖；6—微凹
（b）叶基的基本形状：1—圆形；2—心形；3—箭形；4—戟形；5—楔形；6—下延；7—偏斜

（4）叶缘形状　叶缘的形状主要有：全缘、波状、皱缩状、锯齿状、重锯齿状、细锯齿状、牙齿状、圆齿状、睫毛状、缺刻状等（如图 1-1-22 所示）。

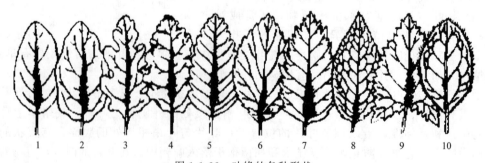

图 1-1-22　叶缘的各种形状
1—全缘；2—浅波状；3—深波状；4—皱缩状；5—圆齿状；
6—锯齿状；7—重锯齿状；8—细锯齿状；9—牙齿状；10—睫毛状

（5）叶片的分裂  多数植物的叶片常为完整的，或近叶缘处具齿或细小缺刻，但有些植物的叶片其叶缘缺刻既深且大，形成分裂状态。常见的叶片分裂有羽状分裂、掌状分裂和三出分裂等3种。依据叶片裂隙的深浅不同，又可分为浅裂、深裂和全裂。浅裂为叶裂深度不超过或接近叶片宽度的四分之一；深裂为叶裂深度超过叶片宽度的四分之一；全裂为叶裂深度几乎达主脉或叶柄顶部（如图1-1-23、图1-1-24所示）。

（6）叶脉  是叶内的输导和支持结构，为贯穿于叶肉内的维管束，其类型如图1-1-25所示。叶片上最粗大的叶脉称主脉，主脉的分枝称侧脉，其余较细小的称为细脉。而叶脉在叶片上会呈各种规律性的分布，其分布形式称脉序。常见的脉序主要有以下三种类型：

① 网状脉序  具有明显粗大的主脉，由主脉上分出许多侧脉，侧脉上再分出细脉，彼此连接形成网状。其为双子叶植物叶脉的主要特征。网状脉序又因侧脉从主脉分出的方式不同而有两种类型：

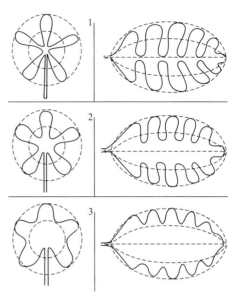

图 1-1-23  叶片的分裂图解
1—全裂；2—深裂；3—浅裂

a. 羽状网脉  具有一条明显的主脉，两侧分出许多大小几乎相等，并呈羽状排列的侧脉，侧脉再分出细脉，交织成网状，如桂花、茶、枇杷等。

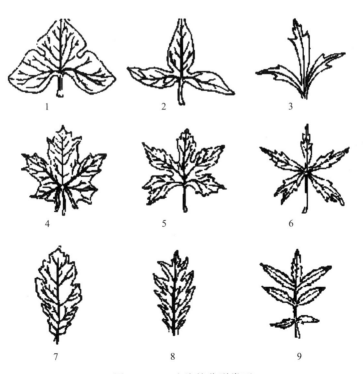

图 1-1-24  叶片的分裂类型
1—三出浅裂；2—三出深裂；3—三出全裂；4—掌状浅裂；5—掌状深裂；
6—掌状全裂；7—羽状浅裂；8—羽状深裂；9—羽状全裂

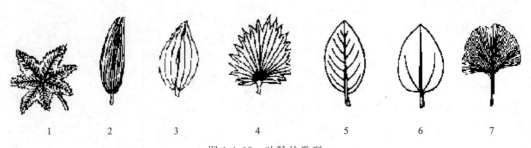

图 1-1-25　叶脉的类型

1—掌状脉；2—直出平行脉；3—弧形脉；4—射出脉；5—羽状脉；6—基出二脉；7—叉状脉

b. 掌状网脉　有数条主脉，由叶基部辐射状发出伸向叶缘，并由主脉上一再分枝，形成许多侧脉及细脉，交织成网状，如南瓜、蓖麻等。

② 平行脉序　多见于单子叶植物，各叶脉平行或近于平行排列。常见的平行脉可分为四种形式：

a. 直出平行脉　又称为直出脉，各叶脉从叶基发出，平行排列，直达叶端，如淡竹叶、麦冬等。

b. 横出平行脉　又称侧出脉，中央主脉明显，侧脉垂直于主脉，彼此平行，直达叶缘，如芭蕉、美人蕉等。

c. 弧状平行脉　又称弧形脉，各叶脉从叶基平行出发，但彼此相互远离，中部弯曲形成弧形，最后汇合于叶端，如玉簪、铃兰等。

d. 辐射脉　又称射出脉，叶脉均从基部辐射状分出，如棕榈、蒲葵等。

③ 二叉脉序　比较原始的脉序，每条叶脉均呈多级二叉状分枝，常见于蕨类植物，裸子植物中的银杏等。

（7）叶片的质地　叶片的质地常见有以下几种类型：

① 膜质　叶片薄而呈半透明状，如半夏叶。

② 纸质　叶片较薄而显柔韧性，似薄纸样，如糙苏叶。

③ 草质　叶片薄而较柔软，如薄荷、广藿香叶。

④ 肉质　叶片肥厚多汁，如芦荟、景天、马齿苋叶等。

⑤ 革质　叶片较厚而坚韧，略似皮革，如山茶叶。

**3. 单叶和复叶**

一个叶柄上只着生一叶片，为单叶，如棉花、梨、甘薯的叶。如果在叶柄上着生两个或两个以上完全独立的小叶片，则为复叶，如花生、蔷薇等的叶。其叶柄称为总叶柄或叶轴。总叶柄上的每个叶称为小叶，小叶有柄或无柄。小叶的柄称为小叶柄。根据小叶数目和在叶轴上排列的方式不同，又可将复叶分为三出复叶、掌状复叶、羽状复叶三种类型，其形态如图 1-1-26 所示。

（1）三出复叶　叶轴上着生有三片小叶的复叶。如果顶生小叶具有柄，称三出羽状复叶，如大豆、胡枝子叶等。如果顶生小叶无柄，称三出掌状复叶，如半夏、酢浆草等。

（2）掌状复叶　叶轴短缩，在其顶端着生三片以上近等长、呈掌状展开的小叶，如人参、刺五加等。

（3）羽状复叶　叶轴较长，小叶片在叶轴两侧呈左右排列，类似羽毛状。有以下几种类型：

① 奇数羽状复叶　其叶轴顶端只具一片小叶，如苦参、槐树等。

② 偶数羽状复叶　其叶轴顶端具有两片小叶，如决明、蚕豆等。

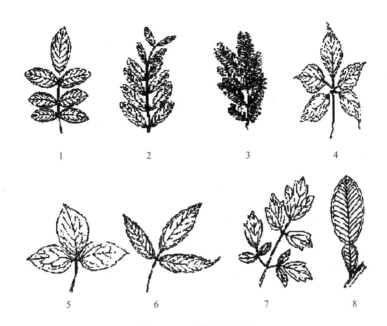

图 1-1-26  复叶的类型

1—奇数羽状复叶；2—偶数羽状复叶；3—二回羽状复叶；4—掌状复叶；
5—掌状三出复叶；6—羽状三出复叶；7—羽状三出复叶；8—单身复叶

③ 二回羽状复叶  羽状复叶的叶轴有一次羽状分枝，再在每一分枝上又形成羽状复叶，如合欢、云实等。

④ 三回羽状复叶  羽状复叶的叶轴作二次羽状分枝后，再一次分枝形成羽状复叶，如南天竹、苦楝等。

（4）单身复叶  可能是三出复叶退化而形成，为一种特殊形态的复叶。即叶轴的顶端具有一片发达的小叶，两侧的小叶退化成翼状，其顶生小叶与叶轴连接处有一明显的关节，如柑橘、柚叶等。

**4. 叶序**

叶在茎枝上有规律的排列方式，称为叶序。叶序有互生、对生和轮生三种基本类型（如图 1-1-27 所示）。

（1）互生叶序  在茎枝的每一节上只生一叶，交互而生，沿茎枝呈螺旋状排列，是最为常见的叶序类型，如桃、柳、桑等。

（2）对生叶序  在茎枝的每一节上相对着生两片叶，呈相对排列，如丁香、石竹、薄荷与水杉等。

（3）轮生叶序  轮生叶序为在茎枝的每一节上轮生三片或三片以上的叶，呈辐射状排列，如夹竹桃、轮叶沙参等。

除上述三类基本叶序外，还有一些植物的节间极度缩短，使叶在侧生

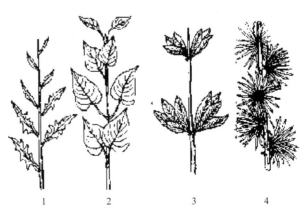

图 1-1-27  叶序的类型

1—互生；2—对生；3—轮生；4—簇生

短枝上成簇长出，称为簇生叶序，如银杏、枸杞、落叶松等。

### （四）营养器官的变态

器官因适应不同的环境，而发生生理功能、形态结构改变的现象叫做变态。植物营养器官的变态是植物若干世代对环境条件适应的结果。变态器官在外形上往往不易区分，常要从形态发生上来加以判断。

**1. 根的变态**

根的变态有以下几种类型（如图 1-1-28 所示）：

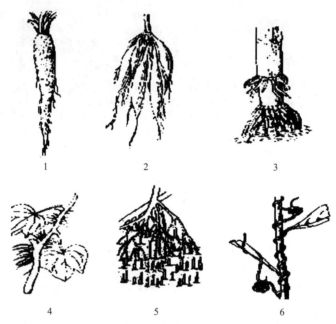

图 1-1-28　根的变态
1—肉质直根；2—块根；3—支持根；4—攀援根；5—呼吸根；6—寄生根

（1）储藏根　储藏根主要特点是其变态根内多储藏有大量营养物质。分为肉质直根和块根两种。

① 肉质直根　肉质直根是由主根和胚根发育而成的，储藏着大量的营养物质和水分。萝卜和胡萝卜都是由主根发育成的肉质直根，但其上部为下胚轴发育而成。

② 块根　块根多由不定根或侧根发育而成，储藏有大量营养物质。甘薯、木薯根多呈块状，故称块根。

（2）气生根　凡露出地面，生长在空气中的根均称为气生根。根据气生根所担负的生理功能不同又可分为以下几类：

① 支持根　主要生理功能是支持植株，并可以从土壤中吸收水分和无机盐。如玉米、高粱、甘蔗下部茎节长出的不定根。

② 攀援根　在植物茎上生有很多短的不定根，能分泌黏液，碰着墙壁或其他植物体时就粘于其上，借以攀援生长，这类根称攀援根。如凌霄花和常春藤都是攀援植物，其茎细长柔弱，不能直立，常借以攀援生长而产生攀援根。

③ 呼吸根　生长在沼泽地区的植物，由于其根被淹没在淤泥里，通气不良，这类植物的根能垂直向上生长，露出地面，暴露在空气中，以进行气体交换，这类根称呼吸根。如红树、榕树等就生有这类呼吸根。

（3）寄生根　旋花科的菟丝子属、列当科的列当属和樟科的无根藤属等寄生植物，它们的叶退化，不能进行光合作用，需要吸收寄主体内的有机物质。在这类植物的茎上生有很多不定根，这种不定根能深入寄主茎中，吸取寄主的营养物质以维持本身的生活，这种不定根称寄生根。

**2. 茎的变态**

茎的变态包括地上茎和地下茎的变态，其主要类型如图 1-1-29 所示。

（1）地下茎的变态　有些植物的部分茎生长于土壤中，称为地下茎。地下茎的变态可分为根状茎、块茎、球茎和鳞茎四种。

① 根状茎　根状茎横向生于土壤中，外形和根颇相似，但两者有根本的区别。根状茎的顶端有顶芽，茎上有节和节间，节上有退化的叶和不定根，叶腋有腋芽，腋芽可以发育成地上枝。

根状茎具有不同的形状，有的节间长，如芦苇、白茅；有的短而肥，如姜、菊等。

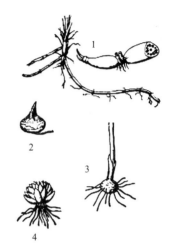

图 1-1-29　地下茎的主要变态类型
1—根状茎；2—球茎；
3—块茎；4—鳞茎

② 块茎　为地下茎的顶端膨大而形成，其节间很短，节间有芽，叶退化成小的鳞片或早期枯萎脱落，如半夏、天麻、马铃薯等。马铃薯块茎最为典型。

③ 鳞茎　鳞茎多见于单子叶植物，如洋葱、大蒜都生有鳞茎，两者的主要区别是：前者的肉质部分为鳞叶，腋芽不甚发达；后者的肉质部分为腋芽（即大蒜瓣），鳞叶长成后干燥呈薄膜质，包围着腋芽。

④ 球茎　球茎为圆球形或扁圆球形的肉质地下茎，短而肥大，唐菖蒲和藏红花都生有球茎。荸荠、慈姑也有球茎。

（2）地上茎的变态　植物的地上茎也会发生变态，其类型较多，常见的有肉质茎、叶状茎、茎卷须和茎刺四类。

① 肉质茎　肉质茎肥大多汁，常为绿色，不仅可以储藏水分，还可以进行光合作用。许多仙人掌科的植物具有肉质茎，如芦荟、仙人掌等。

② 叶状茎　有些植物如假叶树、竹节蓼、文竹、昙花等的叶退化，茎变为扁平或针状，长期为绿色，变态成叶的形状，执行叶的机能，这类变态茎称叶状茎。

③ 茎卷须攀援植物的茎细而长，不能直立，一部分茎变为卷曲的细丝，其上不生叶，用来缠绕其他物体，使得植物得以攀援生长，称为茎卷须，如南瓜、葡萄等。

④ 茎刺　茎可以变态成刺状物，叫做茎刺，茎刺具有保护植物体免被动物侵害的作用。如柑橘、山楂、皂荚的刺都是由茎变态而来。蔷薇、月季等茎上的刺，数目较多，分布无规律，这是茎表皮的突出物，称为皮刺。

**3. 叶的变态**

叶的变态有以下几种类型，如图 1-1-30 所示：

（1）叶卷须　由叶的一部分变为卷须状，称叶卷须，适宜攀援生长。如豌豆复叶顶端的二三对小叶及苕子复叶顶端的一片小叶，变为卷须，其他小叶未发生变化。有时一对小叶之一变为卷须，另一片为营养小叶，这足以证明这类卷须是小叶的变态。

（2）鳞叶　单子叶植物如百合、洋葱、大蒜、水仙等，它们鳞茎上的肉质肥厚叶片，称为鳞叶。鳞叶中储藏大量养分，可供次年发芽、开花之用。

（3）叶刺　有些植物其叶或叶的某部分变态为刺，称为叶刺。仙人掌属的一些植物在扁

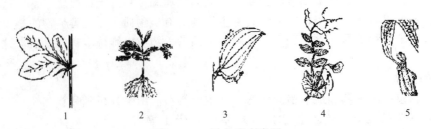

图 1-1-30 叶的变态类型

1—小檗的叶刺；2—金合欢的叶状柄；3—菝葜的托叶卷；4—豌豆的叶卷须；5—猪笼草的捕捉器

平的肉质茎上生有叶刺，这是这类植物对干旱环境条件的一种适应形式。另外，叶刺还具有保护植物体免被动物吞食的作用。马甲子、刺槐的刺为托叶的变态。叶刺和茎刺一样，都有维管束和茎相通。

（4）叶捕虫器　沼泽地区被水浸透，缺乏空气，这种地区的植物生活必需的矿物质养料（特别是硝酸盐类）非常缺乏，一般植物不能生存，但食虫植物能够生活在这种地区。食虫植物生有一种特殊的变态叶，能捕捉小动物，并且能分泌消化液把捕捉的小动物分解消化，而后加以吸收，以获取缺乏的氮元素，这种能捕捉小动物的变态叶叫捕虫叶。如猪笼草的叶柄很长，基部为扁平的假叶状，中部细长如卷须状，可缠绕他物。上部变为瓶状的捕虫器，叶片生于瓶口，成一小盖覆于瓶口之上，瓶内底部生有多数腺体，能分泌消化液，将落入的昆虫消化利用。

（五）花

花是被子植物特有的生殖器官。被子植物的有性生殖，从雌、雄蕊的发育，精细胞和卵细胞的形成，两性配子的结合，直到合子发育成胚，全过程都在花中进行。因此，要了解被子植物的有性生殖过程，首先必须掌握有关花的形态结构及发育的基本知识。

## 1. 花的组成和发生

（1）花的概念和组成　从形态发生与解剖结构特点来看，花是节间极短且不分枝的、适应于生殖的变态枝条。一朵典型的花通常由花梗、花托、花萼、花冠、雄蕊群和雌蕊群组成，其形态结构如图 1-1-31 所示。花梗（花柄）是花连接枝条的部分；花托通常是花梗顶端略为膨大的部分，它的节间极短，很多节密集在一起；花萼、花冠、雄蕊群和雌蕊群由外至内依次着生在花托之上。萼片、花瓣、雄蕊和心皮分别为组成花萼、花冠、雄蕊群和雌蕊群的单位，它们都是变态叶。萼片和花瓣是不育的变态叶；雄蕊和心皮是能育的变态叶。

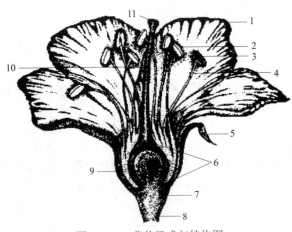

图 1-1-31　花的组成与结构图

1—花瓣；2—花药；3—花粉；4—花丝；5—萼片；6—子房；
7—花托；8—花梗；9—胚珠；10—花柱；11—柱头

（2）一般植物花的组成

① 花梗与花托　花梗主要起支持花的作用，也是各种营养物质由茎向花输送的通道。花梗的长短随植物种类不同而异，有些植物的花梗很短，有些甚至没有花梗。有的花梗上生

有变态叶，称为苞片。果实形成时，花梗成为果柄。

花托有多种形状。例如，白兰的花托伸长呈圆柱状；草莓的花托呈圆锥状并肉质化；莲的花托呈倒圆锥状，俗称"莲蓬"；桃的花托呈杯状；梨的花托呈壶状并与花萼、花冠、雄蕊群及雌蕊心皮贴生，形成下位子房。花生的花托在受精后能迅速伸长，将着生在它先端的子房推入土中形成果实，这种花托称为雌蕊柄或子房柄。

② 花萼　花萼是花的最外一轮变态叶，由若干萼片组成，常呈绿色，其结构与叶相似。有些植物的花萼之外还有副萼，如棉花、草莓等。棉花的副萼为 3 片大型的叶状苞片（苞叶）。花萼和副萼具有保护幼花的作用，并能为传粉后的子房发育提供营养物质。有些植物，如紫茉莉，花萼大，呈花瓣状，具彩色，适应于昆虫传粉；如茶、桑、柿的花萼在花后宿存；蒲公英等菊科植物的花萼变成冠毛，有助于果实的散布。

萼片之间完全分离，称离萼，如油菜、桑及茶。萼片之间部分或完全合生的，称合萼，合生部分称为萼筒，未合生的部分叫萼裂片，如烟草、棉花。

③ 花冠　花冠位于花萼内轮，由若干花瓣组成。花冠常有各种颜色：含花青素的花瓣常显红、蓝、紫等颜色；含有色体的花瓣多呈黄色、橙色或橙红色；两者都不存在则呈白色。

花瓣之间完全分离为离瓣，如油菜、桃；花瓣之间部分或全部合生为合瓣，如南瓜、马铃薯、番茄。花冠下部合生的部分称花冠筒，上部分离的部分称为花冠裂片。

④ 花被　花萼和花冠合称花被。当花萼和花冠形态相似不易区分时，也可统称为花被，如洋葱、百合。这种花被的每一片，称为花被片。花萼和花冠两者齐备的花为双被花，如棉花、油菜、花生；缺少其中之一的花为单被花，如桑、板栗、荔枝、甜菜缺少花冠，百合缺少花萼；既无花萼又无花冠的花称为无被花或裸花，如柳、杨梅、木麻黄的花。

⑤ 雄蕊群　一朵花内所有的雄蕊总称为雄蕊群。雄蕊着生在花冠的内方，是花的重要组成部分之一。

每个雄蕊由花药和花丝两部分组成。花药是花丝顶端膨大成囊状的部分，内部有花粉囊，可产生大量的花粉粒。花丝常细长，基部着生在花托或贴生在花冠上。

⑥ 雌蕊群　一朵花内所有的雌蕊总称为雌蕊群。多数植物的花只有一个雌蕊。雌蕊位于花的中央，是花的另一个重要组成部分。雌蕊可由一个或多个心皮组成。由 1 个心皮构成的雌蕊，称为单雌蕊；由 2 个或 2 个以上的心皮联合而成的雌蕊，称为复雌蕊；有些植物，一朵花中虽然也具有多个心皮，但各个心皮彼此分离，各自形成一个雌蕊，称为离生单雌蕊或离心皮雌蕊群。心皮在形成雌蕊时，通常分化出柱头、花柱和子房 3 个部分。

⑦ 柱头　柱头位于雌蕊的上部，是承受花粉粒的地方，常常扩展成各种形状。风媒花的柱头多呈羽毛状，增加柱头接受花粉粒的表面积。多数植物的柱头常能分泌水分、脂类、酚类、激素和酶等物质，有的还能分泌糖类及蛋白质，有助于花粉粒的附着和萌发。

⑧ 花柱　花柱位于柱头和子房之间，其长短随各种植物而不同，是花粉萌发后花粉管进入子房的通道。花柱对花粉管的生长能提供营养物质，有利于花粉管进入胚囊。

⑨ 子房　子房是雌蕊基部膨大的部分，外为子房壁，内为一至多数子房室。胚珠着生在子房室内，胚珠着生的部位称为胎座。受精后，整个子房发育成果实，子房壁成为果皮，胚珠发育成种子。

（3）禾本科植物花的组成　水稻、小麦等禾本科植物的花，与一般双子叶植物花的组成不同。它们通常由 2 枚浆片（鳞被）、3 枚或 6 枚雄蕊及 1 枚雌蕊组成。在花的两侧，有 1 枚外稃（外颖）和 1 枚内稃（内颖）。浆片是花被片的变态器官，外稃为花基部的苞片变态所成，其中脉常外延成芒。内稃为小苞片，是苞片和花之间的变态叶。开花时，浆片吸水膨胀，撑开外稃和内稃，使雄蕊和柱头露出稃外，适应于风力传粉。

禾本科植物的花和内、外稃组成小花，再由一朵至多朵小花与一对颖片组成小穗。颖片着生于小穗的基部，相当于花序分枝基部的小总苞（变态叶）。具有多朵小花的小穗，中间有小穗轴；只有 1 朵小花的小穗，小穗轴退化或不存在。不同的禾本科植物可再由许多小穗集合成为不同的花序类型。

**2. 花的类型**

被子植物的花在长期的演化过程中，花的各部发生不同程度的变化，使花多姿多彩、形态多样。归纳起来，可划分为以下几种主要的类型：

（1）完全花和不完全花　凡是花萼、花冠、雄蕊、雌蕊四部分俱全的称完全花，如桃、桔梗等。若缺少其中一部分或几部分的花，称不完全花，如南瓜、桑、柳等。

1　　　　2　　　　3　　　4

图 1-1-32　重被花、单被花和无被花
1—重被花；2—单被花；3,4—无被花

（2）重被花、单被花和无被花　一朵花具有花萼和花冠的称重被花，如桃、杏、萝卜等。若只具花萼而无花冠，或花萼与花冠不分化的称单被花，单被花的花萼应称花被，这种花被常具鲜艳的颜色而呈花瓣状，如百合、玉兰、白头翁等。不具花被的花称无被花，这种花常具苞片，如杨、柳、杜仲等。重被花、单被花和无被花如图 1-1-32 所示。

（3）两性花、单性花和无性花　一朵花中雄蕊与雌蕊都有的称两性花，如桃、桔梗、牡丹等。若仅具雄蕊或雌蕊的称单性花，其中只有雄蕊的称雄花，只有雌蕊的称雌花。若雄花和雌花在同一株植物上称单性同株或雌雄同株，如南瓜、蓖麻；若雄花和雌花分别生于不同植株上称单性异株或雌雄异株，如桑、柳、银杏等。若同一株植物既有单性花又有两性花，称杂性同株，如厚朴；若单性花和两性花分别生于同种异株上称杂性异株，如臭椿、葡萄。一朵花中若雄蕊和雌蕊均退化或发育不全的称无性花，如八仙花花序周围的花、小麦小穗顶端的花等。

（4）辐射对称花、两侧对称花和不对称花　通过花的中心可作两个以上对称面的花称辐射对称花或整齐花，如桃、桔梗、牡丹等。若通过花的中心只能作一个对称面的称两侧对称花或不整齐花，如扁豆、益母草等。无对称面的花称不对称花，如败酱、缬草、美人蕉等。两侧对称花和辐射对称花如图 1-1-33 所示。

1　　　　　　2

图 1-1-33　两侧对称花和辐射对称花
1—两侧对称花；2—辐射对称花

（5）风媒花、虫媒花　风媒花和虫媒花是植物长期自然选择的结果，也是自然界最普遍的适应传粉的花的类型。

① 风媒花　借助风力传送花粉，如水稻、小麦、玉米、栎、杨、桦木、板栗等都是风媒植物，它们的花叫风媒花。

② 虫媒花　借助昆虫传送花粉，如油菜、枣、向日葵、瓜类等都是虫媒植物，它们的花叫虫媒花。

**3. 花程式与花图式**

为了简化对花的文字描述或叙述，一般利用一些符号、数字或标记等，以方程式或图解的形式来记载和表示出各类或某种花的构造和特征，这就是通常采用的花程式及花图式。

（1）花程式　是用字母、数字和符号来表示花各部分的组成、排列、位置和彼此关系的公式。

① 以字母代表花的各部　一般用花各部拉丁词的第一个字母大写表示，P 表示花被，K

表示花萼，C 表示花冠，A 表示雄蕊群，G 表示雌蕊群。

② 以数字表示花各部的数目 数字写在代表字母的右下方，若超过 10 个以上或数目不定用"∞"表示，如某部分缺少或退化以"0"表示，雌蕊群右下角有三个数字，分别表示心皮数、子房室数、每室胚珠数，数字间用"："相连。

③ 以符号表示花的情况 "＊"表示辐射对称花，"↑"表示两侧对称花；"☿""♂""♀"分别表示两性花、雄花和雌花；括号"（ ）"表示合生，加号"＋"表示花部排列的轮数关系，短横线"—"表示子房的位置；$\underline{G}$ 表示子房上位，$\overline{G}$ 表示子房下位，$\overline{\underline{G}}$ 表示子房半下位。

例：油菜花 ☿ ＊ $K_4 C_4 A_{2+4} \underline{G}_{(2:2:\infty)}$      扁豆花 ☿ ↑ $K_{(5)} C_5 A_{(9)+1} \underline{G}_{1:1:\infty}$

    桑花 ♂ $P_4 A_4$；♀ $P_4 \underline{G}_{(2:1:1)}$

    桔梗花 ☿ $K_{(5)} C_{(5)} A_5 \overline{\underline{G}}_{(5:5:\infty)}$      百合花 ☿ ＊ $P_{3+3} A_{3+3} \underline{G}_{(3:3:\infty)}$

（2）花图式 是以花的横切面为依据所绘出来的图解式。它可以直观表明花各部的形状、数目、排列方式和相互位置等情况。

花图式的绘制规则：先在上方绘一小圆圈表示花序轴的位置（如为单生花或顶生花可不绘出），在轴的下面自外向内按苞片、花萼、花冠、雄蕊、雌蕊的顺序依次绘出各部的图解，通常以外侧带棱的新月形符号表示苞片，由斜线组成带棱的新月形符号表示萼片，空白的新月形符号表示花瓣，雄蕊和雌蕊分别用花药和子房的横切面轮廓表示。

花程式和花图式虽均能较简明反映出花的形态、结构等特征，但亦均有不足之处，如花图式不能表明子房与花被的相关位置，花程式不能表明各轮花部的相互关系及花被卷叠情况等，所以两者结合使用才能较全面反映花的特征。花图式如图 1-1-34 所示。

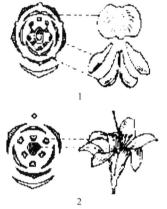

图 1-1-34 花图式
1—蚕豆的花图式；2—百合的花图式

### 4. 花序及其类型

大多数被子植物的花，密集或稀疏地按一定方式有规律地着生在花枝上形成花序。花序类型如图 1-1-35 所示。花序上的花称小花，花序下部的梗称花序梗（总花梗），小花的梗称小花梗，小花梗及总花梗下面常有小型的变态叶，分别为小苞片和总苞片。总花梗向上延伸成为花序轴，花序轴可以不分枝或再分枝。无叶的总花梗称花葶。根据花在花序轴上排列的方式和开放的顺序，花序一般分为无限花序和有限花序两大类：

（1）无限花序 花序轴在开花期内可继续伸长，产生新的花蕾，由花序轴下部依次向上开放，或花序轴缩短，花由边缘向中心开放，这种花序称无限花序。

① 总状花序 花序轴长而不分枝，其上着生许多花柄近等长且由基部向上依次成熟的小花，如油菜、荠菜、地黄等。

② 穗状花序 似总状花序，但小花较密集并具极短的柄或无柄，如车前、牛膝、知母等。

③ 葇荑花序 花序轴柔软下垂，其上密集着生许多无柄、无被或单被的单性小花，花后整个花序脱落，如杨、柳、核桃等。

④ 肉穗花序 与穗状花序相似，但花序轴肉质粗大呈棒状，其上密生多数无柄的单性小花，花序外常具有一大型苞片称佛焰苞，故又称佛焰花序，如天南星、半夏等天南星科

图 1-1-35　花序的类型

1—总状花序；2—穗状花序；3—柔荑花序；4—肉穗花序；5—伞房花序；6—伞形花序；
7—圆锥花序；8—复伞形花序；9—头状花序；10—隐头花序；11—二歧聚伞花序

植物。

⑤ 伞房花序　略似总状花序，但小花梗不等长，下部长，向上逐渐缩短，上部近平顶状，如山楂、绣线菊等。

⑥ 伞形花序　从一个花序梗顶部伸出多个花梗近等长的花，整个花序形如伞，称伞形花序。每一小花梗称为伞梗，如人参、刺五加、葱等。若伞梗顶再生出伞形花序，将构成复伞形花序，如胡萝卜等。

⑦ 头状花序　花序轴极度短缩成头状或盘状的花序托，其上密生许多无柄的小花，外围的苞片密集成总苞，如向日葵、红花、菊花、蒲公英等。

⑧ 隐头花序　花序轴肉质膨大而下陷成囊状，其内壁着生多数无柄单性小花，如无花果、薜荔等。

⑨ 圆锥花序　花序轴上生有多个总状花序，形似圆锥，称圆锥花序或复总状花序，如南天竹、燕麦等。

（2）有限花序　与无限花序相反，花序轴顶端顶花先开放，限制了花序轴的继续生长，而从上向下或从内向外开放。通常根据花序轴上端的分枝情况又分为以下几种类型：

① 单歧聚伞花序　花序轴顶端生一花，然后在顶花下面一侧形成一侧枝，同样在枝端生花，侧枝上又可分枝着生花朵，如此连续分枝则为单歧聚伞花序。若花序轴下分枝均向同一侧生出而呈螺旋状弯转，称螺状聚伞花序，如紫草、附地菜等。若分枝呈左右交替生出，则称蝎尾状聚伞花序，如射干、唐菖蒲等。

② 二歧聚伞花序　花序轴顶花先开，后在其下两侧同时产生两个等长的分枝，每分枝以同样方式继续开花和分枝，如石竹、冬青、卫矛等。

③ 多歧聚伞花序　花序轴顶花先开，其下同时发出数个侧轴，侧轴多比主轴长，各侧轴又形成小的聚伞花序，称多歧聚伞花序。若花序轴下面生有杯状总苞，则称杯状聚伞花序（大戟花序），如京大戟、甘遂、泽漆等大戟科大戟属植物。

④ 轮伞花序　聚伞花序生于对生叶的叶腋呈轮状排列称轮伞花序，如薄荷、益母草等唇形科植物。

此外，有的植物的花序既有无限花序又有有限花序的特征，称混合花序。如丁香、七叶树的花序轴呈无限式，但生出的每一侧枝为有限的聚伞花序，特称聚伞圆锥花序。

（六）种子

**1. 种子的结构**

不同植物的种子在形态、大小、颜色等方面有较大的差异，如椰子的种子很大，而芝麻的种子很小；龙眼的种子是圆形，而大豆的种子是圆筒形；大豆的种子有黄色、黑色、青色，而绿豆的为绿色，红小豆为红色。

种子的形态、大小、颜色虽然多种多样，但它们的内部结构是一致的，一般由胚、胚乳和种皮构成。

（1）胚　胚是构成种子的最重要的部分，它由胚芽、胚根、胚轴和子叶四部分组成。种子萌发后，这四部分分别形成植物体的根、茎、叶等器官。胚轴可分为上胚轴和下胚轴两部分，着生子叶位置以上的胚轴为上胚轴，着生子叶以下的胚轴为下胚轴。

（2）胚乳　胚乳是种子内储藏营养物质的组织，储藏的营养物质主要有淀粉、脂肪和蛋白质。所以，根据储藏物质的主要成分，种子也可分为淀粉类种子如小麦、玉米等；脂肪类种子如花生、芝麻等；蛋白质类种子如大豆等。

（3）种皮　种皮包在种子的最外面，起保护作用。

**2. 种子的主要类型**

根据成熟种子内部胚乳的有无，将种子分为有胚乳种子和无胚乳种子。其结构如图 1-1-36 所示。

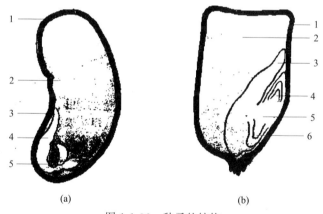

(a)　　　　　　　　　　(b)

图 1-1-36　种子的结构

（a）蚕豆种子的结构：1—种皮；2—子叶；3—胚根；4—胚轴；5—胚芽

（b）玉米种子的结构：1—果皮与种皮；2—胚乳；3—子叶；4—胚芽；5—胚轴；6—胚根

（1）有胚乳种子

① 双子叶植物有胚乳种子　这类种子由胚、胚乳和种皮组成，子叶为两片。种子具有这种结构的植物有蓖麻、番茄、辣椒、柿、烟草等。

② 单子叶植物有胚乳种子　这类种子由胚、胚乳和种皮组成，仅含有 1 片子叶。如小麦、玉米、洋葱等。

（2）无胚乳种子

① 双子叶植物无胚乳种子　这类种子由种皮和胚两部分组成，养分储藏在子叶里，豆类、瓜类、棉花种子等属于这一类。

② 单子叶植物无胚乳种子　慈姑属这种类型。其种子很小，包在侧扁的三角形瘦果内，每果实含一粒种子。种皮极薄，仅一层细胞。胚弯曲，胚根的顶端与子叶端紧相靠拢。子叶长柱形，一片，着生在胚轴上，基部包被着胚芽。胚芽有一个生长点和已形成的初生叶。胚

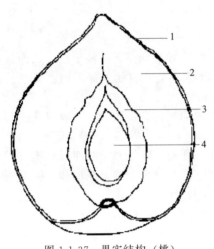

图 1-1-37 果实结构（桃）

1—外果皮；2—中果皮；3—内果皮；4—种子

根和下胚轴连在一起。

## （七）果实

### 1. 果实的发育和结构

经过开花、传粉和受精之后，在胚珠发育为种子的同时，花的各部分都发生了显著的变化：花萼枯萎或宿存；花瓣和雄蕊凋谢；雌蕊的柱头、花柱枯萎；子房却在传粉、受精作用以及种子形成过程中所合成的激素的刺激下不断生长、发育、膨大形成果实；花梗则成为果柄。有些植物的果实单纯由子房发育而成，这类果实称为真果，如水稻、小麦、玉米、棉花、花生、柑橘、桃、茶等的果实。有些植物的果实除子房外，还有花托、花萼、花冠，甚至整个花序都参与发育，这类果实称为假果，如苹果、梨、瓜类、菠萝等的果实。果实的结构如图 1-1-37 所示。

（1）真果的结构　真果的结构比较简单，外为果皮，内含种子。果皮是由子房壁发育而分为外果皮、中果皮和内果皮三层。一般来说，外果皮较薄，常有气孔、角质、蜡被和表皮毛等。中果皮和内果皮的结构和质地则因植物种类不同而有较大的变化：桃、李、杏的中果皮主要由富含营养的薄壁细胞组成，成为果实中肉质多汁的可食部分，而其内果皮由细胞壁增厚并高度木化的石细胞组成坚硬的核；柚、柑的中果皮疏松，其中分布有许多维管束（俗称"橘络"），内果皮膜质，内表面分布有由表皮毛发育而成的多汁肉囊，为食用部分；荔枝、花生、大豆、蚕豆等果实成熟时，果皮干燥收缩，成膜质或革质；水稻的糙米和小麦、玉米的籽粒都是果实，其果皮与种皮结合紧密，难以分离，称为颖果。

（2）假果的结构　假果的结构相对较为复杂，除子房发育而成的果皮外，还有其他部分参与果实的形成。如苹果、梨的食用部分主要是托杯发育而成，位于中心的小部分才是由子房发育形成的；南瓜、冬瓜等假果的食用部分主要为果皮；而西瓜的食用部分主要是胎座。

在果实的发育过程中，除形态发生变化外，果实颜色和细胞内的物质也发生变化：在幼嫩的果实中，果皮细胞含有叶绿体和较多的有机酸、单宁等，故幼果呈绿色，且带有酸、涩味；成熟时，果皮细胞中叶绿体分解，花青素或有色体形成并积累，使糖分增多，有机酸减少，故成熟的果实往往色艳而味甜。有些植物的果皮里含有油腺，当果实成熟时，能散发出芳香的气味，如茴香、枸橼、花椒等。

### 2. 果实的类型

果实的种类很多，按照它们的形成情况不同而分为单果、聚合果和聚花果三大类。果实的类型如图 1-1-38 所示。

（1）单果　每朵花中仅有的 1 个子房形成的单个果实称为单果，这种果实最为常见。按果皮肉质或干燥与否，可分为肉果及干果两大类：

① 肉果

a. 核果　外果皮薄，中果皮肉质，内果皮坚硬木化成果核，多由单心皮雌蕊形成的，如桃、李、杏、梅等的果实；也有的由 2～3 枚心皮发育而成的，如枣、橄榄等的果实；有的核果成熟后，中果皮干燥无汁，如椰子的果实。

b. 浆果　由一至多数心皮的雌蕊发育而成。外果皮薄，中、内果皮多汁，有的难分离，皆肉质化，如葡萄、番茄、柿等的果实。番茄这种浆果的胎座发达，肉质化，也是食用的

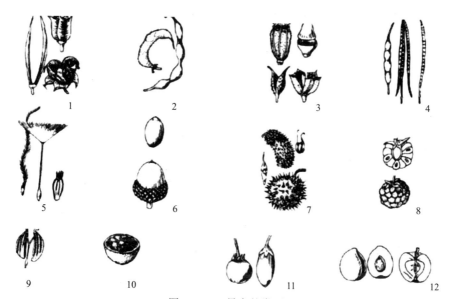

图 1-1-38 果实的类型

1—蓇葖果；2—荚果；3—蒴果；4—长角果；5—瘦果；6—坚果；7—聚花果；
8—聚合果；9—双悬果；10—柑果；11—浆果；12—梨果

部分。

c. 柑果 外果皮革质，有许多挥发油囊；中果皮疏松髓质，有的与外果皮结合不易分离；内果皮呈囊瓣状，其壁上长有许多肉质的汁囊，是食用部分。如柑橘、柚等的果实，为芸香料植物所特有。

d. 梨果 由下位子房的复雌蕊和花管发育而成。肉质食用的大部分"果"肉是花管形成的，只有中央的很少部分为子房形成的果皮。果皮薄，外果皮、中果皮不易区分，内果皮由木化的厚壁细胞组成。如梨、苹果、枇杷、山楂等的果实，为蔷薇科梨亚科植物所特有。

e. 瓠果 由下位子房的复雌蕊和花托共同发育而成，果实外层（花托和外果皮）坚硬，中果皮和内果皮肉质化，胎座也肉质化，如南瓜、冬瓜等瓜类的果实。西瓜的胎座特别发达，是食用的主要部分。瓠果为葫芦科植物所特有。

② 干果 如果果实成熟后，果皮干燥，这样的果实称为干果。成熟后果皮开裂，又称裂果；成熟后果皮不开裂，称闭果。

a. 常见的裂果

ⅰ. 荚果 由单心皮雌蕊发育而成，边缘胎座。成熟时沿背缝和腹缝线同时开裂，如大豆、豌豆、蚕豆等的果实；但也有不开裂的，如落花生等的果实；有的荚果皮在种子间收缩并分节断裂，如含羞草等的果实。荚果为豆目（或豆科）植物所特有。

ⅱ. 蓇葖果 由单心皮雌蕊发育而成。果实成熟后常在腹缝线一侧开裂（有的在背缝线开裂），如飞燕草的果实。

ⅲ. 角果 由 2 心皮的复雌蕊发育而成，侧膜胎座，子房常因假隔膜分成 2 室，果实成熟后多沿 2 条腹缝线自下而上地开裂。角果有的细长，称长角果，如油菜、甘蓝、桂竹香等的果实；有的角果呈三角形，圆球形，称短角果，如荠菜、独行菜等的果实。但长角果有不开裂的，如萝卜的果实。角果为十字花科植物所特有。

ⅳ. 蒴果 由 2 个以上心皮的复雌蕊发育而成，有数种胎座式，果实成熟后有不同开裂方式：室背开裂，沿心皮的背缝线开裂，如棉、三色堇、胡麻（芝麻）、鸢尾等的果实；室间开裂，沿心皮（或子房室）间的隔膜开裂，但子房室的隔膜仍与中轴连接，如牵牛等的果实；孔裂，果实成熟，在每一心皮上方裂成一个小孔，种子由小孔中因风吹摇动而散出，如虞美人、金鱼草的果实；盖裂，果实成熟后，沿果实的中部或中上部作横裂，成一盖状脱落，如马齿苋、车前等的果实。

b. 常见的闭果

ⅰ. 瘦果　由1～3心皮组成，内含1粒种子，果皮与种皮分离，如向日葵、荞麦等果实。

ⅱ. 颖果　似瘦果，由2～3心皮组成，含1粒种子，但果皮和种皮合生，不能分离，如稻、小麦、玉米等的果实。颖果为禾本科植物所特有。

ⅲ. 坚果　由2～3心皮组成，只有1粒种子，果皮坚硬，常木化，如麻栎等的果实

ⅳ. 翅果　由2心皮组成，瘦果状，果皮坚硬，常向外延伸成翅，有利于果实的传播，如枫杨、榆、槭树等的果实。

ⅴ. 分果　由复雌蕊发育而成，果实成熟时按心皮数分离成2至多数各含1粒种子的分果瓣，如锦葵、蜀葵等的果实。双悬果是分果的一种类型，由2心皮的下位子房发育而成，果熟时，分离成2悬果（小坚果），分悬于中央的细柄上，如胡萝卜、芹菜等的果实。双悬果为伞形科植物所特有。小坚果是分果的另一种类型，由2心皮的雌蕊组成，在果实形成之前或形成中，子房分离或深凹陷成4个各含一粒种子的小坚果，如薄荷、一串红等唇形科植物；附地草、斑种草等紫草科植物和马鞭草科等的部分果实也属这一种。

（2）聚合果　由一花雌蕊中所有离生心皮形成的果实群。每一离生心皮所形成的小果实按其类型可分聚合瘦果，如草莓、毛茛、蛇莓等的果实；聚合蓇葖果，如牡丹、玉兰、绣线菊、八角茴香等的果实；聚合核果，如悬钩子等的果实；聚合翅果，如鹅掌楸的果实；聚合坚果，如莲的果实等。

（3）聚花果　由整个花序组成果实，故称花序果或复果。如桑、无花果及凤梨（菠萝）等果实。

---

✋ ［课堂互动］

苹果是大家比较喜欢吃的水果之一，请从果实的分类角度出发说明其果实的类型。

---

✋ ［学习小结］

**一、植物的细胞**

1. 药用植物细胞的组成

植物体的不同细胞具有不同的结构，其基本结构主要包括外面坚韧的细胞壁和里面有生命的原生质体。原生质体是构成生活细胞的除细胞壁以外的各部分，是细胞里有生命的物质的总称，它由细胞质、细胞核、质体、线粒体等几个部分组成。另外，细胞中还含有许多原生质体的代谢产物，称为后含物。

2. 药用植物细胞的功能

细胞是植物体结构和功能的基本单位，也是植物生命活动的基本单位。

**二、植物的组织**

1. 植物组织的分类

在个体发育中，来源相同、形态结构相似、机能相同而又紧密联系的细胞群，称为组织。由同一种细胞构成的组织叫简单组织；多种细胞构成的组织叫复合组织。

植物的组织，按其形态结构和功能的不同，分为分生组织、薄壁组织、保护组织、机械组织、输导组织和分泌组织等六类。

2. 植物组织的功能

分生组织由一群具有分生能力的细胞组成，能不断进行细胞分裂，增加细胞的数目，使植物不断生长。

薄壁组织在植物体内占有很大部分，是组成植物体的基础，由主要起代谢活动和营养作用的薄壁细胞所组成，又称为基本组织。

保护组织包被在植物各个器官的表面，保护植物的内部组织，能控制和进行气体交换，防止水分的过度散失、病虫的侵害以及机械损伤等。根据来源和形态结构的不同，保护组织又分为初生保护组织（表皮组织）和次生保护组织（周皮）。

机械组织是细胞壁明显增厚的一群细胞，有支持植物体和增加其坚固性的作用。根据细胞壁增厚的成分、增厚的部位和增厚的程度，可分为厚角组织和厚壁组织两种类型。

输导组织是植物体中输送水分、无机盐和营养物质的组织。其细胞常上下相连成细长管状。包括：①导管和管胞，负责自下而上输送水分及溶于水中的无机养料，存在于木质部；②筛管和伴胞，输送光合作用制造的有机营养物质，存在于韧皮部。

分泌组织由分泌细胞组成，能分泌某些特殊物质，如挥发油、乳汁、黏液、树脂和蜜腺等。其亦可作为鉴别药材的依据之一，常分为外部分泌组织和内部分泌组织两种类型。

### 三、植物的器官

1. 植物的营养器官与生殖器官

在植物界里，有许多能开花、结实，并以种子进行繁殖的植物，称为种子植物。其植物体由根、茎、叶、花、果实和种子六部分组成，这些部分称为器官。根、茎、叶能吸收、制造、输送和储藏营养物质，供生长发育需要，称营养器官；花、果实和种子能繁衍后代，称繁殖器官。

2. 各器官的形态特征与功能

 **[知识检测]**

**一、单项选择题**

1. 叶绿素 a、叶绿素 b、胡萝卜素和叶黄素为（　　）主含的四种色素。

A. 叶绿体　　　　B. 有色体　　　　　C. 植物色素　　　　　D. 前质体

2. 根有定根和不定根之分，定根中有主根，主根是从（　　）发育而来。

A. 直根系　　　　B. 不定根　　　　　C. 定根　　　　　D. 胚根

3. 大豆的果实是（　　）。

A. 蒴果　　　　　B. 瘦果　　　　　　C. 荚果　　　　　D. 角果

4. 葡萄的卷须属于（　　）。

A. 叶卷须　　　　B. 茎卷须　　　　　C. 托叶卷须　　　　D. 不定根

5. 能进行光合作用、制造有机养料的组织是（　　）。

A. 基本薄壁组织　　B. 同化薄壁组织　　C. 储藏薄壁组织　　D. 吸收薄壁组织

6. 培养的条件包括（　　）。

A. 温度　　　　　B. 光线　　　　　　C. 通气　　　　　D. 酸碱度

E. 都是

7. 仙人掌的刺状物是（　　）。

A. 根的变态　　　　　B. 地上茎的变态　　　C. 地下茎的变态　　　　D. 叶或托叶的变态

8. 小麦的花序为（　　　）。

A. 总状花序　　　　　B. 圆锥花序　　　　　C. 复穗状花序　　　　　D. 伞形花序

**二、多项选择题**

1. 细胞核的主要功能是（　　　）。

A. 控制细胞的遗传　　　　　　　　　　B. 细胞内物质进行氧化的场所

C. 遗传物质复制的场所　　　　　　　　D. 控制细胞的生长发育

E. 控制质体和线粒体中主要酶的形成

2. 叶绿体可存在于植物的（　　　）。

A. 花萼中　　　　B. 叶中　　　　C. 幼茎中　　　　D. 根中　　　　E. 幼果中

3. 储藏蛋白质可存在于细胞的（　　　）。

A. 细胞壁中　　　B. 细胞核中　　C. 质体中　　　D. 液泡中　　　E. 细胞质中

4. （　　　）相同或相近的细胞的组合称为植物的组织。

A. 来源　　　　　B. 形态　　　　C. 结构　　　　D. 功能　　　　E. 位置

5. 大多数种子的组成包括（　　　）。

A. 种皮　　　　　B. 种孔　　　　C. 胚　　　　　D. 子叶　　　　E. 胚乳

6. 胚的组成包括（　　　）。

A. 胚根　　　　　B. 胚茎　　　　C. 胚芽　　　　D. 胚乳　　　　E. 子叶

7. 禾本科植物叶的组成包括（　　　）。

A. 叶片　　　　　B. 叶柄　　　　C. 叶鞘　　　　D. 叶舌　　　　E. 叶耳

8. 茎的主要功能有（　　　）。

A. 输导　　　　　B. 支持　　　　C. 储藏　　　　D. 吸收　　　　E. 繁殖

**三、填空题**

1. 根系分为_____和_____两种类型。

2. 地下茎的变态有根茎、块茎，以及_____和_____四种。

3. 叶片的横切面可分表皮、_____和_____三部分。

4. 按照分生组织在植物体内所处的位置分类，维管形成层和木栓形成层为_____分生组织。

5. _____的主要功能是进行光合作用；_____是细胞中物质氧化的中心。

6. 根的初生构造从外到内可分为_____、_____和_____。

7. 植物细胞是植物体的_____基本单位，也是_____的基本单位。

8. 植物细胞壁中的_____和_____为所有植物细胞具有，但不是所有植物细胞都有_____。

9. 在光学显微镜下观察细胞的原生质体可明显地分为_____和_____两大部分。

10. 外露地面胡萝卜变青色，是由于_____。

11. 细胞中的核酸有_____和_____。

12. 蓖麻种子的结构包括_____、_____、_____等三部分。

**四、问答题**

1. 如何区分单叶和复叶？

2. 列出两种常见的假果类型，并说明其是假果的理由。

# 第二章
# 药用植物的分类基础

【学习目标】

1. 知识目标

(1) 了解药用植物分类的目的与意义。

(2) 熟悉药用植物的分类等级及方法。

2. 技能目标

会利用植物检索表检索药用植物。

## 一、分类概述

### (一) 植物分类学目的与任务

**1. 植物分类学概念**

植物分类学是对极其繁杂的各种植物进行鉴定、分群归类、命名，按照分类系统排列起来，并且研究整个植物界的起源、亲缘关系和进化发展规律的学科。它是一门理论性、实用性和直观性较强的学科。

药用植物分类是指应用植物分类学原理和方法，对有药用价值的植物进行鉴定、研究和合理利用。

**2. 植物分类学的主要任务**

(1) 对植物的分类群的描述和命名　对植物个体的异同点进行比较、鉴定，将类似的一群体归为"种"，并按照《国际植物命名法规》(International Code of Botanical Nomenclature，缩写ICBN) 的规定，对种进行描述和命名，给每个种一个专有的学名 (Scientific name)，作为种的标志，这是植物分类学的首要任务。

(2) 探索植物"种"的起源与演化　借助古植物学、生物化学、分子生物学、植物细胞学、植物化学等学科的研究资料，探索植物种的起源与进化，为建立合理的植物自然分类系统提供依据。

(3) 建立自然分类系统　根据植物各类群之间的亲缘关系的研究，确定不同分类等级，按照一定的顺序排列，以期建立符合客观实际的自然分类系统。

(4) 编写植物志　运用植物分类学知识，根据不同需要，对某地区、国家或某用处等的植物进行调查、标本采集、鉴定，并按照一定的分类系统编排，成为不同用途的植物志。

**3. 学习植物分类学的目的和意义**

应用植物分类学的知识和方法，对药用植物进行分类，具有重要的意义，具体表现在：①可对中草药进行原植物鉴别；②可识别和区别近似种；③科学地描述植物；④澄清名实混乱，解决同名异物、同物异名的混乱现象；⑤可发掘和扩大中药资源；⑥对中草药研究、生产、临床安全和有效用药均具重要意义。

**（二）分类的方法与等级**

**1. 植物分类的方法**

（1）人为分类方法　人们按照自己的方便或按植物的用途，选择植物一个或几个特征作为标准进行分类，然后按照人为标准顺序排成分类系统。

（2）自然分类方法　以植物的亲疏程度作为分类的标准。按照生物进化的观点，植物由于来自共同祖先而具有相似的遗传性，表现出形态、结构、习性等方面的相似。因此，根据植物相同点的多少就可判断它们之间亲缘上的亲疏程度。这种根据亲缘关系进行分类的方法是自然分类方法。

被子植物的分类主要依据各种器官的形态特征，尤其是生殖器官的形态特征，因为花果的形态比较稳定，不易因环境的改变而产生变异。

**2. 植物的分类单位**

植物分类上设立多种等级，依范围大小和等级高低，植物分类的各级单位依次是界、门、纲、目、科、属、种。每个等级内如果种繁多还可细分一个或两个次等级，如亚门、亚纲、亚目、亚科等。种以下可有亚种、变种和变型。

种是分类学上的基本单位，同种植物的个体起源于共同的祖先，具有相似的形态特征，能自然交配产生遗传性相似的后代，要求相同的生态环境条件，有一定的自然分布区。亚种是指同一种内由于地理分布上、生态上或季节上的隔离，而形成的形态上多少有变异的个体群。变种则指在形态上多少有变异，变异比较稳定，分布范围（或地区）比亚种小得多，与种内其他变种有共同的分布区。变型是一个种内有细小变异，如花冠或果的颜色、毛被情况等，且无一定分布区的个体。

品种不是分类单位，不存在于野生植物中，是栽培学上的用法。通常把人们培育或发现有经济价值的变异列为品种，实际上是栽培变种或变型。

在分类上，亲缘相近的种归类为属，相近的属归类为科，相近的科归类为目，以此上推直至把所有植物归类为植物界。

以金樱子为例，其分类等级为：

界　植物界 Regnum vegetabile
门　被子植物门 Angiospermae
纲　双子叶植物纲 Dicotyledoneae
目　蔷薇目 Rosales
科　蔷薇科 Rosaceae
蔷薇亚科 Rosoideae
属　蔷薇属 *Rosa*
种　金樱子 *Rosa laevigata* Michx 等（种）

以黄连为例，示其分类等级如下：

界　植物界 Regnum vegetabile
门　被子植物门 Angiospermae
纲　双子叶植物纲 Dicotyledoneae

目　毛茛目 Ranales
科　毛茛科 Ranunculaceae
属　黄连属 *Coptis*
种　黄连 *Coptis chinensis* Franch.

## （三）植物的命名

植物的种类繁多，而且因各个国家的语言和文字的不同，都各有其习用的植物名称。就是在一个国家内，同一个植物在各地区也各有其不同的名称。因此，植物同名异物及同物异名现象较普遍，名称较混乱，这严重地阻碍了科学普及和国际间的学术交流。为此，国际上制定了《国际植物命名法规》，给每一个植物分类群制定世界各国可以统一使用的科学名称，即采用的是 1753 年瑞典植物学家林奈所倡导的"双名法命名"，便于国际交流时的统一。双名法规定，每种植物的名称由两个拉丁词组成，前者是属名，第二个是种加词，起着标志该植物种的作用。由这两个词组合成植物的种名，即植物的科学名称（简称学名）。学名后还须附以命名人的姓名。例如：

桑　*Morus　alba*　L.　　　人参　*Panax　ginseng*　C. A. Mey.
　　属名　种加词　命名人　　　　　属名　种加词　命名人

属名是学名的主体，书写时，第一个字母必须大写，如 *Morus*（桑属）、*Panax*（人参属）等。

种加词通常是形容词，第一个字母不大写。

定名人用姓氏或姓名，通常缩写，但第一个字母必须大写。如 L. 是 Linnaeus 的缩写。定名人是二人时，两人的名字则用拉丁文连词 et（和）连接起来，如虎杖的学名 *Polygonum cuspidatum* Sieb. et Zucc. 如果某种植物是由一个人定名，而由其他人代其发表，双方名字则用拉丁文前置词 ex（从、自）连接，代发表人的名字放在后面，如竹叶柴胡 *Bupleurum marginatum* Wall. ex DC.

### ［知识链接］

林奈（Linnaeus）是瑞典植物学家、冒险家，首先构想出定义生物属种的原则，并创造出统一的生物命名系统。他在生物学中的最主要的成果是建立了人为分类体系和双名制命名法。《自然系统》一书是林奈人为分类体系的代表作。在林奈以前，由于没有一个统一的命名法则，各国学者都按自己的一套工作方法命名植物，致使植物学研究困难重重。林奈依雄蕊和雌蕊的类型、大小、数量及相互排列等特征，将植物分为 24 纲、116 目、1000 多个属和 10000 多个种。

## （四）植物的分类系统

植物的分类系统经历了本草时期（以习性和用途分类）、人为分类系统时期（植物相似性分类）、自然分类系统时期（以植物的相似性来确定亲缘关系）和系统发育系统时期。由于受当时历史条件的局限，前三个时期学者受着"自然界绝对不变，物种不变"这种思想的束缚，他们所提出的观点不可能真正地反映植物之间的亲缘关系及其演化趋势，所以前三个时期又统称为"不变论分类系统时期"。1895 年，英国博物学家达尔文（C. R. Darvin）《物种起源》提出"生物进化"的观点，为植物界树立了系统发育的观点，从而使植物分类系统的发展进入系统发育系统时期。

由此，许多植物分类工作者根据各自的系统发育理论，提出了许多不同的被子植物分类系统。但由于有关被子植物起源、演化的知识和化石证据不足，直到现在还没有一个比较完善而公认的分类系统。目前世界上运用比较广泛、较为流行的主要有恩格勒系统、哈钦松系统、克朗奎斯特系统和塔赫他间系统。

**1. 恩格勒系统**

这是德国植物分类学家恩格勒（A. Engler）和勃兰特（K. Prantl）于 1897 年在《植物自然分科志》巨著中所发表的系统，它是植物分类史上第一个比较完整的系统。该系统将植物界分为 13 门，第 13 门为种子植物门，种子植物门再分为裸子植物和被子植物两个亚门，被子植物亚门再分为单子叶植物和双子叶植物两个纲，并将双子叶植物纲分为离瓣花亚纲（古生花被亚纲）和合瓣花亚纲（后生花被亚纲），共计 45 目、280 科。

**2. 哈钦松系统**

这是英国植物学家哈钦松（J. Hutchinson）于 1926 年和 1934 年在其《有花植物科志》中所提出的系统。在 1973 年修订的第三版中，共有 111 目、411 科，其中双子叶植物 82 目、342 科，单子叶植物 29 目、69 科。

**3. 塔赫他间系统**

这是前苏联植物学家塔赫他间（A. Takhtajan）于 1954 年在《被子植物起源》一书中公布的系统，该系统亦主张真花学说，认为木兰目为最原始的被子植物类群，他首先打破了传统上把双子叶植物分为离瓣花亚纲和合瓣花亚纲的分类，在分类等级上增设了"超目"一级分类单元。他将原属毛茛科的芍药属独立成芍药科等，都和当今植物解剖学、孢粉学、植物细胞分类学和化学分类学的发展相吻合，在国际上得到共识。

**4. 克朗奎斯特系统**

这是美国植物学家克朗奎斯特（A. Cronquist）于 1968 年在其《有花植物的分类和演化》一书中发表的系统。克朗奎斯特系统接近塔赫他间系统，把被子植物门（称木兰植物门）分成木兰纲和百合纲，但取消了"超目"一级分类单元，科的划分也少于塔赫他间系统。在 1981 年修订版中，共有 83 目、383 科，其中木兰纲包括 6 个亚纲、318 科，百合纲包括 5 亚纲、19 目、65 科。我国有的植物园及教科书已采用这一系统。

## 二、分类检索表的编制

植物分类检索表是根据法国著名的生物学家拉马克二歧分类的原理，以对比的方式而编制成区分植物种类的表格。具体说，就是把各种植物的关键性特征进行比较，抓住区别点，相同的归在一项下，不同的归在另一项下，在相同的项下，又以不同点分成相对应的二项，依次下去，最后得出不同种的区别。各分类等级，如门、纲、目、科、属、种均可编制成检索表，其中科、属、种的检索表最为重要，最为常用。

检索表的格式通常有定距式（等距式）与平行式两种。我们常用的是定距式检索表。

### （一）定距式检索表

这种形式也叫退格式检索表。在编排时每两个相对应的分支的开头都编在离左端同等距离的地方，每一个分支的下面，相对应的两个分支的开头，比原分支向右移一个字格，这样编排下去，直到编制的终点为止。例如定距式植物界分门检索表：

　　1. 植物体无根、茎、叶的分化，无胚
　　　 2. 植物体不为藻类和菌类所组成的共生体

　　3. 植物体内有叶绿素和其他色素，为自养生活方式 ……………………… 藻类植物门
　　3. 植物体内无叶绿素和其他色素，为异养生活方式 ……………………… 菌类植物门
　2. 植物体为藻类和菌类所组成的共生体 ………………………………… 地衣植物门
1. 植物体有根、茎、叶的分化，有胚
　　　4. 植物体有茎、叶而无真根 …………………………………………… 苔藓植物门
　　　4. 植物体有茎、叶面有真根
　　　　5. 产生孢子 ………………………………………………………… 蕨类植物门
　　　　5. 产生种子 ………………………………………………………… 种子植物门

## （二）平行式检索表

　　这种形式也叫双项式检索表，每一项两个相对性状的叙述内容都写在相邻的两行中，两两平行；数字号码均写在左侧第一格中。例如平行式植物界分门检索表：

　1. 植物体无根、茎、叶的分化，无胚 …………………………………………… 2
　1. 植物体有根、茎、叶的分化，有胚 …………………………………………… 4
　　2. 由藻类和菌类所组成的共生体 ………………………………………… 地衣植物门
　　2. 非藻类和菌类所组成的共生体 ………………………………………… 菌类植物门
　　　3. 植物体有叶绿素或其他色素，为自养生活方式 ………………… 藻类植物门
　　　3. 植物体无叶绿素或其他色素，为异养生活方式 ………………… 菌类植物门
　　　　4. 植物体有茎、叶，而无真根 …………………………………… 苔藓植物门
　　　　4. 植物体有茎、叶，而有真根 ………………………………………… 5
　　　　　5. 产生孢子 …………………………………………………… 蕨类植物门
　　　　　5. 产生种子 …………………………………………………… 种子植物门

## （三）连续平行式检索表

　　将一对互相区别的特征用两个不同的项号表示，其中后一项号加括号，以表示它们是相对比的项目，如下列中的 1.（6）和 6.（1），排列按 1，2，3…的顺序。查阅时，若其性状符合 1 时，就向下查 2。若不符合 1 时就查相对比的项号 6，如此类推，直到查明其分类等级。如：

　1.（6）植物体构造简单，无根、茎、叶的分化，无胚（低等植物）
　　2.（5）植物体不为藻类和菌类所组成的共生体
　　　3.（4）植物体内有叶绿素或其他光合色素，营独立生活 …………… 藻类植物
　　　4.（3）植物体内不含叶绿素或其他光合色素，营寄生或腐生生活 … 菌类植物
　　　5.（2）植物体为藻类和菌类的共生体 ………………………………… 地衣类植物
　　　　6.（1）植物体构造复杂，有根、茎和叶的分化，有胚（高等植物）
　　　　　7.（8）植物体有茎、叶和假根 ………………………………… 苔藓植物门
　　　　　8.（7）植物体有根、茎和叶
　　　　　　9.（10）植物以孢子繁殖 ……………………………………… 蕨类植物门
　　　　　　10.（9）植物以种子繁殖 ……………………………………… 种子植物门

## （四）使用方法

　　当遇到一种不知名的植物时，应当根据植物的形态特征，按检索表的顺序，逐一寻找该植物所处的分类地位。首先确定是属于哪个门、哪个纲和哪个目的植物，然后再继续查其分科、分属以及分种的植物检索表。

　　在运用植物检索表时，应该详细观察或解剖植物标本，了解各种器官按检索表一项一项地仔细查对。对于完全符合的项目，继续往下查找，直至检索到终点为止。

[学习小结]

1. 药用植物分类的目的与意义

药用植物分类是应用植物分类学原理和方法，对有药用价值的植物进行鉴定、研究和合理利用。其有重要的意义，具体表现在：①可对中草药进行原植物鉴别；②可识别和区别近似种；③科学地描述植物；④澄清名实混乱，解决同名异物、同物异名的混乱现象；⑤可发掘和扩大中药资源；⑥对中草药研究、生产、临床安全和有效用药均具重要意义。

2. 药用植物的分类等级

植物分类上设立多种等级，依范围大小和等级高低，植物分类的各级单位依次是界、门、纲、目、科、属、种。每个等级内如果种类繁多还可细分一个或二个次等级，如亚门、亚纲、亚目、亚科等。种以下可有亚种、变种和变型。药用植物同样按照上述等级分类。

[知识检测]

**一、填空题**

1. 分类学上常用的各级单位依次是_____。

2. 为避免同物异名或异物同名的混乱和便于国际交流，规定给予每一物种制定一个统一使用的科学名称，称为学名。国际植物命名法规定，物种的学名应采用林奈提倡的_____。

3. 一个完整的学名包括_____、_____和_____三部分。用_____文书写。

**二、问答题**

1. 什么是自然分类法？

2. 植物界包括哪几大类群？怎样区分这几大类群？哪一类群发展到最高级？为什么？

# 第三章
# 低等药用植物

【学习目标】

1. 知识目标

(1) 熟悉低等药用植物门、纲、科、属、种等的主要特征。

(2) 了解常见低等药用植物的主要化学成分及其药用功能。

2. 技能目标

能识别常见低等药用植物。

低等植物包括藻类、菌类和地衣类植物。它们的共同特征是：植物体构造简单，为单细胞、群体和多细胞的个体，无根、茎、叶等器官的分化；生殖器官通常为单细胞结构；个体发育不经过胚的阶段，由合子直接发育成新植物体。

## 一、藻类植物

藻类植物是植物界中最原始的低等植物类群，藻类细胞或其载色体内含有叶绿素或其他色素如藻蓝素、藻红素、藻褐素等，故藻体能呈现不同的颜色。能制造养分供本身需要，是能独立生活的自养原植物体植物。

藻类植物体构造简单，单细胞，没有真正的根、茎、叶的分化，植物体的形状和类型多种多样，大小差异较大，有的单细胞体只有几微米，须借助显微镜才能看到，如衣藻、小球藻等；有的多细胞体呈丝状、叶状、枝状，如水绵、海带、昆布、石花菜、海蒿子等；最大的藻体长达 60m 以上，藻体结构也较复杂，分化为多种组织，如生长在太平洋中的巨藻。

藻类植物分布广泛，约有 3 万种。其营养价值很高，含有大量的糖、蛋白质、脂肪、无机盐，多种维生素和有机碘等微量元素，广泛用于药品和食品中。如藻类的提取物可用于工业、食品业、医药和科研。作为药用的藻类植物我国有 114 种。随着对海洋的进一步开发以及藻类植物的深入研究，藻类资源将被人类充分利用。

根据藻类细胞内所含的色素、储藏物，以及藻体的形态结构、繁殖方式和细胞壁成分的不同，可将其分为裸藻门、绿藻门、轮藻门、金藻门、甲藻门、褐藻门、红藻门和蓝藻门等 8 门。现将药用植物举例如下：

### (一) 蓝藻门

蓝藻呈蓝绿色，又称蓝绿藻，常分布于温暖而富含有机质的淡水中，是一类原始的低等植物。藻体为单细胞个体、多细胞群体或丝状体。细胞内无真正的细胞核或核无定型，是典型的原核细胞。细胞内无质体，色素分散在原生质中，含有光合色素，无叶绿体。靠细胞分裂繁殖。

蓝藻约 1150 属，近 1500 种，主要生活在淡水中，分布很广，从两极到赤道，从高山到海洋都有分布。不少种类含有丰富的蛋白质、氨基酸等营养物质，可供食用、药用或制成保健品，如某些蓝藻的提取物有抗炎和抗肿瘤作用。

主要的药用植物有：葛仙米（地木耳）*Nostoc commume* Vauch，能清热、收敛、明目。

## （二）绿藻门

绿藻门为真核藻类，细胞内有真正的细胞核，有叶绿体，植物体形态多种多样，有单细胞体、群体、丝状体和叶状体等。该门植物在许多特征上与高等植物相同，如储藏营养物质为淀粉，有叶绿素 a、叶绿素 b、叶黄素和胡萝卜素等四种色素类型，运动细胞具有 2 或 4 条顶生等长鞭毛，细胞壁两层，内层主要由纤维素组成，外层为果胶质。

绿藻是藻类植物中最大的一门，约 350 属、5000～8000 种，是最常见的藻类，以淡水中分布最多，在各种流动和静止的水体中有，土壤表面和树干等气生条件也有，生于海水中较少，有的与真菌共生成地衣。藻体较大的绿藻大多可食用、药用或作饲料。绿藻还对水体自净有很大作用；宇宙航行中也可利用它们释放氧气。

主要的药用植物有：石莼（海白菜）*Ulva lactuca* L.，能软坚散结，清热祛痰，利水解毒；水绵 *Spirogyra nitida*（Dillow.）Link.。

## （三）红藻门

红藻门植物体为多细胞的丝状体、叶状体或枝状体，少数为单细胞或群体。植物体较小，少数可达 1 米至数米。细胞壁由内层的纤维素和外层的果胶质构成。有藻红素、叶绿素 a、叶绿素 b 和叶黄素、藻蓝素等光合作用色素，由于藻红素占优势，故藻体多呈红色。储藏营养物质为红藻淀粉，有的为红藻糖。

红藻约有 558 属、4000 余种，绝大多数分布于海水中，固着于岩石等物体上，少数种类生于淡水中。很多红藻有较高的经济价值，除供食用和药用外，从某些植物中所提制的琼脂可作培养基，某些藻胶可作纺织品的染料和建筑涂料。

主要的药用植物有：石花菜 *Gelidium amansii* Lamx.，扁平直立，<u>丛生</u>，4～5 次羽状分枝，小枝对生或互生，紫红色或棕红色，入药有清热解毒和缓泻作用；甘紫菜 *Porphyra tenera* Kjelllm.；鹧鸪菜 *Caloglossa leprieurii*（Mollt.）J. Ag.

## （四）褐藻门

褐藻为多细胞植物体，是藻类植物中形态构造分化最高级的一类。其形态及大小多样化，较进化的藻类已有明显的组织分化，藻体外部形态分化为"叶片"、柄部和固着器，内部组织分化为表皮层、皮层和髓部。褐藻的外层细胞壁为藻胶，壁内还有褐藻糖胶，能使褐藻形成黏液质，避免藻体干燥。细胞内含有叶绿素 a 和叶绿素 b、胡萝卜素、叶黄素。叶黄素中墨角藻黄素含量最大，掩盖了叶绿素，故藻体呈褐色。储藏营养物质主要为褐藻淀粉和甘露醇。褐藻门常见药用植物如图 1-3-1 所示。

药用植物有：

海带 *Laminaria japonica* Aresch 为海带科植物。海带（孢子体）为多年生大型褐藻，长可达 6m。藻体分成三部分：固着器、柄、带片。它除食用外，还作"昆布"入药，能消炎、软坚、清热、利尿等，还可用于治疗缺碘性甲状腺肿。

海蒿子 *Sargassum pallidum*（Turm.）C. Ag.，习称大叶海藻。藻体暗褐色，固着器盘状或短圆锥形。主干圆柱形，两侧具羽状分枝，藻叶形状有披针形、倒披针形、倒卵形和

1                    2                    3                    4

图 1-3-1 四种药用褐藻
1—昆布；2—裙带菜；3—海蒿子；4—羊栖菜

线形等，具不明显的中脉。全藻药用，是中药"海藻"的主要原植物，能软坚利水、清热、消炎。

昆布 *Ecklonia kurom* Okam.，藻体深褐色，干后变黑，革质。植物体具固着器、柄和叶状带片三部分：固着器叉状分枝；柄圆柱状或略扁圆形；叶状带片平坦，1～2 回羽状深裂，基部楔形，边缘具疏锯齿。

同属植物羊栖菜 *S. fusiforme*（Harv.）Setchell，藻体黄色，干时发黑，肉质。固着器假根状。主轴圆柱状，直立，纵轴具分枝与叶状突起。全草入药，作海藻（小叶海藻）药用。其所含两种多糖具抗癌和增强免疫作用。

## 二、菌类植物

菌类植物是无根、茎、叶分化，一般无光合作用色素，需依靠现成的有机物质而生活的一类低等植物。菌类植物在自然界中种类繁多，分布广泛。菌类植物营异养生活，异养的方式有寄生及腐生等。常可分为细菌、黏菌和真菌三门。

### （一）真菌的特征

真菌是典型的异养生物，真核，不含叶绿素，也没有质体。异养方式有寄生、腐生、共生等。凡从活的动物、植物吸取养分的叫寄生；从死的动物、植物体或无生命的有机物中吸取养料的叫腐生；从活的有机体吸取养分，同时又提供该活体有利的生活条件，彼此相互依赖，共同生活的叫共生。

除典型的单细胞真菌外，绝大多数的真菌是由纤细、管状的菌丝构成的，组成一个菌体的全部菌丝称菌丝体。某些菌丝在不良环境条件下或繁殖时，菌丝互相密结，形成不同形态的菌丝组织体。常见的有根状菌索、子座、菌核。子实体是高等真菌在生殖时产生的具有一定形态和结构，能产生孢子的菌丝体。子实体有很多类型，子囊菌的子实体称子囊果，担子菌的子实体称担子果。

真菌分布广泛，种类约有十万余种，有较高的经济和药用价值。如灵芝、猴头、猪苓、茯苓等具抗癌作用；香菇、木耳、银耳等可食用；酵母菌在发酵和酿造工业中具有重要作用。

### （二）真菌的分类

真菌是生物界中很大的一个类群，通常分为四纲，即藻状菌纲、子囊菌纲、担子菌纲和半知菌纲；5 个亚门，即鞭毛菌亚门、接合菌亚门、子囊菌亚门、担子菌亚门、半知菌亚门。药用真菌以子囊菌亚门和担子菌亚门为主。

**1. 子囊菌亚门**

子囊菌亚门是真菌中种类最多的一个亚门。构造和繁殖方法都很复杂，除酵母菌类外，绝大部分都是多细胞有机体。菌丝具有横隔，可以形成疏丝组织和拟薄壁组织而构成子实体、子座和菌核等。无性生殖特别发达，产生各种孢子，如分生孢子、节孢子、厚壁孢子等。有性生殖时形成子囊，产生子囊孢子，是子囊菌最重要的特征。

药用植物举例：

酿酒酵母 *Saccharomyces cercuisiae* Han.，为酵母菌科植物。菌体单细胞，卵形，内有一大液泡，细胞核甚小，细胞质内含油滴、肝糖等。酵母菌具有多方面的作用，可用于食品工业与医药工业。如酿酒过程中酵母菌能将葡萄糖、果糖、甘露糖等，经过细胞内酶的作用，在无氧条件下分解为二氧化碳和酒精，这个过程称为发酵。在医药上酵母菌含有人体必需的多种氨基酸、大量维生素 $B_1$，可制成酵母片用于消化不良等症。

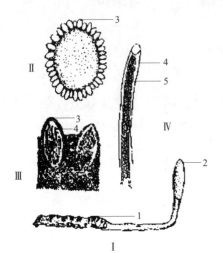

图 1-3-2 冬虫夏草
Ⅰ—菌体全形，上部为子座，下部为已死虫体；
Ⅱ—子座横切面，示子囊壳；
Ⅲ—子囊壳；Ⅳ—子囊及子囊孢子
1—菌核；2—子座；3—子囊壳；
4—子囊；5—子囊孢子

麦角菌 *Claviceps purpurea*（Fr.）Tul.，为麦角菌科植物，寄生在禾本科植物的子房内，主要以麦类黑麦为主。药用菌核，含有生物碱、脂肪油及多种氨基酸等，具收缩子宫、止血作用、用于产后止血或内脏出血，并可治偏头痛。

冬虫夏草 *Cordyceps sinensis*（Berk.）Sacc.，为麦角菌科植物，是寄生在虫草蝙蝠蛾幼虫体上的子囊菌。该菌于夏秋由子囊中射出子囊孢子并产生芽管，侵入幼虫体内，发育成菌丝体。其形态如图 1-3-2 所示。染病幼虫钻入土中越冬，菌在虫体内发展，破坏虫体内部组织，仅留外皮，最后虫体的菌丝体变成坚硬的菌核，以度过漫长的冬天。翌年夏季，从菌核上（幼虫头部）长出棒形子座，子座顶端膨大，在表层下埋有一层子囊壳，壳内生有许多长形的子囊，每个子囊生有 2～8 个线形，具多数横隔的子囊孢子，通常 2 个成熟，从子囊壳孔口放射出去，又继续侵染幼虫，产于四川、云南、西藏、青海等省区海拔3000～4000 米高山排水良好的高寒草地。药用带子座的菌核（僵虫），即名贵药材冬虫夏草，含有虫草酸、多种氨基酸等。具补肺益肾、止咳化痰功效。

[案例分析]

**实例** 冬虫夏草常配北沙参、川贝母、阿胶等治劳嗽痰血。

**分析** 《本草从新》记载冬虫夏草"保肺益肾，止血化痰，已劳嗽"。《药性考》记载其"秘精益气，专补命门"。说明冬虫夏草具有补肺益肾、止血化痰的功效。北沙参味甘甜，是临床常用的滋阴药，主治肺燥干咳、热病伤津、口渴等症；川贝母为润肺止咳的名贵中药材；阿胶是一种传统的补血用药，自古就是很好的补品，具有补血、止血、滋阴、润燥、养血、安胎的功效，还可用于血虚萎黄、眩晕心悸、心烦不眠、肺燥咳嗽。因此，冬虫夏草配北沙参、川贝母、阿胶等可治劳嗽痰血。

**2. 担子菌亚门**

担子菌亚门是一群寄生或腐生的陆生高等真菌，全世界有 1100 属、20000 种左右。本亚门菌类都是多细胞有机体，菌丝均具有横隔膜。在其发育过程中，有两种形式不同的菌丝：一种是由单核的担孢子萌发而产生形成的，初期无隔多核，不久产生横隔，将细胞核分开而成为单核菌丝，称初生菌丝；另一种是通过初生菌丝的两个单核细胞结合进行质配，核不及时结合，形成双核细胞，常直接分裂形成双核菌丝，称次生菌丝。担子菌的子实体、菌核、菌索等都是由次生菌丝发生和构成的，因此，担子菌的双核菌丝很重要。

担子菌的子实体称为担子果，其形状多种多样，大小、质地差异很大。如最常见的蘑菇、灵芝、银耳、木耳等。

担子菌亚门分为 4 个纲，即：层菌纲，如木耳、蘑菇、灵芝等；腹菌纲，如马勃等；锈菌纲；黑粉菌纲。

药用植物举例：

银耳（白木耳）*Tremella fuciformis* Betk.，菌丝体在腐木内生长。子实体纯白色、半透明、胶质，由许多薄而弯曲的瓣片组成，干燥后呈淡黄色。子实体药用，能润肺生津、滋阴养胃、益气和血、补髓强心、清肺热等。

木耳（黑木耳）*Auricularia auricular*（L. ex Hook.）Onder.，子实体有弹性，胶质，半透明，耳状、叶状或杯形，薄而皱褶，深褐色近黑色。子实体药用，能补肺活血。木耳形态如图 1-3-3 所示。

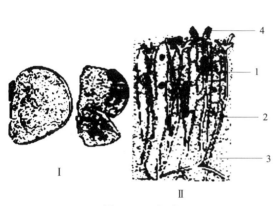

图 1-3-3 木耳

Ⅰ—木耳子实体外形；Ⅱ—木耳子实层的横切面

1—担子；2—侧丝；3—胶质；4—担孢子

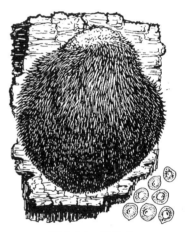

图 1-3-4 猴头菌

猴头菌 *Hericium erinaceus*（Bull.）Pers.，子实体肉质，鲜时白色，干后浅褐色，块状，似猴头，基部狭窄。除基部外，均布肉质针状刺，刺直、下垂，长 1～6cm，粗 1～2mm。孢子球形至近球形，直径 5～6μm。生于栎、胡桃等阔叶树种的立木及朽木上，现也有栽培。猴头菌为名贵滋补品和美味食用菌，子实体药用，具利五脏、助消化功效，因含多糖及多种氨基酸，具抗肿瘤作用和增强免疫功能。猴头菌形态如图 1-3-4 所示。

茯苓 *Poria cocos*（Schw.）Wolf.，菌核球形至不规则形，新鲜时软，干后硬，具深褐色、多皱的皮壳，内部粉粒状，白色或浅粉红色，由菌丝及储藏物质组成。子实体生于菌核表面，平伏，厚 3～8mm，白色，成熟后变为浅褐色。生于松属树木的根上，各地区均有人工培育。药用菌核能益脾胃，宁心神，利水渗湿，菌核中含有的萜类、多糖类等成分具抗癌作用。茯苓形态如图 1-3-5 所示。

灵芝 *Ganoderma lucidum*（Leyss ex Fr.）Karst.，子实体菌盖半圆形或肾形，初期黄色，渐变红褐色，有明显的油漆样光泽，有环状棱纹，辐体木质或木栓质，菌射状皱纹，边缘薄或平截，稍内卷。菌盖下面白色至浅褐色，具很多小孔。菌柄侧生，稀偏生，通常与菌

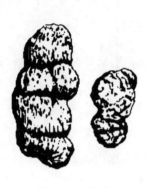

图 1-3-5 茯苓

图 1-3-6 灵芝
1—子实体；2—孢子

盖呈直角，与菌盖同颜色，亦具漆样光泽。子实体药用，能滋补强壮、安神解毒，灵芝孢子粉具有抗癌作用。灵芝形态如图 1-3-6 所示。

猪苓 *Polyporus umbellatus*（Pers.）Fr. 菌核为不规则块状，表面凸凹不平，皱缩，多具瘤状突起，黑褐色；内部白色或淡黄色，半木质化；子实体多数由菌核上生长，有多次分枝的柄，每枝顶端有一菌盖；菌盖肉质，伞形或伞状半圆形，干后硬而脆，中部脐状。孢子卵圆形。菌核含有麦角甾醇、无机成分、生物素、猪苓多糖和粗蛋白。菌核入药能利水、渗湿。已制成猪苓多糖注射液用于肿瘤和肝炎的治疗。猪苓形态如图 1-3-7 所示。

1                2
图 1-3-7 猪苓
1—子实体；2—菌核

[ 知识链接 ]

　　茯苓为我国常用中药，是多种方药及中成药的原料，以茯苓为原料配伍的中成药有 300 多种。茯苓具有利水消肿、渗湿、健脾、宁心的功效，其主要化学成分为多糖、三萜类化合物（茯苓酸、茯苓素）等。三萜类化合物具有免疫调节、抗氧化、抗炎症、抗肿瘤等活性，国内外对茯苓三萜类成分及其生物活性等方面做了一些研究。2012 年，张先淑、饶志刚等通过实验选用四氯化碳致小鼠肝损伤模型对茯苓总三萜的保肝作用做了研究，结果证明茯苓总三萜对 $CCl_4$ 所致的小鼠肝损伤有明显治疗作用。

## 三、药用地衣

### （一）概述

　　地衣是一类特殊的类群，由一种真菌和一种藻类有机结合而成复合体，通常是绿藻门或蓝藻门的藻类与子囊菌或担子菌的菌类共生。因此，真菌成为了地衣体的主导部分，而地衣复合体的大部分是由菌丝交织形成，中间疏松，表层紧密，藻类细胞被包被在内。藻类细胞可进行光合作用，为整个地衣体制造有机养分，菌类则吸收水分和无机盐，为藻类光合作用提供原料，并使藻细胞保持一定湿度，不致干死，形成一种特殊的共生关系。地衣形态如图1-3-8所示。

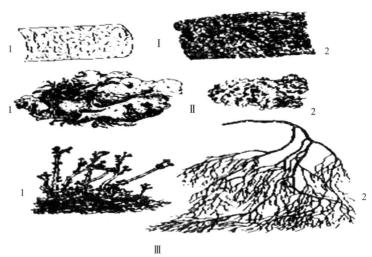

图 1-3-8　地衣的形态
Ⅰ—壳状地衣：1—文字衣属；2—茶渍衣属
Ⅱ—叶状地衣：1—地卷衣属；2—梅衣属
Ⅲ—枝状地衣：1—石蕊属；2—松萝属

### （二）地衣分类及代表植物

地衣从形态上可分为壳状地衣、叶状地衣和枝状地衣三类。

**1. 壳状地衣**

地衣体为多种彩色的壳状物，菌丝与树干或石壁紧贴，有的还生假根于基物中，因此不易分离。如生于岩石上的茶渍衣属和生于树皮上的文字衣属，壳状地衣占全部地衣的80%。

**2. 叶状地衣**

地衣体呈叶状，有瓣状裂片，叶片下部生出假根或脐，附着于基物上，易采下。如石耳、梅衣等。

**3. 枝状地衣**

地衣体树枝状，直立或下垂，仅基部附着于基物上。如石蕊、松萝等。

药用植物举例：

松萝 *Usnea diffracta* Vain.，属松萝科。地衣体扫帚形，丝状，分枝稀少，仅中部尤其近端处有繁茂的细分枝，长 15～50cm，悬垂，淡绿色或淡黄绿色，表面有很多白色环状裂沟，横断面可见中央有线状强韧性的中轴，具弹性，可拉长，由菌丝组成；其外为藻环。生于具有一定海拔高度的潮湿林中树干上或岩壁上。松萝含有地衣酸钠盐、松萝酸，具抗菌、消炎作用。全植物药用，能清热解毒、止咳化痰、强心利尿、生肌止血、清肝明目。同属植物还有：红皮松萝 *U. rubescens*，红髓松萝 *U. zoseola*，长松萝 *U. longissima*，粗皮松萝 *U. mortifuji*，均可药用。

我国共有 9 科、17 属、71 种地衣供药用。如石耳 *Umbilicaria esculenta*（Miyoshi）Minks、石蕊 *Cladonia rangiferina*（L.）Web.、冰岛衣 *Cetraria islandica*（L.）Ach. 等，均可药用。

[学习小结]

1. 低等药用植物种类及其共同特征

低等植物包括藻类、菌类和地衣类植物。它们的共同特征是：植物体构造简单，为单细胞、群体和多细胞的个体，无根、茎、叶等器官的分化；生殖器官通常为单细胞结构；个体发育不经过胚的阶段，由合子直接发育成新植物体。

2. 藻类、菌类和地衣类植物中常见药用植物的主要化学成分及其药用功能

[知识检测]

**一、填空题**

1. 从形态构造发育的程度看，藻类、菌类、地衣在形态上_____分化，构造上一般也无组织分化，因此称为_____；其生殖器官_____，_____发育时离开母体，不形成胚，故称无胚植物。

2. 藻类和真菌的相似点，表现在植物体都没有_____、_____、_____的分化；生殖器官都是_____的结构；有性生殖只产生合子而不形成_____，但是，藻类因为有_____，所以营养方式通常是_____，而真菌因为无_____，所以营养方式是_____。

3. 地衣植物门是由_____和_____高度结合的共生植物体，举出一药用植物_____。

**二、问答题**

1. 低等植物的主要形态特征是什么？它包括哪几大类群的植物？

2. 担子菌亚门中常见的药用植物有哪些？

# 第四章
# 高等药用植物

【学习目标】

1. 知识目标

(1) 熟悉高等药用植物门、纲、科、属、种等的主要特征。

(2) 了解常见高等药用植物的主要化学成分及其药用功能。

2. 技能目标

能识别常见高等药用植物。

## 一、苔藓植物

### (一) 苔藓植物概述

苔藓植物是高等植物中唯一没有维管束的一类，是绿色自养型的陆生植物，植物体矮小，一般不超过 10cm。苔藓植物具有明显的世代交替（生活史如图 1-4-1 所示），配子体在

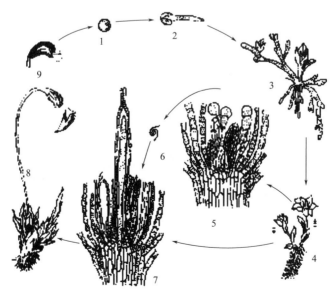

图 1-4-1　苔藓的生活史

1—孢子；2—孢子萌发；3—原丝体上有芽及假根；4—配子体上的雌雄生殖枝；

5—雄器苞纵切面示精子器和隔丝；6—精子；7—雌器苞纵切面示颈卵器和正在发育的孢子体；

8—成熟的孢子体仍生于配子体上；9—散发孢子

世代交替中占优势，能独立生活；孢子体则不能独立生活，须寄生在配子体上，这一点是与其他陆生高等植物的最大区别。

苔藓植物一般生于阴暗潮湿的环境中，尤以多云雾的山区林地内生长更为繁茂。它是植物界由水生到陆生的中间过渡类型代表。苔藓植物的叶片一般只有单层细胞，没有保护层，外界气体可以轻易侵入叶片，如遇到二氧化硫等有害气体，叶片会立即变黄，变褐。因此，苔藓植物可以作为监测大气污染的指示植物。苔藓植物含有脂类、萜类、脂肪酸和黄酮类等多种活性化合物。

（二）苔藓植物的分类及代表植物

苔藓植物遍布世界各地，约有 23000 种，我国有苔藓植物 108 科、494 属，约 2800 种，其中药用的有 21 科、43 种。根据营养体的形态构造分为苔纲和藓纲两纲。

**1. 苔纲**

苔纲植物多生于阴湿的土地、岩石和树干上，有的漂浮于水面，或完全沉生于水中。化学成分主要含有单萜及倍半萜类。

药用植物举例：

地钱 *Marchantia poblymorpha* L.，属地钱科，其生活史如图 1-4-2 所示。雌雄异株，植物体为绿色扁平的叶状体，阔带状，多回二歧分叉，边缘呈波曲状，贴地生长，有背腹之分。内部组织略有分化，包括表皮、绿色组织和储藏组织。背面表皮有气孔和气室，腹面常有能保持水分的紫色鳞片及假根。

分布于全国各地。多生于林内、阴湿的土坡及岩石上，亦常见于井边、墙隅等阴湿处。全草能解毒、祛瘀、生肌，可治黄疸性肝炎、毒蛇咬伤等。

图 1-4-2　地钱的生活史

1—雌雄配子体；2—雌器托和雄器托；3—颈卵器及精子器；4—精子；5—受精卵，发育成胚；
6—孢子体；7—孢子体成熟后散发孢子；8—孢子；9—原丝体
a—胞芽杯内胞芽成熟；b—胞芽脱离母体；c—胞芽发育成新植物体

苔纲药用植物还有蛇地钱（蛇苔）*Conocephalum conicum*（L.）Dum.，全草能清热解毒、消肿止痛，外用治烧伤、烫伤、毒蛇咬伤、疮痈肿毒等。

**2. 藓纲**

藓纲植物分布于世界各地，常能形成大片群落。配子体为有茎、叶分化的拟茎叶体，无背腹之分。有的种类的茎常有中轴的分化。

药用植物举例：

大金发藓（土马骔）*Polytrichum commune* L.，属金发藓科。全国均有分布，生于阴湿的山地及平原。其形态特征为：小型草本，高 10～30cm，深绿色，老时呈黄褐色，常丛集成大片群落。茎直立，单一，下部有多数假根。叶多数密集在茎的中上部，下部叶稀疏而小，至茎基部呈鳞片状。雌雄异株，颈卵器和精子器分别生于二株植物体茎顶。早春，成熟的精子在水中游动，与颈卵器中的卵细胞结合，成为合子，合子萌发而形成孢子体，孢子体的基足伸入颈卵器中，吸收营养。蒴柄长，棕红色。孢蒴四棱柱形，蒴内具大量孢子，孢子萌发成原丝体，原丝体上的芽长成配子体。蒴帽有棕红色毛，覆盖全蒴。全草入药，能清热解毒、凉血止血。

暖地大叶藓（回心草）*Rhodobryum giganteum*（Sch.）Par.，属真藓科。分布于华南、西南。生于溪边岩石上或湿林地。其形态特征为：根状茎横生，地上茎直立，叶丛生茎顶，茎下部叶小，鳞片状，紫红色，紧密贴茎。雌雄异株。蒴柄紫红色，孢蒴长筒形，下垂，褐色。孢子球形。全草含生物碱、多不饱和的长链脂肪酸（如二十二碳五烯酸），能清心、明目、安神，对冠心病有一定疗效。

苔纲和藓纲植物的主要特征见表 1-4-1。

**表 1-4-1　苔纲和藓纲植物的主要特征**

| 项　　目 | 苔　纲 | 藓　纲 |
|---|---|---|
| 配子体 | 多为扁平的叶状体，有背腹之分；体内无维管组织；根为由单细胞组成的假根 | 有茎、叶的分化，茎内具中轴，但无维管组织；根为由单列细胞组成的分支假根 |
| 孢子体 | 由基足、短缩的蒴柄和孢蒴组成，孢蒴无蒴齿，孢蒴内由孢子及弹丝，成熟时在顶部呈不规则开裂 | 由基足、蒴柄和孢蒴三部分组成，蒴柄较长，孢蒴顶部有蒴盖及蒴齿，中央为蒴轴，孢蒴内有孢子，无弹丝，成熟时盖裂 |
| 原丝体 | 孢子萌发时产生原丝体，原丝体不发达，不产生芽体，每一个原丝体只形成一个新植物体（配子体） | 原丝体发达，在原丝体上产生多个芽体，每个芽体形成一个新植物体（配子体） |
| 生境 | 多生于阴湿的土地、岩石和潮湿的树干上 | 比苔纲植物耐低温，在温带、寒带、高山冻原、森林、沼泽生长，常能形成大片群落 |

## 二、蕨类植物

### （一）蕨类植物概述

蕨类植物是高等植物中比较低级的具有维管组织的一类植物。在高等植物中除苔藓植物外，蕨类植物、裸子植物及被子植物在植物体内均具有维管系统，所以这三类植物也总称维管植物。

蕨类植物和苔藓植物一样具明显的世代交替现象，无性生殖产生孢子，有性生殖器官为精子器和颈卵器。蕨类植物的孢子体和配子体都能独立生活。但是蕨类植物的孢子体比配子体发达，并有根、茎、叶的分化，内有维管组织；蕨类植物只产生孢子，不产生种子，与种子植物也有差别。因此，就进化水平看，蕨类植物是介于苔藓植物和种子植物之间的一个大类群。

### 1. 孢子体

蕨类植物的孢子体发达，通常具有根、茎、叶的分化。

（1）根　通常为不定根，着生在根状茎上。

（2）茎　通常为根状茎，少数为直立的树干状或其他形式的地上茎，如桫椤。有些原始的种类还兼具气生茎和根状茎。蕨类植物的茎在进化过程中特化了具有保护作用的毛茸和鳞片。蕨类植物的毛茸和鳞片如图 1-4-3 所示。

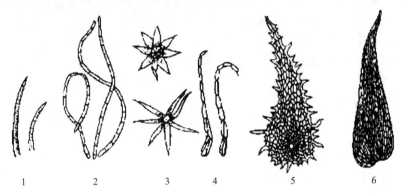

图 1-4-3　蕨类植物的毛茸和鳞片

1—单细胞毛；2—节状毛；3—星状毛；4—鳞毛；5—粗筛孔鳞片；6—细筛孔鳞片

（3）叶　多由根茎上长出，幼时大多数呈拳曲状。根据叶的起源及形态特征，分为小型叶和大型叶两类。小型叶如松叶蕨、石松等的叶，它只具一个单一不分枝的叶脉，没有叶隙和叶柄。大型叶有叶柄，有或无叶隙，叶脉多分枝，如真蕨类植物的叶。

（4）孢子囊　蕨类植物的孢子囊，在小型叶蕨类中单生于孢子叶的近轴面或叶基部，孢子叶通常集生在枝的顶端，形成球状或穗状，称孢子叶球或孢子叶穗，如石松和木贼等。较进化的真蕨类，其孢子囊常生于孢子叶的背面、边缘或集生在一特化的孢子叶上，常常由多数孢子囊聚集成群，称为孢子囊群或孢子囊堆。蕨类植物的孢子囊群类型如图 1-4-4 所示。

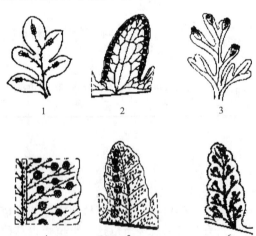

图 1-4-4　蕨类植物孢子囊群的类型

1—无盖孢子囊群；2—边生孢子囊群；3—顶生孢子囊群；4—有盖孢子囊群；5—脉背孢子囊群；6—脉端孢子囊群

（5）孢子　多数蕨类产生的孢子大小相同，称同型孢子；而卷柏和少数水生真蕨类植物的孢子有大小之分，即有大孢子和小孢子的区别，称为异型孢子。产生大孢子的囊状结构称大孢子囊，大孢子萌发后形成雌配子体；产生小孢子的囊状结构称小孢子囊，小孢子萌发后形成雄配子体。

### 2. 蕨类植物的配子体

蕨类植物的孢子成熟后，散落在适宜的环境里萌发形成绿色叶状体，称原叶体，也就是蕨类植物的配子体。配子体结构简单，生活周期短，能独立生活，有背腹的分化。当配子体成熟时大多数在同一配子体的腹面生有球形的精子器和瓶状的颈卵器。精子器内产生有多数鞭毛的精子，颈卵器内有一个卵细胞。精卵成熟后，精子由精子器逸出，借水为媒介进入颈卵器内与卵结合，受精卵发育成胚。幼胚暂时寄生在配子体上，长大后配子体死去，孢子体进行独立生活。

**3. 蕨类植物的生活史**

蕨类植物具有明显的世代交替，其生活史（如图 1-4-5 所示）中有两个独立生活的植物体：孢子体和配子体。从受精卵萌发到孢子体上孢子母细胞进行减数分裂前，这一阶段称为孢子体世代（无性世代），其细胞染色体数目为双倍的（$2n$）。从单倍体的孢子萌发到精子与卵结合前，这一阶段为配子体世代（有性世代），细胞染色体数目为单倍的（$n$）。

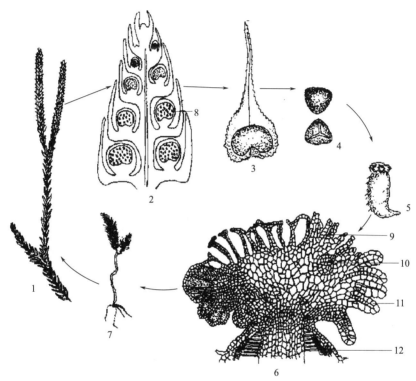

图 1-4-5　蕨类植物的生活史

1—孢子体；2—孢子叶球（纵切面）；3——片孢子叶和孢子囊；4—孢子；5—配子体；
6—配子体上部放大纵切面；7—幼苗；8—孢子囊；9—颈卵器；10—胚；11—颈卵器；12—共生真菌

蕨类植物分布广泛，在平原、森林、草地、岩缝、溪沟、沼泽、高山和水域中都有它们的踪迹，尤以热带和亚热带地区为其分布中心。

蕨类植物种类繁多，多分布在西南地区和长江流域以南各省。现在地球上生存的蕨类约有 12000 多种，其中绝大多数为草本植物。我国有蕨类植物 52 科、204 属、2600 种。仅云南省就有 1000 多种，在我国有"蕨类王国"之称。药用蕨类植物有 49 科、117 属、455 种。因此，蕨类植物也成为了药用资源中孢子植物之首。

**（二）蕨类植物的分类及代表植物**

过去常将蕨类植物作为一个自然群，在分类上被列为蕨类植物门，将蕨类植物门分为 5 纲：松叶蕨纲、石松纲、水韭纲、木贼纲、真蕨纲。1978 年我国蕨类植物学家秦仁昌教授把五纲提升为五个亚门。五个亚门的主要特征检索表如下：

**亚门检索表**

1. 植物体无真根，仅具假根，2～3 个孢子囊形成聚囊 ················· 松叶蕨亚门
1. 植物体均具真根，不形成聚囊，孢子囊单生，或聚集成孢子囊群
　2. 植物体具明显的节和节间，叶退化成鳞片状，不能进行光合作用，孢子具弹丝
　　··············· 楔叶亚门（木贼亚门）
　2. 植物体非如上状，叶绿色，小型叶或大型叶，可进行光合作用，孢子均不具弹丝
　　3. 小型叶，幼叶无拳曲现象
　　　4. 茎多为二叉分枝，叶小型、鳞片状，孢子叶在枝顶端聚集成孢子叶穗，孢子同型或异型，
　　　　精子具两条鞭毛 ················· 石松亚门
　　　4. 茎粗壮似块茎，叶长条形似韭菜叶，不形成孢子叶穗，孢子异型，精子具多
　　　　鞭毛 ················· 水韭亚门
　　3. 大型叶，幼叶有拳曲现象，孢子囊在孢子叶的背面或边缘聚集成孢子囊群········· 真蕨亚门

### 1. 松叶蕨亚门

松叶蕨亚门植物为原始陆生植物类群，植物体无真正的根，有匍匐根状茎和直立的二叉分支的气生枝。根状茎上有毛状假根，内有原生中柱，单叶小型，无叶脉或仅有一叶脉。孢子囊 2～3 枚聚生，孢子圆形。

药用植物举例：

本亚门植物多已绝迹，现存者仅有 1 科、1 属、2 种。产于热带及亚热带。我国产 1 种。

松叶蕨 *Psilotum tudum* （L.）Grised. 地下具匍匐茎，二叉分枝，仅有毛状吸收构造和假根。地上茎高 15～80cm，上部多二回分枝。叶退化、极小，厚革质，三角形或针形，尖头。孢子囊球形，蒴果状，生于叶腋，三室，纵裂。全草药用，浸酒服，治跌打损伤、内伤出血、风湿麻木。

### 2. 石松亚门

孢子体有根、茎、叶的分化。茎多数二叉分枝，具有原生中柱。叶为小型叶，作螺旋状或对生排列，仅有一条叶脉，无叶隙。孢子叶集生于分枝顶端，形成孢子叶穗。孢子囊单生于叶腋，或位于近叶腋处。有同型或异型孢子，配子体为两性或单性。

石松亚门也是原始蕨类植物。石炭纪时，石松植物最为繁盛，有大乔木和草本。到二叠纪时，绝大多数已绝迹。现在仅遗留少数草本类型，如石松、卷柏等。

（1）石松科　陆生或附生。多年生草本。茎直立或匍匐，具根茎及不定根，小枝密生。叶小，螺旋状互生，鳞片状或呈针状。孢子叶穗集生于茎的顶端。孢子同型。

本科有 6 属，40 余种，分布甚广，多产于热带、亚热带及温带地区。我国有 5 属、14 种，药用 4 属、9 种。本科植物常含有多种生物碱和三萜类化合物。

药用植物举例：

石松（伸筋草）*Lycopodium clavatum* L.，多年生草本，高 15～30cm，具匍匐茎及直立茎。茎二叉分枝。叶小形，生于匍匐茎者疏生，生于直立茎者密生。孢子枝生于直立茎的顶端。孢子叶穗 2～6 个生于孢子枝的上部。孢子叶卵状三角形，边缘具不整齐的疏齿。孢子囊肾形，孢子淡黄色，四面体，呈三棱状锥体。全草药用。能祛风散寒、舒筋活血、利尿通经。同属植物还有：玉柏 *L. obscurum* L.，垂穗石松 *L. cernuum* L.，高山扁枝石松 *L. alpinum* L.，等全草亦供药用。石松形态如图 1-4-6 所示。

（2）卷柏科　多年生小型草本。茎腹背扁平。叶小型，鳞片状，同型或异型、交互排列成四行，腹面基部有一叶舌。孢子叶穗呈四棱形，生于枝的顶端。孢子囊异型，单生于叶腋基部，大孢子囊内生 1～4 个大孢子，小孢子囊内生有多数小孢子。异型孢子。

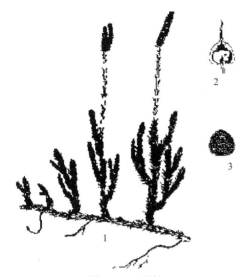
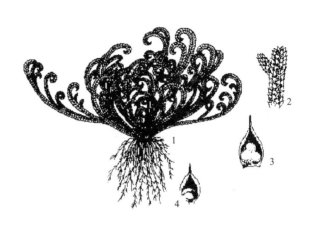

图 1-4-6 石松
1—植株一部分；2—孢子叶和孢子囊；
3—孢子（放大）

图 1-4-7 卷柏
1—植株；2—分枝一段，示中叶及侧叶；
3—大孢子叶和大孢子囊；4—小孢子叶和小孢子囊

本科有 1 属，约 700 种，分布于热带、亚热带。我国约 50 余种，药用 25 种。

药用植物举例：

卷柏 *Selaginella tamariscina*（Beauv.）Spring 其形态如图 1-4-7 所示。多年生草本，高 5～15cm。主茎短，分枝多数丛生，呈放射状排列。枝扁平，各枝常为二歧式或扇状分枝，干旱时向内缩卷成球状。叶鳞片状，通常排成四行，左右两行较大，称侧叶（背叶），中央二行较小，称中叶（腹叶）。孢子叶穗生于枝顶，四棱形。孢子叶卵状三角形，先端锐尖。孢子囊圆肾形。孢子异型。全草药用，生用破血，治闭经腹痛、跌打损伤；炒炭用止血，治吐血、便血、尿血、脱肛。

同属药用植物还有：翠云草 *S. uncinata*（Desv.）Spring，深绿卷柏 *S. doederleinii* Hieron.，江南卷柏 *S. moellendorfii* Hieron.，垫状卷柏 *S. pulvinata*（Hook. et Grev.）Maxim.，兖州卷柏 *S. involvens*（Sw.）Spring 等。

**3. 楔叶亚门**

孢子体发达，有根、茎、叶的分化。茎二叉分枝，具明显的节与节间，中空，节间表面有纵棱，表皮细胞多矿质化，含有硅质，由管状中柱转化为真中柱，木质部为内始式。小型叶不发达，轮状排列于节上。孢子囊在枝顶端聚生成孢子叶球（穗）。同型孢子或异型孢子，周壁具弹丝。本亚门有 1 科、2 属，约 30 余种。

木贼科

多年生草本。具根状茎及地上茎。根茎棕色，生有不定根。地上茎直立。具明显的节及节间，有纵棱，表面粗糙，多含硅质。叶小型，鳞片状，轮生于节部，基部连合成鞘状，边缘齿状。孢子囊生于盾状的孢子叶下的孢囊柄端上，并聚集于枝端成孢子叶穗。

我国有 2 属，约 10 余种，药用 2 属、8 种。

药用植物举例：

木贼 *Hippochaete hiemale*（L.）Boerne.，其形态如图 1-4-8 所示。多年生草本。茎直立，单一不分枝，中空，有棱脊 20～30 条，在棱脊上有疣状突起 2 行，粗糙，叶鞘基部和鞘齿成黑色两圈。孢子叶球椭圆形具钝尖头，生于茎的顶端。同型孢子。全草药用，能收敛止血、利尿、明目退翳。

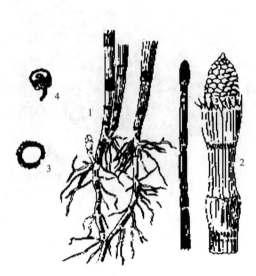

图 1-4-8　木贼

1—植株全形；2—孢子叶穗；3—茎的横切面；
4—孢子囊与孢子叶的正面观

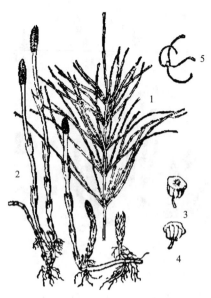

图 1-4-9　问荆

1—营养茎；2—繁殖茎；3—孢子囊托；
4—孢子（弹丝收卷）；5—孢子（弹丝松展）

问荆 *Equisetum czrvense* L.，其形态如图 1-4-9 所示。多年生草本。具匍匐的根茎。根黑色或棕褐色。地上茎直立，二型。孢子茎紫褐色，肉质，不分支。叶膜质，连合成鞘状，具较粗大的鞘齿。孢子叶穗顶生，孢子叶六角形、盾状，下生 6 个长形的孢子囊。同型孢子，具 4 枚弹丝，孢子茎枯萎后，生出营养茎，高约 15～50cm，表面具棱脊，分支多数，在节部轮生。叶鞘状，下部联合，鞘齿披针形，黑色，边缘灰白色，膜质。全草药用，能利尿、止血、清热、止咳。

本科药用植物还有：节节草 *Hippochaet rarnosissimum* (Desf.) Boerner，分布于全国大部分地区，全草具有清热利湿、平肝散结、祛痰止咳作用，用于尿路感染、肾炎、肝炎、祛痰等；笔管草 *H.debile* (Roxb.) Milde，全草药用，具有疏表利湿、退翳作用，用于治疗感冒、肝炎、结膜炎、目翳等。

### 4. 真蕨亚门

本亚门植物约 1 万种以上，广泛分布于全世界，是现代最繁茂的一群蕨类植物，我国有 56 科、2500 种，广布于全国。根据孢子囊的发育不同，分为厚囊蕨纲、原始薄囊蕨纲和薄囊蕨纲三个纲。将本亚门重要的几个科分别介绍如下：

（1）瓶尔小草科　植物体为小草本。根状茎短而直立。叶二型，出自总柄，营养叶单一，全缘，叶脉网状，中脉不明显；孢子叶有柄，自总柄或营养叶基部生出。孢子囊大，无柄，沿囊托两侧排列，成狭穗状，横裂。孢子球状四面形。

本科有 4 属、30 种，分布于温带、热带。我国有 2 属，约 7 种，药用 1 属、5 种。

药用植物举例：

瓶尔小草 *Ophioglossum vulgatum* L.，其形态如图 1-4-10 所示。多年生草本。植株高 12～26cm。根状茎

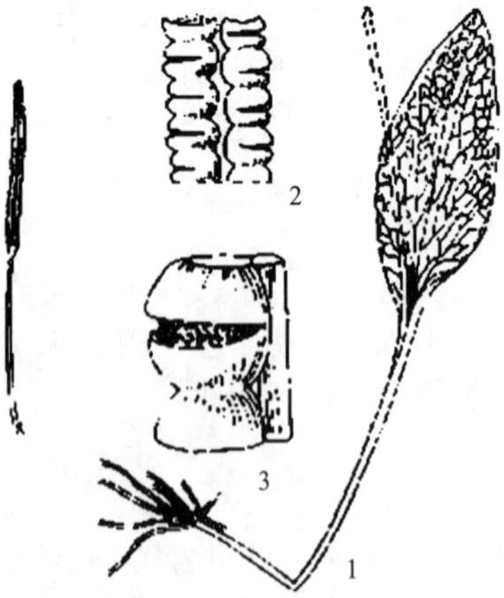

图 1-4-10　瓶尔小草

1—植株全形；2—孢子叶穗一段；
3—孢子囊

短，具一簇肉质粗根。叶单生，总柄深埋土中；营养叶从总柄基部以上6～9cm处生出，无柄，叶脉网状。孢子叶穗自总柄顶端生出，远超出营养叶，狭条形，顶端具小突起。全草药用，具有清热解毒、消肿止痛作用。

（2）紫箕科 根状茎直立，不具鳞片，幼时叶片被有棕色腺状绒毛，老时脱落，叶簇生，羽状复叶，叶脉分离，二叉分支。孢子囊生于极度收缩变形的孢子叶羽片边缘，孢子囊顶端有几个增厚的细胞，为未发育的环带，纵裂，无囊群盖。孢子圆球状四面形。

本科有3属、22种，分布于温带、热带。我国有1属，约9种，药用1属、6种。

药用植物举例：

紫箕 *Osmunda japonica* Thunb.，多年生草本。植株高50～100cm。根茎短，块状，有残存叶柄，无鳞片。叶簇生，二型，幼时密被绒毛，营养叶三角状阔卵形，顶部以下二回羽状，小羽片披针形至三角状披针形，先端稍钝，基部圆楔形，边缘具细锯齿，叶脉叉状分离。孢子叶的小羽片极狭，卷缩成线形，沿主脉两侧密生孢子囊，成熟后枯死。有时在同一叶上生有营养羽片和孢子羽片。根茎药用。作"贯众"入药，具有清热解毒、祛瘀杀虫、止血作用。

（3）海金沙科 多年生攀援植物。根茎匍匐或上升，有毛，无鳞片，内具原生中柱。叶轴细长，缠绕攀援，羽片1～2回二叉状或1～2回羽状复叶，不育叶羽片通常生于叶轴下部，能育羽片生于上部。孢子囊生于能育羽片边缘的小脉顶端，孢子囊有纵向开裂的顶生环带。孢子四面形。

本科有1属、45种，分布于热带，少数分布于亚热带及温带。我国有1属、10种，药用5种。

药用植物举例：

海金沙 *Lygodium japomcum*（Thunb.）Sw.，其形态如图1-4-11所示。多年生攀援草质藤本。根茎细长，横走，黑褐色，密生有节的毛。叶对生于茎上的短枝两侧，二型，纸质，连同叶轴和羽轴均有疏短毛；不育叶羽片三角形，2～3回羽状，小羽片2～3对，边缘有不整齐的浅锯齿；孢子叶羽片卵状三角形。孢子囊穗生于孢子叶羽片的边缘，呈流苏状，暗褐色，孢子囊梨形，环带位于小头。全草药用，能清热解毒、利湿热、通淋。

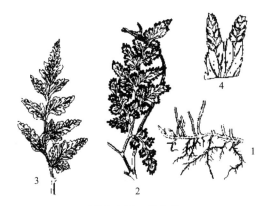

图 1-4-11 海金沙

1—地下茎；2—地上茎及孢子叶；
3—不育叶（营养叶）；4—孢子囊穗放大

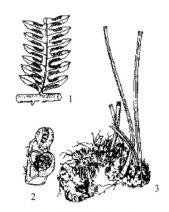

图 1-4-12 金毛狗脊

1—羽片的一部分，示孢子嵌堆着生部位；
2—绝子睫群及盖；3—根茎及叶柄的一部分

同属植物还有：海南海金沙 *L. conforme* C. Chr. 及小叶海金沙 *L. scandens*（L.）sw.，亦供药用。

（4）蚌壳蕨科 大型树状蕨类。主干粗大，直立或平卧，密被金黄色柔毛，无鳞片。叶柄粗而长，叶片大，3～4 回羽状复叶，革质。孢子囊群生于叶背边缘，囊群盖两瓣开裂，形如蚌壳，革质；孢子囊梨形，有柄，环带稍斜生。孢子四面形。

本科有 5 属、40 种，分布于热带及南半球，我国仅 1 属、1 种。

药用植物举例：

金毛狗脊 *Cibotiu barometz* （L.） J. Sm. 其形态如图 1-4-12 所示。植株树状，高达 3m。根状茎粗大，顶端连同叶柄基部，密被金黄色长柔毛。叶簇生，叶柄长，叶片三回羽裂，末回小羽片狭披针形，革质。孢子囊群生于小脉顶端，每裂片 1～5 对，囊群盖两瓣，成熟时似蚌壳。根状茎药用，具有补肝肾、强腰脊、祛风湿等作用。

（5）鳞毛蕨科　多年生草本。根状茎多粗短，直立或斜生，密被鳞片，网状中柱，叶柄多被鳞片或鳞毛；叶轴上有纵沟；叶片一至多回羽状。孢子囊群背生或顶生于小脉，囊群盖圆肾形稀，无盖。孢子囊扁圆形，具细长的柄，环带垂直。孢子呈两面形，表面具疣状突起或有翅。配子体心脏形，腹面具假根，精子器位于下端，颈卵器位于上端近凹陷处。

本科约 20 属，1700 余种，主要分布于温带、亚热带。我国有 13 属，700 余种，药用 5属、59 种。本科植物常含有间苯三酚衍生物。

药用植物举例：

贯众 *Cyrtomium fortunei* J. Sm.，其形态如图 1-4-13 所示。多年生草本，高 30～70cm。根状茎短。叶簇生，叶柄基部密生阔卵状披针形黑褐色大形鳞片；叶一回羽状，羽片镰状披针形，基部上侧稍呈耳状突起，下部圆楔形，叶脉网状，有内藏小脉 1～2 条，沿叶轴及羽轴有少数纤维状鳞片。孢子囊群生于羽片下面，位于主脉两侧，各排成不整齐的 3～4 行，囊群盖大，圆盾形。根茎药用。贯众含黄绵马酸，能驱虫、清热解毒、止血、治感冒。

图 1-4-13　贯众

1—植株全形；2—根状茎；3—叶柄基部横切面

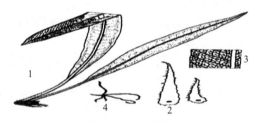

图 1-4-14　石韦

1—植株全形；2—根状茎上的鳞片放大；

3—叶片部分放大；4—星状毛放大

（6）水龙骨科　附生或陆生。根状茎横走，被鳞片，常具粗筛孔，网状中柱。叶同型或二型，叶柄具关节，单叶全缘或羽状分裂，叶脉网状。孢子囊群圆形、长圆形至线形，有时布满叶背；无囊群盖，孢子囊梨形或球状梨形，浅褐色，孢子囊柄比孢子囊长或等长。孢子两面形，平滑或具小突起。

本科有 50 属，约 600 种，主要分布于热带、亚热带。我国有 27 属，约 150 种，药用 18属、86 种。

药用植物举例：

石韦 *Pyrosia lingua* （Tbunb.） Farwell，其形态如图 1-4-14 所示。多年生草本，高10～30cm。根茎细长，横走，密生褐色披针形鳞片。叶远生，披针形，上面绿色，有凹点，下面密被灰棕色星状毛；叶柄基部均具关节。孢子囊群在侧脉间排列紧密而整齐，初被星状毛包被，成熟时露出，无囊群盖。全草药用，能清热、利尿、通淋、清肺止咳、凉血止血，可治刀伤、烫伤、虚劳等。

（7）槲蕨科　根状茎横走，粗大，肉质，密被褐色鳞片，鳞片大而狭长，基部盾状着生，边缘具睫毛状锯齿。叶二型，无柄或有短柄，叶片大，深羽裂或羽状，叶脉粗而明显，具四方形的网眼。孢子囊群或大或小，不具囊群盖。孢子两侧对称，椭圆形，具单裂缝。

本科 8 属，除槲蕨属 20 种外，其余大多为单种属，分布于亚洲热带至澳大利亚。我国有 3 属，约 14 种，药用 2 属、7 种。

药用植物举例：

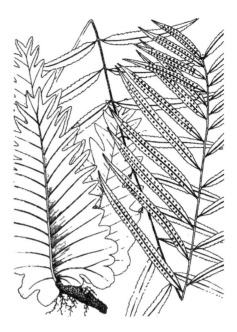

图 1-4-15　硬叶槲蕨

槲蕨 *Drynaria fortunei*（Kze）J. Sm.，又名骨碎补、猴姜、石岩姜等，其形态如图 1-4-15 所示。多年生草本，附生植物。植株高 20～40cm。根茎粗壮，肉质，长而横走，密生钻状披针形鳞片，边缘流苏状。叶二型：营养叶枯黄色，革质，卵圆形，先端急尖，基部心形，上部羽状浅裂，裂片三角形，似槲树叶，叶脉粗；孢子叶绿色，长圆形，羽状深裂，裂片披针形，7～13 对，基部各羽片缩成耳状，厚纸质，两面均绿色无毛，叶脉明显，呈长方形网眼。叶柄短，有狭翅。孢子囊群圆形，黄褐色，生于叶背主脉，沿主脉两侧各 2～3 行，无囊群盖。附生于树干或山林石壁上。根状茎药用，药用称"骨碎补"，具有补肾、强骨、祛风湿、活血止痛作用。

除槲蕨外，作为中药骨碎补的原植物还有：中华槲蕨 *D. baronii*（Christ）Diels.。

## 三、裸子植物

### （一）裸子植物概述

裸子植物是保留着颈卵器，具有维管束，能产生种子的，介于蕨类植物和被子植物之间的一类植物。而裸子植物在形成种子的同时，不形成子房和果实，种子不被子房包被，胚珠和种子是裸露的，裸子植物因此而得名。由于裸子植物能产生种子，因此又将它与被子植物一起称为种子植物。

### （二）裸子植物的分类及代表植物

从裸子植物发生到现在，经过多次重大变化，种类也随之演变更替。最初的裸子植物出现，约在 34500 万年前至 39500 年之间的古生代的泥盆纪。我国是裸子植物种类最多、资源最丰富的国家，被称为"裸子植物之乡"。还有不少是第三纪的子遗植物，或称"活化石"植物，如银杏、水杉、银杉等。裸子植物大多数是林业生产的重要木材树种，也是纤维、树脂、单宁等原料树种，在国民经济中起重要作用。现代生存的裸子植物分属于 5 纲、9 目、12 科、71 属，近 800 种。我国有 5 纲、8 目、11 科、41 属，近 300 种，药用有 10 科、25 属、100 余种。

**裸子植物分纲检索表**

1. 叶大型，羽状复叶，聚生于茎的顶端。茎不分枝或稀在顶端呈二叉分枝 ……… 苏铁纲 Cycadopsida
1. 叶为单叶，不聚生于茎的顶端。茎有分枝
　　2. 叶扇形，先端二裂或为波状缺刻，具 2 叉分歧的叶脉 ……………… 银杏纲 Ginkgopsida

2. 叶不为扇形，全缘，不具分叉的叶脉

  3. 高大的乔木或灌木，叶针形，条形或鳞片状

    4. 果为球果，大孢子叶鳞片状（珠鳞）。种子有翅或无，不具假种皮 ⋯⋯ 松柏纲 Coniferopsida

    4. 果小为球果，大孢子叶特化为袭状或杯状。种子无翅。具假种皮

         ⋯⋯⋯⋯⋯⋯⋯⋯⋯⋯⋯⋯⋯⋯⋯⋯⋯⋯⋯⋯⋯⋯⋯⋯⋯⋯⋯ 红豆杉纲（紫杉纲）Taxopsida

  3. 草本状小灌木或灌木．水质藤本，稀乔木。叶片常有细小膜质鞘，或绿色扁平似双子叶植物，
或肉质而极长大呈带状。茎次生术质部中具导管。（"花"具假花被）⋯⋯⋯⋯ 买麻藤纲 Gnetopsida

### 1. 苏铁纲

常绿木本。茎干粗壮，不分枝。羽状复叶，集生于茎干顶部。雌雄异株，孢子叶球亦生
于茎顶。游动精子有多数纤毛。

本纲现存 1 目、1 科、9 属，约 100 余种，分布于南北半球的热带及亚热带地区。

苏铁科　常绿木本植物，茎单一粗壮，几不分枝。叶大，多为一回羽状复叶，革质，集
生于树干上部，呈棕榈状。雌雄异株。小孢子叶球（雄球花）为一木质化的长形球花，由无
数小孢子叶（雄蕊）组成。小孢子叶鳞片状或盾状，由无数小孢子囊（花药）中的小孢子
（花粉粒）发育而产生先端具多数纤毛的精子。大孢子叶叶状或盾状，丛生于茎顶。大孢子
叶球由许多大孢子叶组成。种子核果状，由三层种皮构成。胚具子叶 2 枚，"胚乳"丰富。

本科现有 9 属，约 100 余种，我国有 1 属、8 种，药用的有苏铁属等 4 种，分布于西南、
东南、华东等地区。

药用植物举例：

苏铁 *Cycas revoluta* Thunb.，又名铁树。其形态如图 1-4-16 所示。常绿乔木。树干圆

柱形，直立不分枝，密被叶柄残痕，羽状复叶
螺旋状排列聚生于茎顶，条形，边缘向下反卷，
革质，小叶片 100 对左右。雌雄异株。种子核
果状，成熟时红棕色。种子、根和大孢子叶药
用。种子能理气止痛，益肾固精；叶收敛止痛，
止痢；根祛风，活络，补肾。

### 2. 银杏纲

落叶乔木。单叶，叶片扇形，先端 2 裂或
波状缺刻，具分叉的脉序，在长枝上螺旋状散
生，在短枝上簇生。单性花，雌雄异株，精子
具多纤毛。种子核果状，种皮 3 层，胚乳丰富。

本纲现仅残存 1 目、1 科、1 属、1 种，为
我国特产，主产于辽宁、山东、四川和河北等
地，现国内外栽培广泛。

图 1-4-16　苏铁

1—植株全形；2—小孢子叶；3—花药；4—大孢子叶

银杏科　落叶乔木。具长枝及短枝。单叶，扇形，有长柄，顶端 2 浅裂或 3 深裂；叶脉
二叉状分枝；长枝上的叶螺旋状排列，短枝上的叶丛生。雌雄异株，球花单性，分别生于短
枝上；雄球花呈葇荑花序状，雄蕊多数，具短柄，花药 2 室；雌球花极度简化，具长柄，柄
端生两个心皮，裸生 2 个直立胚珠，而胚珠常只 1 个发育。种子核果状，外种皮肉质，成熟
时橙黄色，外被白粉，味臭；中种皮骨质，白色；内种皮纸质，棕红色。胚具子叶 2 枚，
"胚乳"丰富。

药用植物举例：

银杏 *Ginkgo biloba* L.，又名公孙树、白果树。其形态如图 1-4-17 所示。叶、种子和根

药用。种子药用，称为白果，有敛肺、定喘、止带、涩精功能。据临床报道，可治疗肺结核，缓解症状。白果所含白果酸有抑菌作用，但白果酸对皮肤有毒，可引起皮炎。银杏叶中含多种黄酮及双黄酮，有扩张动脉血管作用，用于治疗冠心病，现已应用于临床。根药用，可益气补虚，治疗遗精等。

图 1-4-17　银杏

1—着生种子的枝；2—具雌花的枝；3—具雄花序枝；4—雄蕊；5—雄蕊正面；
6—雄蕊背面；7—具冬芽的长枝；8—胚珠生于珠座上

[知识链接]

　　苏铁又名凤尾蕉、避火蕉、金代、铁树等，在民间，"铁树"这一名称用得较多，一说是因其木质密度大，入水即沉，沉重如铁而得名；另一说因其生长需要大量铁元素，即使是衰败垂死的苏铁，只要用铁钉钉入其主干内，就可起死回生，重复生机，故而名之。

　　俗话说"铁树开花，哑巴说话"，"千年铁树开了花"或"铁树开花马长角"，比喻事物的漫长和艰难，甚至根本不可能出现。但实际上并非如此，尤其是在热带地区，20 年以上的苏铁几乎年年都可以开"花"。苏铁雌雄异株，花形各异，花期 6～8 月。雄球花长椭圆形，黄褐色；雌球花扁圆形，浅黄色。

**3. 松柏纲**

　　常绿或落叶乔木，稀为灌木，茎多分枝，常有长枝、短枝之分；茎的髓部小，次生木质部发达，由管胞组成，无导管，具树脂道。叶单生或成束，有针形、鳞形、钻形、条形或刺形等，螺旋着生或交互对生或轮生。孢子叶球单性，雌雄同株或异株，孢子叶常排列成球果状。花粉有气囊或无气囊，精子无鞭毛。胚乳丰富。本纲有 7 科、57 属，约 600 种。分布于南北两半球，以北半球温带、寒温带的高山地带最为普遍。

　　（1）松科　常绿或落叶乔木，稀灌木，多含树脂和挥发油。叶针形或条形，在长枝上螺旋状散生，在短枝上簇生。花单性，雌雄同株；雄球花穗状，雄蕊多数，各具2药室，花粉粒多数，有气囊；雌球花由多数螺旋状排列的珠鳞与苞鳞（苞片）组成，珠鳞与苞鳞分离，在珠鳞上面基部有两枚胚珠。花后珠鳞增大称种鳞，球果直立或下垂，成熟时种鳞成木质或革质，每个种鳞上有种子2粒。种子多具单翅，稀无翅，胚具子叶2～15枚，有胚乳。

本科有10属，230多种，广泛分布于世界各地，多产于北半球。我国有10属、113种，药用8属、48种。

药用植物举例：

马尾松 *Pinus massoniana* Lamb.，常绿乔木。树皮红褐色，下部灰褐色，一年生小枝淡黄褐色，无毛。叶二针一束，细柔，长12～20cm，先端锐利，树脂道4～8个，边生，叶鞘宿存。花单性，雌雄同株。雄球花淡红褐色，聚生于新枝下部；雌球花淡紫红色，常2个生于新枝顶端。球果卵圆形或圆锥状卵形，成熟后褐色。种子具单翅，长卵圆形，子叶5～8枚。主要分布于我国淮河和汉水流域以南等地方。以花粉、松香、松节、皮、叶等药用。松花粉能燥湿收敛、止血；松香能燥湿祛风，生肌止痛；松节（松树的瘤状节）能祛风除湿，活血止痛；树皮能收敛生肌；松叶能明目安神，解毒。

油松 *Pinus tabulaeformis* Carr.，常绿乔木，枝条平展或向下伸，树冠近平顶状。叶二针一束，粗硬，长10～15cm，叶鞘宿存。球果卵圆形，熟时不脱落，在枝上宿存，暗褐色，种鳞的鳞盾肥厚，鳞脐凸起有尖刺。种子具单翅。以花粉、松香、松球、松节、皮、叶药用。松节（枝干的结节）有祛风，燥湿，舒筋，活络功能；树皮能收敛生肌；叶能祛风，活血，明目安神，解毒止痒；松球治风痹，肠燥便难，痔；花粉（松花粉）能收敛、止血；松香能燥湿，祛风，排脓，生肌止痛。

同属药用植物还有：红松 *P. koraiensis* Sieb. et Zucc.，叶5针一束，树脂道3个，中生，球果很大，种鳞先端反卷，种子（松子）可食用，分布于我国东北小兴安岭及长白山地区；云南松 *P. yunnanensis* Franch.，叶3针一束，柔软下垂，树脂道4～6个，中生或边生，分布于我国西南地区。

（2）柏科 常绿乔木或灌木。叶交互对生或3～4片轮生，鳞片状或针状。球花单性，雌雄同株或异株；雄球花单生于枝顶，椭圆状球形，雄蕊交互对生，每雄蕊有2～6花药；雌球花球形，有3～16枚交互对生或3～4枚轮生的珠鳞。珠鳞与苞鳞合生，每珠鳞有一至数枚胚珠。球果圆球形，卵圆形或长圆形，木质或革质，有时为浆果状。种子有翅或无翅，胚有子叶2枚，具胚乳。

本科有22属，约150种。我国有8属，近29种，分布于全国，药用6属，20种。本科植物含有挥发油、树脂，也含有双黄酮类化合物。

药用植物举例：

侧柏 *Platycladus oriemalis*（L.）Franco，常绿乔木，小枝扁平，排成一平面，伸展。鳞片叶相互对生，贴伏于小枝上。球花单性，雌雄同株。雄球花黄绿色，具6对交互对生雄蕊；雌球花蓝绿色，有白粉，具4对交互对生的珠鳞，仅中间2对各生1～2枚胚珠。球果成熟时开裂；种鳞木质，红褐色，扁平，背部近顶端具反曲的钩状尖头。种子无翅或有极窄翅。以枝叶、种仁药用。枝叶能收敛、止血、利尿、健胃、解毒、散瘀；种仁入药称柏子仁，有滋补、强壮、安神、润肠之效。

**4. 红豆杉纲（紫杉纲）**

常绿乔木或灌木，多分枝。叶为披针形、针形或退化成叶状枝。孢子叶球单性异株，稀同株。胚珠生于盘状或漏斗状的珠托上。种子浆果状或核果状，具肉质的假种皮或外种皮。

本纲植物有14属，约162种，隶属于3科，即罗汉松科、三尖杉科和红豆杉科。我国有3科、7属、33种。

（1）三尖杉科（粗榧科）常绿乔木或灌木。小枝对生，基部有宿存的芽鳞。叶条形或披针状条形，交互对生或近对生，在侧枝上基部扭转排成2列，上面中脉凸起，下面有两条宽气孔带。球花单性，雌雄异株，少同株。雄球花有雄花6～11，聚成头状，单生叶腋，基部有多数苞片，每一雄球花基部有一卵圆形或三角形的苞片，雄蕊4～16，花丝短，花粉粒无气囊；雌球花有长柄，生于小枝基部苞片的腋部，花轴上有数对交互对生的苞片，每苞片腋生胚珠2枚，仅1枚发育。胚珠生于珠托上。种子核果状，全部包埋于由珠托发育成的肉质假种皮中，基部具宿存的苞片。外种皮坚硬，内种皮薄膜质，子叶2枚，有胚乳。

本科有1属、9种。我国产7种、3变种，药用9种。以三尖杉和中国粗榧最为常见，自其枝叶提取的粗榧碱有抗癌作用，已用于临床治疗淋巴系统恶性肿瘤。

药用植物举例：

三尖杉 *Cephalotaxus fortunei* Hook. f. 其形态如图1-4-18所示。为我国特有树种，常绿乔木，树皮褐色或红褐色，片状脱落。叶长4～13cm，宽3.5～4.4mm，先端渐尖成长尖头，螺旋状着生，排成2行，线形，常弯曲上面中脉隆起，深绿色，叶背中脉两侧各有1条白色气孔带。小孢子叶球有明显的总梗，长约6～8mm。种子核果状，椭圆状卵形，长约2.5cm。假种皮成熟时紫色或红紫色。树皮、枝叶、根皮及种子药用，种子能驱虫、润肺、止咳、消食。从本科提取的三尖杉生物碱与高三尖杉酯碱的混合物治疗白血病有一定疗效。

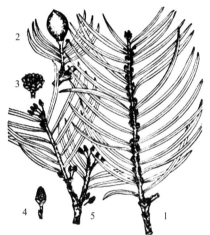

图 1-4-18　三尖杉
1—着雄球花的枝；2—具种子的枝；
3—雄球花序；4—雌球花序；
5—着雌球花的枝

三尖杉属具有抗癌作用的植物还有：海南粗榧及篦子三尖杉等。

（2）红豆杉科　常绿乔木或灌木。叶条形或披针形，螺旋状排列或交互对生，叶腹面中脉凹陷，叶背沿凸起的中脉两侧各有1条气孔带。球花单性，雌雄异株，稀同株。雄球花单生叶腋，或组成穗状花序状集生于枝顶，雄蕊多数，各具3～9个花药，花粉粒球形，无气囊；雌球花单生或成对，胚珠1枚，生于苞腋，基部具盘状或漏斗状珠托。种子浆果状或核果状，包于杯状肉质假种皮中。

本科有5属、23种，主要分布于北半球。我国有4属、12种，其中药用3属、10种。

药用植物举例：

东北红豆杉 *Taxus cuspidate* Sied. et Zucc.，其形态如图1-4-19所示。乔木，高可达20米，树皮红褐色。叶排成不规则的2列，常呈"v"字形开展，条形，通常直，下面有两条气孔带。雄球花有雄蕊9～14枚，各具5～8个花药。种子卵圆形，紫红色，外覆有假种皮，假种皮成熟时鲜红色，肉质。树皮、枝叶、根皮药用。树皮、枝叶、根皮含紫杉醇，可用其提取抗癌成分之一的紫杉醇，亦可用于糖尿病的治疗；叶可用于疥癣的治疗；种子可用于治疗小儿蛔虫病与疳积等。

榧树 *Torreya grandis* Fort.，常绿乔木，树皮浅黄色、灰褐色，条状纵裂。叶条形，螺旋状着生，基部扭转排成2列；坚硬革质，先端有凸起的刺状短尖，上面深绿色，无明显的中脉，下面浅绿色，气孔带常与中脉带等宽。雌雄异株，雄球花圆柱形，雄蕊多数，各有4个药室；雌球花无柄，两个成对生于叶腋。种子椭圆形、卵形，核果状，成熟时由珠托发育成的假种皮包被，淡紫褐色，有白粉。种子药用，具有杀虫消积、润燥通便的功效。

由于该科植物大多含有紫杉醇而受到重视。除东北红豆杉和榧树外，还有西藏红豆杉

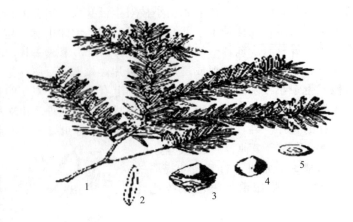

图 1-4-19　东北红豆杉
1—部分枝条；2—叶；3—种子及假种皮；4—种子；5—种子基部

*Taxus wallichian*、云南红豆杉 *T. yunnanensis*、红豆杉 *T. chinensis*、南方红豆杉（美丽红豆杉）*T. chinensis* var. mairei 等，均可药用。

### 5. 买麻藤纲

灌木或木质藤本，稀乔木或草本状小灌木。次生木质部常具导管，无树脂道。叶对生或轮生，叶片类型多样，有细小膜质鞘状，也有绿色扁平似双子叶植物。球花单性，雌雄异株或同株，偶有两性的痕迹，有类似于花被的盖被，盖被膜质、革质或肉质；胚珠 1 枚，珠被 1～2 层，具珠孔管；精子无纤毛；颈卵器极其退化或无；成熟雌球花球果状、浆果状或细长穗状。种子包于假种皮中，种皮 1～2 层，子叶 2 枚，胚乳丰富。

本纲植物共有 3 目、3 科、3 属，约 80 种。我国有 2 目、2 科、2 属，19 种。

麻黄科　小灌木或亚灌木。小枝对生或轮生，节明显，节间具纵沟，茎内木质部具导管。叶呈鳞片状，于节部对生或轮生。球花单性，雌雄异株，少数同株。雄球花由数对苞片组合而成，每苞有 1 雄花，每花有 2～8 雄蕊，每雄蕊具 2 花药，花丝合成一束，雄花外包有膜质假花被，2～4 裂；雌球花由多数苞片组成，仅顶端 1～3 片苞片生有雌花，雌花具有顶端开口的革质囊状假花被，包于胚珠外，胚珠 1，具 1 层珠被，珠被上部延长成珠孔管，从假花被开口处伸出。种子浆果状，成熟时，假花被发育成革质假种皮，外层苞片发育而增厚成肉质红色，富含黏液和糖质，俗称"麻黄果"，可以食用。胚具子叶 2 枚，胚乳丰富。

本科有 1 属约 40 种。主要分布于亚洲、美洲、欧洲东南部及非洲北部等干旱、荒漠地区。我国有 16 种，药用 15 种，分布较广，以西北各省区及云南、四川、内蒙古等地种类较多。生于荒漠及瘠薄土壤，有固沙保土作用。

药用植物举例：

草麻黄 *Ephedra sinica* Sapf，亚灌木，常呈草本状。植株高 30～60cm，有木质茎和草质茎区分（图 1-4-20）。木质茎短，有时横卧或匍匐地上；草质茎绿色，小枝对生或轮生，具明显的节和节间。叶鳞片状，基部鞘状，下部 1/3～2/3 合生，上部 2 裂，裂片锐三角形，常向外反曲。雌雄异株，雄球花多成复穗状，苞片 4 对，雄蕊 7～8，雄蕊花丝合生或先端微分离；雌球花单生于枝顶，苞片 4～5 对，仅先端 1 对苞片各有 1 雌花；雌球花熟时苞片肉质，红色。种子通常 2，包藏于肉质的苞片内，与肉质苞片等长，黑红色或灰棕色，表面常有细皱纹，种脐明显，呈半圆形。茎、根药用。草质茎入药，能发汗散寒、平喘、利尿，也作提取麻黄碱的主要原料；根能止汗、降压。

麻黄属植物供药用的还有：木贼麻黄 *E. equisetina* Bunge，直立木质茎，呈灌木状，节

图 1-4-20 草麻黄
1—雌株；2—雄球花；3—雄花；4—雌球花；5—种子及苞片；6—胚珠纵切

间细而较短，小孢子叶球有苞片 3～4 对，大孢子叶球成熟时长卵圆形或卵圆形，种子通常 1 枚，其麻黄碱含量最高，约 1.02％～3.33％；中麻黄 *E. intermedia* Schr. et Mey.，形态如图 1-4-20 所示，小枝多分枝，直径 1.5～3mm，棱线 18～28 条，节间长 2～6cm，膜质鳞叶 3，稀 2，长 2～3mm，上部约 1/3 分离，先端锐尖，断面髓部呈三角状圆形，其麻黄碱含量较草麻黄和木贼麻黄低，约 1.1％。

### 四、被子植物

#### （一）被子植物概述

被子植物与裸子植物都属于种子植物，但被子植物形成种子时胚珠由心皮包被，形成子房，最后发育为果实，因此而得名被子植物。

被子植物是目前植物界进化最高级、种类最多、分布最广的一个类群。现知被子植物有 1 万多属、23.5 万种，种类占植物界的一半以上。我国有 2700 多属，约 3 万种，其中药用植物约 11000 余种。被子植物的主要特征如下：

① 孢子体高度发达，配子体进一步简化。

② 具有真正的花。

③ 具有双受精现象。双受精现象是指在受精过程中由 1 个精子与卵细胞结合形成合子（受精卵），另 1 个精子与 2 个极核结合，发育成三倍体的胚乳，这种胚乳为幼胚发育提供营养，具有双亲的特性。被子植物的双受精是推动其种类的繁衍，并最终取代裸子植物的真正原因。

④ 胚珠包被在心皮形成的子房内。

⑤ 具有更高度的组织分化，生理机能效率高。在形态结构上，被子植物组织分化细致。输导组织的木质部中一般都有导管、薄壁组织和纤维。韧皮部中有伴胞。输导组织的完善使体内物质的运输效率大大提高。

#### （二）被子植物分类及代表植物

**1. 双子叶植物纲 Dicotyledoneae**

双子叶植物纲分为离瓣花亚纲（原始花被亚纲）和合瓣花亚纲（后生花被亚纲）。

（1）离瓣花亚纲 Choripetalae 离瓣花亚纲是被子植物较原始的类型，又称古生花被亚纲或原始花被亚纲。有无被花，单被花或重被花；花瓣通常分离；胚珠一般有一层珠被。

① 三白草科 Saururaceae　♀ * $P_0A_{3\sim8}\underline{G}_{3\sim4,(3\sim4:1)}$

a. 本科识别要点　多年生草本。单叶互生，托叶与叶柄常合生或缺。茎常具明显的节。花小，两性，无花被；穗状花序或总状花序，花序基部常有总苞片；雄蕊 3～8；上位子房，心皮 3～4，离生或合生，若为合生，则子房 1 室而成侧膜胎座。胚珠多数。蒴果或浆果。种子胚乳丰富。

本科 5 属、7 种，分布于东亚和北美。我国有 4 属、5 种，药用 3 属、4 种，分布于我国东南及西南各省。

本科植物含挥发油、黄酮类等化学成分。

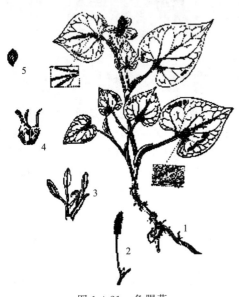

图 1-4-21　鱼腥草
1—植株；2—花序；3—花；4—果实；5—种子

b. 药用植物举例

蕺菜（鱼腥草）*Houttuynia cordata* Thunb.，其形态如图 1-4-21 所示。多年生草本。全草有鱼腥气，根状茎白色。叶互生，心形，有细腺点，下面带紫色；托叶膜质条形，下部与叶柄合生成鞘。穗状花序顶生，总苞片 4，白色，花瓣状；花小，两性，无花被；雄蕊 3，花丝下部与子房合生；雌蕊由 3 枚下部合生的心皮组成，上位子房。蒴果顶端开裂，卵形。全草药用，有清热解毒、消肿排脓、利尿通淋作用。

三白草 *Saururus chinensis*（Lour.）Baill.，又名塘边藕。多年生草本。根状茎白色，较粗。茎直立，下部匍匐状。叶互生，长卵形，基部心形或耳形。总状花序顶生，花序下具 2～3 片乳白色叶状总苞。雄蕊 6，花丝与花药等长；雌蕊有 4 枚，心皮合生，上位子房。果实分裂为 3～4 个分果瓣。根状茎或全草药用，全草能清热利尿、解毒消肿。

② 桑科 Moraceae　♂$P_{4\sim6}A_{4\sim6}$；♀$P_{4\sim6}\underline{G}_{(2:1:1)}$

a. 本科识别要点　木本，稀草本和藤本。木本常有乳汁。叶常互生，稀对生，托叶早落。花小，单性，雌雄异株或同株，常集成荑、穗状、头状或隐头花序；单被花，花被片 4～6。雄蕊与花被片同数对生；上位子房，2 心皮，合生，1 室，1 胚珠。果多为聚花果，由瘦果、坚果组成。

本科 60 属、3000 余种，主要分布于热带和亚热带。我国有 12 属、163 种，药用 12 属约 80 种，全国各地均有分布，以长江以南地区较多。

本科植物含有黄酮类、强心苷类、生物碱、酚类和昆虫变态激素类等主要化学成分。

b. 药用植物举例

桑 *Morus alba* L.，其形态如图 1-4-22 所示。落叶乔木或灌木，植物体有乳汁。树皮黄褐色，常有条状裂隙。单叶互生，卵形或宽卵形，有时分裂，托叶早落。荑花序；花单性，雌雄异株；雄花花被片 4，雄蕊 4，与花被片对生，中央有退化雌蕊；雌花花被片 4，无花柱，柱头 2 裂，上位子房，2 心皮合生，1 室，1 胚珠。瘦果包于肉质花被片内密集成聚花果，成熟时紫黑色。全国各地有野生或栽培种。桑全身是宝，果、叶、皮都可药用：桑椹（聚花果）能补血滋阴，生津润燥；桑叶能疏散风热，清肺润燥；嫩枝（桑枝）能祛风湿，利关节；桑白皮（根皮）能泻肺平喘，利水消肿。

图 1-4-22 桑
1—雌花枝；2—雄花枝；3—雄花；4—雌花

薜荔 *Ficus pumila* L.，常绿攀援灌木。具乳汁。叶互生，营养枝上的叶小而薄，生殖枝上的叶大而近革质，背面叶脉网状凸起呈蜂窝状。隐头花序单生于叶腋，呈梨形或倒卵形，花序托肉质。雄花有雄蕊 2。生于丘陵地区，分布于华南、西南和华东地区。隐头果、茎药用，隐花果（鬼馒头）能壮阳固精，活血下乳；茎、叶能祛风通络，凉血消肿。

本科常见药用植物还有：无花果 *Ficus carica* L.，隐花果能润肺止咳、清热润肠；构树 *Broussonetia papyrifera* (L.) vent.，果实（楮实子）能补肾清肝、明目、利尿，根皮能利尿止泻，叶能祛风湿、降血压，乳汁能灭癣；啤酒花（忽布）*Humulus lupulus* L.，未熟果穗能健脾消食、安神、止咳化痰，新疆北部有野生，东北、华东与华北多栽培种；葎草 *H. scandens* (Lour.) Merr.，全草能清热解毒、利尿通淋。

③ 胡椒科 Piperaceae　♂ $P_0 A_{1\sim10}$；♀ $P_0 \underline{G}_{(2\sim5:1)}$；♀ $P_0 A_{1\sim10} \underline{G}_{(2\sim5:1)}$

a. 本科识别要点　灌木或藤本，或肉质草本，常具香气或辛辣气。茎中维管束常散生，与单子叶植物类似。藤本种类的节部常膨大。单叶，通常互生，叶片全缘，基部两侧常不对称；托叶与叶柄合生或无托叶。花极小，密集成穗状花序，两性，或单性异株；苞片盾状或杯状；无花被；雄蕊 1～10；上位子房，心皮 2～5，合生 1 室，有基生或直生胚珠 1 枚。球形浆果；种子 1 枚，有少量的内胚乳和丰富的外胚乳，胚小。

本科 8 属、3000 多种，分布于热带、亚热带地区。我国有 4 属，约 70 种，药用 25 种，分布于台湾省东南部至西南部地区。

本科植物主要含有生物碱和挥发油等化学成分。

b. 药用植物举例

胡椒 *Piper nigrum* L.，其形态如图 1-4-23 所示。攀援木质藤本。常生不定根。叶互生，近革质，叶片卵状椭圆形，具托叶。花单性，雌雄异株，无花被；穗状花序，与叶对生，常下垂，苞片长圆形匙状；雄蕊 2，花药肾形，花丝粗短。上位子房，1 室，1 胚珠。球形浆

图 1-4-23 胡椒
1—果枝；2—花序；3—苞片；4—雄蕊；5—果实

果，无柄，未成熟时果皮干后皱缩，黑色，称"黑胡椒"，成熟时红色，除去果皮后呈白色，称"白胡椒"。果实药用，能温中散寒、健胃止痛。

荜茇 *Piper longum* L.，攀援状灌木。茎下部匍匐，枝有粗纵棱及沟槽，幼时密被粉状短柔毛。叶互生，纸质，卵圆形，两面脉上被粉状短柔毛。花单性，雌雄异株，无花被；雄花序被粉状短绒毛，花小，花丝粗短；雌花序常于果期延长，苞片较小，上位子房，倒卵形，下部与花序轴合生，无花柱，柱头3。卵形浆果，基部嵌生于花序轴内。果穗药用，具有温中散寒、下气、止痛的功效。

④ 金粟兰科 chloranthaceae　$\male\ P_0 A_{(1\sim3)} \overline{G}_{(1:1:1)}$

a. 本科识别要点　草本或灌木，节部常膨大。常具油细胞，有香气。单叶对生，叶柄基部通常合生成鞘；托叶小。花序穗状，顶生。花小，两性或单性；无花被，雄蕊1～3，合生一体，花丝极短，常贴生在子房的一侧，药隔发达；下位子房，单心皮，1室，胚珠1枚，悬垂于子房室顶部。核果，种子具丰富胚乳。

本科有5属，约70种，分布于热带和亚热带。我国有3属、21种，药用2属、15种，全国各地均有分布。

本科植物主要含有挥发油、黄酮类、萜烯类和酚类等化学成分。

图 1-4-24　草珊瑚
1—植株；2—花；3—雄蕊；4—果实

b. 药用植物举例

草珊瑚 *Sarcandra glabra* (Thunb.) Nakai，又名肿节风，其形态如图 1-4-24 所示。多年生常绿草本或亚灌木，根茎粗大，支根多而细长。叶对生，近革质，长椭圆形或卵状披针形，边缘有粗锯齿，齿尖有1腺体，具腺点。穗状花序顶生，常分枝；花小，两性，黄绿色，芳香，无花被；雄蕊1，花药2室；雌蕊1，由1心皮组成，下位子房，无花柱，柱头近头状。球形核果，熟时鲜红色。生于山沟、溪谷、林荫湿地，分布于我国西南、华东和中南地区。全草药用，具有清热解毒、活血祛瘀、驱风止痛的功效。

⑤ 蓼科 Polygonaceae　$\male\ *\ P_{3\sim6,(3\sim6)} A_{3\sim9} \underline{G}_{(2\sim4:1:1)}$

a. 本科识别要点　多为草本。茎节常膨大。单叶互生，全缘，托叶膜质，包围茎节基部成托叶鞘。花多两性，排成穗状、圆锥状或头状花序；单被花，花被片3～6，分离或基部合生，常花瓣状，宿存；雄蕊多3～9；上位子房，心皮2～4，合生成1心室，1胚珠，基生胎座。瘦果或小坚果，椭圆形、三棱形或近圆形，包于宿存花被内，多具翅。种子有胚乳。

本科约30属，800余种，主要分布于北温带。我国15属、200多种，药用8属约123种，全国均有分布。

本科药用植物常含蒽醌类、黄酮类、鞣质和苷类等化学成分。

b. 药用植物举例

药用大黄 *Rheum officinalis* Bill. 多年生草本。根及根茎肥厚，断面黄色，叶片近圆形掌状浅裂，浅裂片呈大齿形或宽三角形。花较大。分布于四川、湖北、云南、贵州和陕西等省。

掌叶大黄 *R. palmatum* L.，其形态如图 1-4-25（a）所示。多年生高大草本。与药用大黄形态的主要区别在于叶片宽卵形或近圆形，掌状半裂，花小，紫红色。

唐古特大黄 *R. tanguticum* Maxim. ex Balf.，其形态如图 1-4-25（b）所示。与上种相似，主要区别在于本种叶片常羽状深裂，裂片通常窄长，呈三角状披针形或窄条形。

(a) 掌叶大黄　　　　　　　　(b) 唐古特大黄　　　　　　　　(c) 土大黄

图 1-4-25　大黄

以上三种大黄属植物为中国药典收载的正品大黄的原植物，根和根状茎药用，具有泻火通便、破积滞、行瘀血的作用。

大黄属多种植物，叶缘具不同程度的皱波，叶片不裂，其根和根状茎称山大黄或土大黄[图 1-4-25（c）]，因不含番泻苷，一般外用止血、消炎或作兽药或作工业染料的原料，如华北大黄 *R. franzenbachii* Münt.、河套大黄 *R. hotaoense* C. Y. Cheng et C. T. Kao、藏边大黄 *R. emodi* Wall.、天山大黄 *R. wittrochii* Lundstr. 等。

何首乌 *Polygonum multflorum* Thunb.，其形态如图 1-4-26 所示。多年生缠绕草本。块根表面红褐色至暗褐色，呈长椭圆形或不规则块状。叶互生，有长柄，卵状心形，两面光滑，托叶鞘膜质，抱茎。圆锥花序，分枝极多；花小，白色；花被 5；雄蕊 8；椭圆形瘦果，具 3 棱。生于灌木丛、山坡阴处或石头缝隙中，全国各地有分布。块根和茎药用，块根能润肠通便，解毒消痈；制首乌能补肝肾，益精血，乌须发，强筋骨；茎藤（首乌藤、夜交藤）能养血安神，祛风通络。

图 1-4-26　何首乌
1—花枝；2—块根

虎杖 *Polygonum cuspidatum* Sieb. et Zucc.，多年生粗壮草本，根状茎粗大，棕黄色。地上茎中空，散生红色或紫红色斑点。叶阔卵形。圆锥花序；花单性，雌雄异株，花被片 5，2 轮，外轮 3 片在果期增大，白色或绿白色，背部呈翅状；雄花雄蕊 8；花柱 3。卵圆形瘦果。生于山谷溪边，除东北以外都有分布。根状茎和根药用，能祛风利湿、散瘀定通、止咳化痰。

金荞麦（野荞麦）*Fagopyrum cymosum*（Trev.）Meisn.，多年生草本。主根粗大，横走，红棕色。叶互生，具长柄，叶片戟状三角形，膜质。聚伞花序，花小，花被片 5，白色；雄蕊 8，花药带红色；雌蕊花柱 3，稍向下弯曲。卵状三角棱形小坚果。分布于华东、华南、华中和西南地区。以根药用，能清热解毒、清肺排脓、祛风化湿。

药用植物还有：蓼蓝 *P. tinctorium* Ait.，多为栽培，叶（大青叶）能清热解毒、凉血消斑，叶可加工制青黛；红蓼 *P. orientale* L.，果实（水红花子）能散血消症、消积止痛；拳参 *P. bistorta* L.，根状茎能清热解毒、消肿、止血；水蓼 *P. hydropiper* L.，全草能清热解毒、利尿、止痢；萹蓄 *P. aviculare* L. 地上部分能利尿通淋、杀虫、止痒。

⑥ 苋科 Amaranthaceae $\male \female * P_{3\sim 5} A_{3\sim 5} \underline{G}_{(2\sim 3:1)}$

a. 本科识别要点　多为草本。单叶对生或互生，无托叶。花小，常两性，稀单性，聚伞花序排成穗状、头状或圆锥状；花单被，花被片 3～5，每花下常有 1 枚干膜质苞片和 2 枚小苞片；雄蕊 3～5 与花被片对生，花丝分离或基部连合成杯状；上位子房，由 2～3 心皮组成，1 心室，胚珠 1 枚，稀多数。胞果，稀浆果或坚果，种子具胚乳。

本科约 65 属、900 种，分布于热带和亚热带。我国有 13 属、50 种，药用 9 属、28 种，分布于全国各地。

本科植物主要含三萜皂苷、甾类、黄酮类和生物碱等化学成分。

b. 药用植物举例

牛膝 *Achyranthes bidentata* L.，其形态如图 1-4-27 所示。多年生草本。根长圆柱形。茎四棱，节膨大。叶对生，椭圆形至椭圆状披针形，全缘，长 5～10cm，两面被柔毛。穗状花序腋生或顶生，苞片 1，膜质，小苞片硬刺状；花被片 5，膜质；雄蕊 5，花丝下部合生，退化雄蕊顶端平圆，稍有锯齿。长圆形胞果，包于宿萼内。主要栽培于河南，称怀牛膝。以根药用，生用能活血散瘀，消肿止痛；酒制后能补肝肾，强筋骨。

图 1-4-27　牛膝
1—着花枝；2—花梗；3—花；4—小苞；
5—去花被的花；6—雄蕊；7—胚胎

川牛膝 *Cyathula officinalis* Kuan，多年生草本。根圆柱形。茎中部以上近四棱形，疏被糙毛。花小，绿白色，由多数聚伞花序密集成头状；苞片干膜质，顶端刺状；两性花居中，不育花居两侧，不育花的花被片为钩状芒刺；雄蕊 5，与花被对生，退化雄蕊 5，顶端齿状或浅裂；子房 1 室，胚珠 1 枚。胞果。分布于贵州、云南及四川等地。以根药用，能祛风湿，破血通经。

青葙 *Celosia argentea* L.，一年生草本。全体无毛，叶互生，叶片椭圆状披针形，长 5～8cm。穗状花序圆柱形或塔状；苞片、小苞片及花被片均干膜质，淡红色。各地野生或栽培。药用部位：种子入药为青葙子。功效：清肝，明目，降压，退翳。

土牛膝 *Achyranthes aspera* L.，为 1～2 年生草本。叶倒卵形或长椭圆形。退化雄蕊顶端呈截平或细圆齿状。分布于西南、华东及四川、云南等省。以根药用，根入药称"土牛膝"，具有清热解毒、利尿的功效。

鸡冠花 *C. cristata* L. 与上种的区别在于穗状花序扁平肉质，鸡冠状。全国各地有栽培。花序药用，能收涩止血、止痢。

本科药用植物还有：刺苋 *Amaranthus spinosus* L.、野苋 *Amaranthus viridis* L.、千日红 *Gomphrena globosa* L.、血苋 *Iresine herbstii* Hook. f. 。

⑦ 石竹科 Caryophyllaceae ☿ $*K_{4\sim5(4\sim5)}C_{4\sim5}A_{8\sim10}\underline{G}_{(2\sim5:1:\infty)}$

a. 本科识别要点　草本，茎节常膨大。单叶对生，全缘。花两性，辐射对称，多成聚伞花序；萼片4~5，分离或连合；花瓣4~5，常具爪；雄蕊8~10；上位子房，2~5心皮合生，组成1室，特立中央胎座，胚珠多数。蒴果齿裂或瓣裂，稀浆果。种子多数，具胚乳。

本科约80属、2000种，广布全球，尤以北温带居多。我国有31属、372种，其中药用21属、106种。全国各省区都有分布。

本科药用植物普遍含有黄酮类和皂苷类等化学成分。

b. 药用植物举例

瞿麦 *Dianthus superbus* L.，其形态如图1-4-28所示。多年生草本。茎上部分枝，丛生。叶对生，披针形。聚伞花序顶生；花萼下有宽卵形小苞片4~6个；萼筒先端5裂；花瓣5，粉紫色，有长爪，顶端深裂成丝状；雄蕊10，上位子房，心室1，花柱2。长筒形蒴果，顶端齿裂。生于山野、草丛或岩石缝中，分布于全国各地。全草药用，具清热利尿、破血通经功效。

图1-4-28　瞿麦
1—植株全形；2—雄蕊和雌蕊；3—雌蕊；4—花瓣；5—果实

孩儿参（太子参）*Pseudostellaria heteropylla*（Miq.）Pax. ex Pax et Hoffm.，多年生草本。块根纺锤形，肉质。叶对生，下部叶匙形，顶端两对叶片较大，排成十字形。花二型：普通花1~3朵着生茎端总苞内，白色，萼片5，雄蕊10，花柱3；闭锁花着生茎下部叶腋，花梗细，萼片4，无花瓣。卵形蒴果，熟时下垂。根药用，具益气健脾、生津润肺功效。

石竹 *D. chinensis* L.，与瞿麦相似，但石竹花瓣顶端为不整齐浅齿裂。生于山地、田边或路旁，亦有栽培。广布全国各地。全草亦作瞿麦药用，与瞿麦功效相同。

本科药用植物还有：银柴胡 *Stellaria dichotoma* L. var. *lanceolata* Bge.，根能清虚热、除疳热；王不留行（麦蓝菜）*Vaccaria segetalis*（Neck.）Garcke，种子能活血通经、下乳消肿。

⑧ 毛茛科 Ranunculaceae ☿ $*\uparrow K_{3\sim\infty}C_{3\sim\infty,0}A_{\infty}\underline{G}_{(1\sim\infty:1\sim\infty)}$

a. 本科识别要点　草本，稀木质藤本。单叶或复叶，叶互生或基生，少对生，叶片多缺刻或分裂，稀全缘，常无托叶。花多两性，辐射对称或两侧对称，花单生或排列成聚伞花序、总状花序或圆锥花序；重被或单被；萼片3至多数，有时花瓣状；花瓣3至多数或缺，雄蕊和心皮常多数，螺旋状排列，离生，上位子房，1心室，每心皮含1至多数胚珠。聚合瘦果或聚合蓇葖果，稀为浆果。

本科约50属、2000种，广布世界各地，多见于北温带及寒温带。我国有41属、737种，其中药用34属、420种，全国各地均有分布。毛茛科植物部分属检索表如下：

**毛茛科植物部分属检索表**

1. 叶互生或基生
  2. 花辐射对称
    3. 果为瘦果，每心皮各有一胚珠
      4. 花序有由 2 枚对生或 3 枚以上轮生苞片形成的总苞；叶均基生
        5. 花柱在果期不延长 ·············································· 银莲花属 *Anemone*
        5. 花柱在果期强烈伸长成羽毛状 ···················· 白头翁属 *Pulsatilla*
      4. 花序无总苞；叶通常基生或茎生
        6. 花无花瓣 ·················································· 唐松草属 *Thalictrum*
        6. 花有花瓣
          7. 花瓣无蜜槽 ············································ 侧金盏花属 *Adonis*
          7. 花瓣有蜜槽 ············································ 毛茛属 *Ranunculus*
    3. 果为蓇葖果，每心皮各有 2 枚以上胚珠
      8. 退化雄蕊存在
        9. 花多数组成总状或复总状花序；退化雄蕊位于雄蕊外侧；无花瓣
          ············································ 升麻属 *Cimicifuga*
        9. 花 1 朵或数朵组成单歧聚伞花序；退化雄蕊位于雄蕊内侧；花瓣存在，下部筒
          状，有蜜腺，上部近二唇形 ················ 天葵属 *Semiaquilegia*
      8. 退化雄蕊不存在，花序无总苞
        10. 心皮有细柄；花小，黄绿色或白色 ·············· 黄连属 *coptis*
        10. 心皮无细柄；花大，黄色，近白色或淡紫色 ··········· 金莲花属 *Trollius*
  2. 花两侧对称
        11. 后面萼片船形或盔形，无距；花瓣有长爪，无退化雄蕊
          ·············································· 乌头属 *Aconitum*
        11. 后面萼片平或船形，不呈盔状，有距；花瓣无爪，花有 2 枚具爪的侧生雄蕊
          ·············································· 翠雀属 *Delphinium*
1. 叶对生，常为藤本；花辐射对称；聚合瘦果，宿存花柱羽毛状
        ·············································· 铁线莲属 *Clematis*

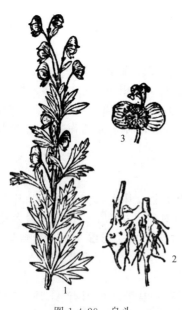

    本科药用植物多含黄酮类、生物碱类（乌头碱、小檗碱等）、皂苷类、强心苷类和香豆素类等主要化学成分。

    b. 药用植物举例

    乌头（川乌）*Aconitum carmichaeli* Debx，其形态如图 1-4-29 所示。多年生草本。主根圆锥形，常有数个肥大侧根。叶常 3 深裂，中央裂片菱状楔形，侧生裂片 2 深裂。总状花序被贴伏反曲的柔毛；萼片 5，蓝紫色，上萼片盔状；花瓣 2，有长爪；雄蕊多数；心皮 3～5。长圆形聚合蓇葖果。四川、陕西大量栽培，生于山地、草坡及灌木丛中。根药用，栽培的主根称川乌，可祛风除湿、温经止痛，有大毒，一般炮制后用；侧根称"附子"，能回阳救逆、温中散寒、止痛；野生块根作草乌药用，可祛风除湿、温经散寒、消肿止痛，有大毒，一般炮制后用。

    北乌头 *A. kusnezoffii* Reichb.，亦作乌头入药，主要区别是总状花序光滑无毛，分布于东北、华北。块根作草乌入药；叶能清热、解毒、止痛。

图 1-4-29 乌头
1—花枝；2—块根；3—花

短柄乌头 *A. brachypodium* Diels，分布于四川、云南。块根称"雪上一枝蒿"，有大毒，能祛风止痛。

黄连（味连）*Coptis chinensis* Franch.，多年生草本。根状茎黄色，常分枝成簇。叶基生，叶片 3 全裂。中央裂片具细柄，卵状菱形，羽状深裂，侧裂片不等 2 裂。聚伞花序，小花黄绿色；萼片 5，狭卵形；花瓣条状披针形，中央有蜜腺；雄蕊多数；心皮 8～12，有柄。聚合蓇葖果，具柄。主产于四川、重庆，重庆石柱产黄连质优，生于海拔 500～2000 米高山林下阴湿处。根状茎药用，能清热燥湿、泻火解毒。

三角叶黄连（雅连）*C. deltoidea* C. Y. Cheng et Hsiao，与前种相似，但本种的根状茎不分枝或少分枝。叶的一回裂片的深裂片彼此邻接。

云南黄连（云连）*C. teeta* Wall.，根状茎分枝少而细。叶的羽状深裂片彼此疏离。花瓣匙形，先端钝圆。分布于云南西北部、西藏东南部。

以上三种均为药典收载正品黄连的原植物。其形态如图 1-4-30 所示。

威灵仙 *Clematis chinensis* Osbeck，其形态如图 1-4-31 所示。木质藤本。叶对生，羽状复叶，小叶 5 片，狭卵形。圆锥花序；花萼片 4，白色，矩圆形，外面边缘密生短柔毛；无花瓣；雄蕊及心皮均多数，子房及花柱上密生白毛。瘦果扁平，花柱宿存，延长成白色羽毛状。根及根状茎药用，具有祛风活络、活血止痛功效。

图 1-4-30　黄连属植物
1～4—黄连（1—植株；2—萼片；3—花瓣；4—蓇葖果）
5～7—三角叶黄连（5—叶片；6—萼片；7—花瓣）
8～10—云南黄连（8—叶片；9—萼片；10—花瓣）

图 1-4-31　威灵仙
1—花枝；2—果枝；3—雄蕊；
4—雌蕊；5—果实

本科药用植物还有：毛茛 *Ranunculus japonicus* Thunb.，全草外用治跌打损伤，又作发泡药；天葵（紫背天葵）*Semiaquilegia adoxoides*（DC.）Makino，块根称天葵子，能清热解毒、消肿散结；侧金盏花（福寿草、冰凉花）*Adonis amurensis* Regel et Radde，全草含强心苷，能强心利尿；多被银莲花（两头尖、节香附）*Anemone raddeana* Regel，根状茎能祛风湿、消肿痛；高原唐松草（马尾莲）*Thalictrum cultratum* Wall.，根和根状茎能清热燥湿、解毒。

⑨ 小檗科 Berberidaceae ♀ * $K_{3+3,\infty} C_{3+3,\infty} A_{3\sim9} \underline{G}_{(1:1)}$

a. 本科识别要点　草本或灌木。单叶或复叶，互生。花两性，辐射对称，单生、簇生或排成总状花序，穗状花序；萼片与花瓣相似，各 2～4 轮，每轮常 3 片，花瓣常具蜜腺；雄蕊 3～9，花药瓣裂或纵裂；上位子房，常由 1 枚心皮组成，1 心室；柱头缺或极短，常为盾形；胚珠 1 至多数。蓇葖果、浆果或蒴果，种子具胚乳。

本科约 17 属 650 余种，分布于北温带。我国有 11 属 320 余种，药用 11 属 140 余种。南北各地均有分布。

本科药用植物多含生物碱类（小檗碱、掌叶防己碱等）和苷类等化学成分。

b. 药用植物举例

箭叶淫羊藿 *Epimedium sagittatum* （Sieb. et Zucc.） Maxim.，又称三枝九叶草，其形态如图 1-4-32 所示。多年生草本。根状茎质硬，结节状。基生叶 1～3 片，三出复叶；小叶片长卵形，侧生小叶基部不对称，箭状心形，革质。总状或圆锥花序；萼片 4，2 轮，外轮早落，内轮白色，花瓣 4，黄色，有短距；雄蕊 4，心皮 1。卵形蓇葖果，有喙。生于山坡林下及路旁溪边潮湿处，长江流域至西南各省有分布。全草药用，具有补肾壮阳、强筋骨、祛风湿的功效。

淫羊藿（心叶淫羊藿）*Epimedium brevicornum* Maxim.，二回三出复叶，小叶片宽卵形或近圆形，侧生小叶基部不对称，偏心形，外侧较大，呈耳状。聚伞状圆锥花序，花序轴及花梗被腺毛；花瓣白色。全草与箭叶淫羊藿同等药用。

柔毛淫羊藿 *E. pubescens* Maxim.、巫山淫羊藿 *E. wushanense* T. S. Ying.、朝鲜淫羊藿 *E. koreanum* Nakai 等的地上部分均作淫羊藿入药。

阔叶十大功劳 *Mahonia bealei* （Fort.） carr.，其形态如图 1-4-33 所示。常绿灌木。单数羽状复叶，互生，小叶卵形，边缘有刺状锯齿。总状花序丛生茎顶；花黄褐色，萼片 9，3 轮；花瓣 6；雄蕊 6，花药瓣裂。黯蓝色浆果，有白粉。生于山坡林下，各地常有栽培，分布于长江流域及河南、陕西和福建等地区。以根、茎（功劳木）和叶药用，具有清热解毒功效，亦可作提取小檗碱的原料。

图 1-4-32 箭叶淫羊霍
1—植株全形；2—花；3—果实

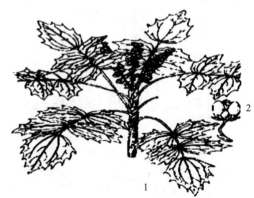

图 1-4-33 阔叶十大功劳
1—花枝；2—花

同属植物窄叶十大功劳 *M. fortunei* （Iindl.） Fedde.、华南十大功劳 *M. aponica* （Thunb.） DC.，功效与阔叶十大功劳相同。

本科药用植物还有：南天竹 *Nandina domestica* Thunb.，根状茎、叶能清热解毒、祛风止痛，果（天竹子）能止咳平喘；六角莲 *Dysosrna pleiantha* （Hance） Woodson，根状茎含鬼臼毒素，能清热解毒、祛瘀消肿；鲜黄连 *Jeffersonia dubia* （Maxim.） Benth. et Hook. f.，根状茎和根能清热燥湿、凉血止血。

⑩ 防己科 Menispermaceae $\male * K_{3+3}C_{3+3}A_{3\sim6,\infty}$；$\female K_{3+3}C_{3+3,\infty}\underline{G}_{(3\sim6:1)}$

a. 本科识别要点　多年生草质或木质藤本。单叶互生，叶片有时盾状。花单性，雌雄异株，聚伞花序或圆锥花序；萼片、花瓣各 6 枚，2 轮；花瓣常小于萼片；雄蕊通常 6 枚，合生或分离；上位子房，心皮 3～6，离生，每室胚珠 2，仅 1 枚发育。马蹄形或肾形核果。

本科约 70 属 400 种，分布于热带和亚热带。我国有 20 属近 70 种，其中药用 15 属近 70 种。南北均有分布。

本科药用植物主要含有生物碱类等化学成分，如汉防己碱、药根碱和木兰花碱等。

b. 药用植物举例

粉防己 *Stephania tetrandra* S. Moore，又叫石蟾蜍，其形态如图 1-4-34 所示。多年生草质缠绕性藤本。块根圆柱形。叶全缘，三角状阔卵形，掌状脉 5 条，两面均被短柔毛；叶柄盾状着生。花单性，雌雄异株；聚伞花序集成头状；雄花萼片常 4 枚，花瓣 4，淡绿色；雄蕊 4 枚，花丝愈合成柱状；雌花的萼片和花瓣与雄花同数；心皮 1，花柱 3。红色球形核果，核呈马蹄形，有小瘤状突起及横槽纹。生于山坡、草丛等处，分布于我国东南及南部地区。根（防己、粉防己）药用，具有利水消肿、行气止痛功效。

图 1-4-34　粉防己

1—根；2—雄花枝；3—果枝；
4—雄花序；5—雄花；6—果核

金果榄 *Tinospera capilipes* Gagnep.，多年生缠绕藤本。块根球形，常数个相连成串。叶卵状箭形，叶基耳状。花单性异株，圆锥花序；雄花有雄蕊 6 枚；雌花有 3 离生心皮。核果红色。以根药用，具有清热解毒、利咽、止痛功效。

本科药用植物还有还有木防己 *Cocculus trilobus* （Thunb.）DC.，根祛风止痛、利尿消肿、清热解毒；青藤 *Sinomenium acutum* （Thunb.）Rehd. et Wils.，茎藤（青风藤）祛风湿、通经络、利小便。

⑪ 木兰科 *Magnoliaceae* ☿ * $P_{6\sim\infty}A_{\infty}\underline{G}_{\infty:1:1\sim2}$

a. 本科识别要点　木本。体内常具油细胞，有香气。单叶互生，多全缘，多具托叶，稀无，托叶大，包被幼芽，早落，具明显环状托叶痕。花常单生，两性，稀单性，辐射对称；花被片常基数 3，有时分化为萼片和花瓣，每轮 3 片；雄蕊多数，分离；雌蕊多数，分离；雄蕊和雌蕊螺旋状排列在伸长或隆起的花托上；每心皮含胚珠 1～2。聚合浆果或聚合蓇葖果。种子具胚乳。

本科 20 属 300 余种，分布于亚洲和美洲的热带和亚热带地区。我国约 14 属 160 余种，药用 8 属约 90 种。

本科药用植物多含有挥发油、生物碱类和木脂素类化学成分。

b. 药用植物举例

厚朴 *Magnolia officialis* Rehd. et Wils.，落叶乔木。树皮棕褐色，粗厚，有椭圆形皮孔。叶大，革质，倒卵形或倒卵状椭圆形，集生于枝顶。花大，白色，单生枝顶，花被片 9～12 或更多；雄蕊多数，花丝红色；雌蕊心皮多数，分离。长圆状卵形聚合蓇葖果，果皮木质。分布于长江流域和陕西、甘肃南部、四川、贵州等省区，多为栽培。以枝皮和根皮药用，具有温中燥湿、下气散结、化食消积功效。

凹叶厚朴（庐山厚朴） *M. biloba* （Rehd. et Wils.）cheng.，与厚朴的区别在于叶先端凹缺，成 2 钝圆的浅裂片。聚合果基部较窄。功效同厚朴。

望春花 *M. biondii* Pamp.，落叶乔木。树皮淡灰色，光滑。小枝无毛或近梢处有毛。叶长圆状披针形，先端急尖，基部楔形。花先叶开放，芳香；花被9片，白色，外面基部带紫色，排成3轮；雄蕊及心皮均多数，花丝肥厚；花柱顶端弯曲。圆柱形聚合果，稍扭曲，种子深红色。生长在向阳山坡或路旁，主要分布于四川、陕西、安徽、甘肃和河南等地区。花蕾（辛夷）药用，具有散风寒、通鼻窍功效。

北五味子 *Schisandra chinensis* (Turcz.) Baill.，其形态如图1-4-35所示。落叶木质藤本。叶阔椭圆形或倒卵形，边缘具腺状锯齿。花单性，雌雄异株；花被片乳白色至粉红色，6～9片；雄蕊5；雌蕊心皮17～40。聚合浆果排成穗状，熟时红色。生于山林中，主要分布于华北、华中、华北及四川等地。果实（五味子）为著名中药，具有收敛固涩、益气生津、补肾宁心功效，并用于降低谷丙转氨酶，其叶、果实可提取芳香油。种仁榨油可作工业原料、润滑油。

华中五味子 *S. sphenanthera* Rehd. et Wils.，与前种相似，本种的花被片5～9，橙黄色；雄蕊10～15；雌蕊心皮35～50。果肉薄。分布于安徽、湖北和河南等地。果实功效同北五味子。

南五味子 *Kadsura longipedunculata* Finet et Gagnep.，木质藤本。老枝灰褐色，皮孔明显。叶近革质，椭圆形，叶缘具疏锯齿。花单性，雌雄异株，单生，橙黄色；花被片5～8，排成2～3轮；雄蕊、雌蕊多数，果期花托不伸长。聚合浆果熟时深红色。以果实、根茎药用，果实同北五味子，具有根茎祛风活血、理气止痛功效，叶能消肿镇痛、去腐生新。

八角 *Illicium verum* Hook. F.，其形态如图1-4-36所示。常绿乔木，树皮灰绿色，有不规则裂纹。叶互生，厚革质，宽倒披针形或倒披针椭圆形。花单生叶腋；花被片7～12；雄蕊10～20枚，排成1～2轮；心皮8～9，轮状排列。扁平聚合蓇葖果。生于温暖湿润的山谷中，分布于西南、华南等地区。以果实药用，能温阳散寒、理气止痛，其挥发油为芳香调味剂及健胃药，油中茴香醚为制造食品香料和化妆品的原料。

图1-4-35　北五味子

1—雌花枝；2—雌花；3—心皮；4—果枝；

5—叶缘；6—果实；7—种子

图1-4-36　八角

1—果枝；2—花；3—雌蕊；

4—雄蕊；5—果实；6—种子

⑫ 樟科 Lauraceae ☿ * P$_{(6\sim9)}$A$_{3\sim12}$ G$_{(3:1:1)}$

a. 本科识别要点　多为常绿木本，无根藤属（*Cassytha*）为无叶寄生藤本，具油细胞，有香气。单叶，多互生，革质，全缘，无托叶。花常两性，花小，辐射对称，圆锥花序或总状花序；花 3 基数，多单被，2 轮排列，基部合生；雄蕊 3~12，通常 9，排成 3~4 轮，外面两轮内向，第三轮外向，花丝基部常具腺体，第四轮雄蕊常退化，花药 2~4 室，瓣裂；上位子房，3 心皮合生，1 室，具一顶生胚珠。核果或呈浆果状，有时具宿存花被形成的果托包围果实基部。种子 1 粒，无胚乳。

　　本科 45 属 2000 多种，分布于热带及亚热带地区。我国有 20 属 1400 多种，药用 13 属 113 种，主要分布于长江以南各省区。

　　本科药用植物常含挥发油和生物碱类化学成分。挥发油类如：樟脑、桂皮醛等。

　　b. 药用植物举例

　　肉桂*Cinnamomum cassia* Presl，其形态如图 1-4-37 所示。常绿乔木，具香气。树皮灰褐色，内皮红棕色，芳香，幼枝、芽、花序及叶柄均被褐色柔毛。叶互生，长椭圆形，具离基三出脉，革质，全缘。圆锥花序腋生或近顶生；花小，黄绿色，花被片 6，雄蕊 9，排成 3 轮，第 3 轮外向，花丝基部有 2 腺体，最内有 1 轮退化；花药 4 室，瓣裂；上位子房，1 室，1 胚珠。紫黑色核果浆果状，果托浅杯状。多为栽培种，分布于广东、广西、福建和云南等省区。以皮、枝、果实药用，茎皮（肉桂）能补火助阳、散寒止痛、活血通经，嫩枝（桂枝）能解表散寒、温经通脉，果实（肉桂子）能温中散寒，挥发油（肉桂油）为驱风、健胃药。

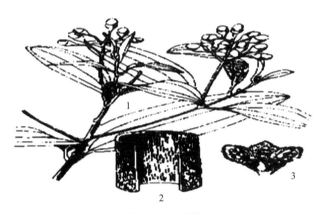

图 1-4-37 肉桂
1—果枝；2—树皮；3—花纵剖面

　　樟*Cinnamomum camphora*（L.）Presl，常绿乔木。全株具樟脑气味。叶互生，卵状椭圆形，离基三出脉，脉腋有腺体。腋生圆锥花序；花被片 6；能育雄蕊 9。核果球形，紫黑色，果托杯状。长江流域以南及西南各省区有分布。其根、木材及叶的挥发油主要含有樟脑，因此全株可药用，具有祛风散寒、消肿止痛、强心、杀虫的功效，樟脑和樟脑油可作中枢神经兴奋剂。

　　乌药*Lindera aggregata*（Sims）Kosterm.，常绿灌木或小乔木。根膨大呈纺锤形或结节状。叶互生，革质，叶片椭圆形，背面密生灰白色柔毛，离基三出脉。雌雄异株，花较小，黄绿色，集成伞形花序，腋生。核果球形，熟时黑色。长江以南及西南各省区有分布。以根药用，具有顺气止痛、温肾散寒功效。

　　⑬ 十字花科 Cruciferae $\diamonds * K_{2+2} C_4 A_{2+4} \underline{G}_{(2:1\sim2:1\sim\infty)}$

　　a. 本科识别要点　草本。单叶互生，无托叶。花两性，辐射对称，多成总状花序或圆锥花序；萼片 4，2 轮；花瓣 4，排成十字形；雄蕊 6，4 长 2 短，四强雄蕊，雄蕊基部常有 4 个蜜腺；上位子房，2 心皮合生，侧膜胎座，胚珠 1 至多数，中央具由心皮边缘延伸的隔膜（假隔膜），分成 2 室。长角果或短角果。

本科 350 属 3200 种，广布于世界各地，主要分布于北温带。我国约 96 属 430 余种，药用 26 属 77 种，全国各地均有分布。

本科药用植物多含吲哚苷类、强心苷类、硫苷类和脂肪油等化学成分。

b. 药用植物举例

菘蓝 *Isatis tinctoria* L.，一至二年生草本。主根深长，圆柱形，灰黄色。单叶互生，基生叶片长圆状椭圆形，有柄；茎生叶长圆形至长圆状倒披针形，先端钝尖，基部箭形，半抱茎，全缘或有不明显的细锯齿。圆锥花序，花小，黄色。扁平角果长圆形，边缘有翅。根、叶药用，具清热、解毒、凉血、止血功效，根（板蓝根）能清热解毒、凉血利咽，叶（大青叶）能清热解毒、凉血消斑。

播娘蒿 *Descurainia sophia*（L.）Webb ex Prantl，草本。叶狭卵形，二至三回羽状深裂。总状花序；花小，黄色。长角果细圆柱形。分布于全国各地。种子（南葶苈子）能泻肺平喘，行水消肿。

荠菜 *Capsella bursa-pastoris*（L.）Medic.，一或二年生草本。基生叶羽状分裂，茎生叶抱茎，两侧呈耳形。花白色，顶生或腋生总状花序。倒三角形短角果。全草药用，能平肝明目、清热利湿。

本科药用植物还有芥菜 *Brassica juncea*（L.）Czern. et coss.，种子（圆形，称黄芥子）功效同白芥子（种子近球），能温肺去痰利气，散结通络止痛；萝卜 *Raphanus sativus* I.，种子（莱菔子）降气化痰；油菜 *B. campestris* L.，种子（芸苔子）能行气破气、消肿散结。

⑭ 蔷薇科 Rosaceae ♀* $K_5 C_5 A_\infty \underline{G}_{1\sim\infty} \underline{G}_{(2\sim5)}$

a. 本科识别要点　草本，灌木或乔木。常具刺。单叶或复叶，多互生，通常有托叶。花两性，辐射对称；单生或排成伞房或圆锥花序；花托凸起或呈杯状、壶状，花萼下部与花托愈合成盘状、杯状、坛状或壶状的花筒，萼片、花瓣和雄蕊均着生花筒的边缘；萼片，花瓣各为 5；雄蕊常多数；上位至下位子房；心皮 1 至多数，分离或结合，每室胚珠 1 至多数。果实类型多种，有蓇葖果、瘦果、核果或梨果。种子无胚乳。

本科约 124 属 3300 余种，分布于全世界，以北温带为多。我国约 51 属 1100 余种，药用约 39 属 360 种，广布全国各地。

本科药用植物含多元酚类、黄酮类、有机酸类、氰苷类和二萜生物碱类等化学成分。

根据花托、花筒、雌蕊心皮数目、子房位置和果实类型，将本科分为 4 个亚科。亚科及部分属检索表如下：

**亚科及部分属检索表**

1. 果开裂，蓇葖果，稀浆果；心皮常为 5，离生；多无托叶（绣线菊亚科）
　2. 单叶，多无托叶；伞形. 伞房状或圆锥状花序 ····················· 绣线菊属 *Spiraea*
　2. 羽状复叶，有托叶；大形圆锥花序 ····················· 珍珠梅属 *Sorbaria*
1. 果不开裂；全具托叶
　　3. 子房上位
　　　4. 心皮通常多数，分离；聚合瘦果或蔷薇果，聚合小核果；多为复叶（蔷薇亚科）
　　　　5. 雌蕊由杯状或坛状的花托包围
　　　　　6. 雌蕊多数，成聚合瘦果；灌木 ····················· 蔷薇属 *Rosa*
　　　　6. 雌蕊 1～3，花托成熟时干燥坚硬；草本
　　　　　7. 有花瓣；萼裂片 5；花筒上部有钩状刺毛 ····················· 龙牙草属 *Agrimonia*

   7. 无花瓣；萼裂片 4；花筒无钩状刺毛 ·············································· 地榆属 *Sangusorba*
  5. 雌蕊生于平坦或隆起的花托上
    8. 心皮各含 1 胚珠；瘦果，分离；植株无刺；花柱在结果时延长 ······ 水杨梅属 *Geum*
    8. 心皮各含 2 胚珠；小核果成聚合果；植株有刺；花柱不延长 ······ 悬钩子属 *Rubus*
  4. 心皮常各 1 个，稀 2 或 5 个；核果；单叶（梅亚科）······························ 梅属 *Prunus*
 3. 子房下位或半下位；心皮 2～5，合生；梨果，稀小核果状（苹果亚科）
    9. 内果皮成熟时革质或纸质，每室含 1 至多数种子
     10. 花为伞形或总状花序，有时单生
      11. 心皮含 1～2 种子
       12. 花柱离生；果实梨形 ··············································· 梨属 *Pyrus*
       12. 花柱基部合生；果实苹果形 ································· 苹果属 *Malus*
      11. 心皮各含 3 至多数种子，花柱基部合生
       13. 花筒外被密毛，萼片宿存；花序伞形 ···············多依属 *Docynia*
       13. 花筒外面无毛，萼片脱落；花单生或簇生 ······ 木瓜属 *Chaenomeles*
     10. 花为复伞房或圆锥花序
      14. 心皮全部合生，子房下位；叶常绿 ························· 枇杷属 *Briobotrya*
      14. 心皮一部分合生，子房半下位；常绿或落叶 ········ 石楠属 *Photinia*
    9. 内果皮成熟时骨质，果实含 1～5 小核；枝有刺 ·············· 山楂属 *Crataegus*

**b. 药用植物举例**

 ⅰ. 蔷薇亚科 Rosoideae  草本或灌木。羽状复叶或单叶，托叶发达。花托壶状或凸起；上位子房，周位花，心皮多数，每个子房含胚珠 1～2。聚合瘦果或聚合小核果。

 地榆 *Sangusorba officinalis* L.，其形态如图 1-4-38 所示。多年生草本。根粗壮。奇数羽状复叶，小叶 5～19 片，卵圆形或长圆形，边缘具锯齿。花小，密集成顶生的近球形或短圆柱形的穗状花序；萼裂片 4，紫红色；无花瓣；雄蕊 4。褐色瘦果，有细毛。生于山坡、草地，全国大部分地区有分布。根药用，能清热凉血、收敛止血。

 龙牙草 *Agrimonia pilosa* Ledeb.，多年生草本，全株密生长柔毛。奇数羽状复叶，小叶 5～7 片，大小不等相间；小叶椭圆状卵形或倒卵形。顶生圆锥花序；花黄色，萼筒顶端有一圈钩状刚毛；心皮 2。倒圆锥形瘦果。生于山坡、草地、路旁等，全国各地有分布。全草（仙鹤草）药用，具有收敛止血、止痢、解毒功效，根芽能驱绦虫。

 金樱子 *Rosn laevigata* Michx.，常绿攀援有刺灌木。三出羽状复叶，叶片椭圆状卵形。花大，白色，单生于侧枝顶部。蔷薇果倒卵形，有直刺，顶端具宿存萼片。生于向阳山野，华中、华东、华南各省区有分布。果、根药用，果具有收敛涩精、固肠止泻功效。

图 1-4-38 地榆
1—根；2—植株的一部分；
3—花枝；4—花；5—果实

 同属国产植物约 80 种，已知药用 43 种，其中包括：月季 *R. chinensis* Jacq.，花能活血调经；玫瑰 *R. rugosa* Thunb.，花能行气解郁、活血、止痛。

 本亚科药用植物还有：委陵菜 *Potentilla chinensis* Ser.，全草能清热解毒、凉血止痢；翻白草 *P. discolor* Bge.，功效同委陵菜；水杨梅 *Geum aleppicum* Jacq.，全草能祛风除湿、

图 1-4-39　杏
1—果枝；2—花枝；3—花部纵切示杯状花托；4—花

活血消肿。

ⅱ. 梅亚科 Prunoideae　木本。单叶，有托叶，叶基常有腺体。花托杯状，上位子房，周位花，心皮常 1。核果。萼片常脱落。

杏 *Prunus armeniaca* L.，其形态如图 1-4-39所示。乔木，小枝浅红棕色。叶卵形至近圆形，叶柄近顶端有 2 腺体。花单生，先叶开放，白色或带红色。球形核果，黄白色或黄红色。均为栽培种，主要分布在我国北方。种子（苦杏仁）药用，具有祛痰、止咳、平喘、润肠通便功效。

同属植物梅 *P. mume*（Sieb.）Sieb. et Zucc. 小枝绿色，叶先端长尾尖。核果黄绿色有短柔毛。近成熟果实（乌梅）能敛肺、涩肠、生津，花能开郁和中、化痰、解毒。

本亚科药用植物还有：野生的山杏 *P. armeniaca* L. var. *ansu* Maxim.、西伯利亚杏 *P. sibirica* L.、东北杏 *P. mandshurica*（Maxim.）Koehne 的种子亦做苦杏仁入药；桃 *P. persica*（L.）Batsh.，种仁药用，具有活血祛瘀、润肠通便功效；郁李 *P. japonica* Thunb.，种子（郁李仁）能润燥滑肠。

ⅲ. 苹果亚科（梨亚科）Maloideae　木本。单叶，有托叶。花托杯状，下位或半下位子房，上位花，心皮 2～5，合生。梨果。

山楂 *Crataegus pinnatifida* Bge.，落叶乔木，小枝通常有刺。叶宽卵形至菱状卵形，两侧各有 3～5 羽状深裂片，托叶较大。伞房花序；花白色。梨果近球形，直径 1～1.5cm，深红色，有灰白色斑点。分布于东北、华北及河南、陕西、江苏。山里红 *C. pinnatifida* Bge. var. *major* N. E. Br. 果较大，直径 2.5cm，深亮红色。华北各地栽培。药用果实称北山楂，具有消食健胃、行气散瘀功效。

野山楂 *C. cuneata* Sieb. et Zucc. 落叶灌木，具细刺。叶宽倒卵形，顶端常 3 裂，基部楔形，果较小，直径 1～1.2cm，熟时红色或黄色。果实入药，称南山楂。

贴梗海棠 *Chaenomeles speciosa*（sweet）Nakai，落叶灌木，枝有刺。叶倒卵形，托叶大。花先叶开放，稀淡红色或白色，3～5 朵簇生，花筒钟状。梨果球形或卵形，木质，有芳香气味。各地有栽培，分布于华东、华中、西北和西南地区。果实药用，具有平肝、舒筋活络、和胃祛湿功效。

光皮木瓜（榠楂）*Chaenomeles sinensis*（Touin）Koehne，落叶小乔木，枝无刺。花单生，后于叶开放。果长椭圆形。多有栽培，分布于长江流域以南及陕西等地。果实干后外皮不皱缩，故称光皮木瓜，功效同贴梗海棠（皱皮木瓜）。

木亚科药用植物还有：枇杷 *Eriobotrya japonica*（Thunb.）Lindl.，叶能清肺止咳、降逆止呕。

⑮ 杜仲科 Eucommiaceae　♂$P_0A_{4\sim10}$；♀$P_0\underline{G}_{(2:1:2)}$

a. 本科识别要点　落叶乔木，枝、叶折断后有银白色胶丝。树皮灰色，小枝淡褐色。单叶互生，叶片椭圆形或椭圆状卵形，边缘有锯齿，无托叶。花单性，雌雄异株；无花被；雄花具短梗，苞片倒卵状匙形，雄蕊 4～10，常为 8 枚，花药线形，花丝极短；雌花单生，有短梗，上位子房，由 2 心皮合生，扁平狭长，顶端具 2 叉状花柱，1 室。翅果扁平，长椭圆形，含种子 1 粒。

本科仅杜仲属 1 属 1 种，是我国特产植物。分布于我国中部及西南各省区，各地有栽培。

本科药用植物含木脂素类、三萜类、杜仲胶等化学成分。

b. 药用植物举例

杜仲*Eucommia ulmoides* oliv.，其形态如图 1-4-40 所示。树皮、叶药用，能补肝肾、强筋骨、安胎、降压。

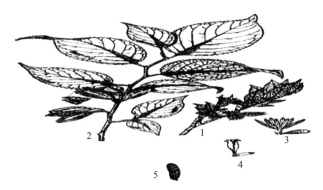

图 1-4-40 杜仲

1—着雄花的枝；2—着果枝；3—雄花及苞片；4—雄花及苞片；5—种子

⑯ 豆科 Leguminosae $\male\ * K_{5,(5)} C_5 A_{(9)+1,10,\infty} \underline{G}_{(1:1:1\sim\infty)}$

a. 本科识别要点 乔木、灌木或草本。茎直立或攀援。根部有根瘤，能固氮。多为复叶少数单叶。互生，稀对生，有托叶，有时每小叶基部具小托叶。花两性，两侧对称或辐射对称，花序通常呈总状、头状、聚伞状、圆锥状或穗状，少数单生；具苞片和小苞片；花萼 5，离生或合生；花瓣 5，少数部分或基部合生，多为蝶形花；雄蕊 10 枚，有时 5 或多数离生或连合成单体或二体；上位子房，1 心皮，边缘胎座，胚珠 1 至多数。荚果。

本科为种子植物第三大科，仅次于菊科和兰科，广布于世界各地。约 650 属 18000 余种。我国有 169 属 1539 种，其中药用的有 109 属 600 多种，全国各地均有分布。

本科药用植物含有黄酮类、生物碱类、三萜皂苷类和蒽醌类化学成分。

本科在恩格勒系统中，分为三个亚科：含羞草亚科、云实亚科和蝶形花亚科。亚科检索表如下：

**亚科检索表**

1. 花辐射对称；花瓣镊合状排列，分离或合生 ………………………………… 含羞草亚科 Mimosoideae
1. 花两侧对称；花瓣覆瓦状排列
 2. 花冠假蝶形；最上一枚花瓣位于最内方；雄蕊通常离生 ………… 云实亚科 Caesalpinioideae
 2. 花冠为蝶形；最上一枚花瓣位于最外方；雄蕊通常两体 ………… 蝶形花亚科 Papilionoideae

b. 药用植物举例

ⅰ. 含羞草亚科 Mimosoideae 木本，稀为草本。二回羽状复叶，互生，叶枕显著。辐射对称花，多为 5 基数，花萼管状，5 裂，花瓣与花萼同数，离生或合生，均镊合状排列；雄蕊与花冠裂片同数，或为其倍数，或多数，花药顶端常具一脱落性腺体。

合欢*Albizia julibrissin* Durazz.，其形态如图 1-4-41 所示。落叶乔木。二回偶数羽状复叶，小叶镰刀状。头状花序排成伞房状；花萼、花瓣均合生，先端 5 裂；雄蕊多数，花丝细

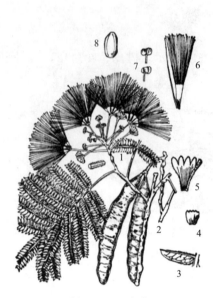

图 1-4-41　合欢
1—花枝；2—果枝；3—小叶下面；4—花萼；
5—花冠；6—雌蕊和雄蕊；7—花粉囊；8—种子

图 1-4-42　决明
1—植株上部；2—花；
3—雌蕊和雄蕊；4—种子

长而显著，基部合生，上部粉红色，高出于花冠之外。扁平条形荚果。野生或栽培，全国各地有分布。树皮及花药用，树皮称合欢皮，能安神、活血、消肿止痛；花称合欢花，具理气、解郁和安神作用。

ⅱ．云实亚科 Caesalpinioideae　木本，稀草本。羽状复叶，托叶多早落。花两侧对称；萼片 5（4），离生或下部合生；花瓣 5，假蝶形花冠；雄蕊 10，有时较少或多数，花丝分离或合生。

决明 *Cassia tora* L.，其形态如图 1-4-42 所示。一年生草本。偶数羽状复叶，小叶 3 对，倒卵形或长圆状倒卵形；每对小叶间的叶轴上有一棒状腺体；托叶线状，被柔毛，早落。花通常成对腋生；萼片 5，分离；花瓣 5，黄色；能育雄蕊 7，花药四方形，顶孔开裂；子房被柔毛。荚果细长，近四棱形。种子多数，菱形，具光泽。种子称决明子，具清肝、明目、通便、降压、降血脂等功效。

望江南 *C. occidentalis* L.，其形态如图 1-4-43 所示。小叶 4～5 对，卵形至椭圆状披针形，具臭气。荚果带状镰刀形。种子卵圆形而扁。其茎叶和种子含多种蒽醌类化合物，能清热解毒。

皂荚 *Gleditsia sinensis* Lam.，落叶乔木，主干上部和枝条上常具圆柱形分枝棘刺。一回偶数羽状复叶，小叶长卵形；总状花序，腋生或顶生；花杂性，雄花花萼 4 裂；花瓣 4，白包或淡黄色；雄蕊 8；雌蕊退化；两性花较大；雌蕊能育。荚果扁长条状，成熟后黑棕色，被白色粉霜。果实药用，具有祛痰开窍、消肿功效。部分皂荚树因衰老等原因形成不育畸形小荚果，称猪牙皂，能开窍、祛痰、杀虫。

ⅲ．蝶形花亚科 Papilionoideae　草本、木本或藤本。稀单叶，三出复叶或羽状复叶；常具托叶和小托叶。花两侧对称，蝶形；雄蕊 10，常为二体（9）＋1 或单体，稀全部分离。

甘草 *Glycyrrhiza uralensis* Fisch.，其形态如图 1-4-44 所示。多年生草本，全株被有白色短毛和腺毛。根和根状茎粗壮，外皮红棕色至黯棕色。地上茎直立或近匍匐，基部稍带木

图 1-4-43 望江南
1—复叶；2—花；3—雌蕊和雄蕊；4—展开花冠；5—荚果

图 1-4-44 甘草
1—花枝；2—果序；3—根

质。奇数羽状复叶，小叶 5～17，卵形或宽卵形，两面均具短毛和腺体，托叶阔披针形。总状花序腋生；花冠蓝紫色；雄蕊 10，二体。荚果镰刀状或环状弯曲，密被刺状腺毛及短毛。生于向阳干燥的钙质草原及河岸沙土，在我国华北、西北和东北地区有分布。根及根茎药用。具有补脾、润肺、解毒、调和诸药功效；甘草还具有抗病毒、抗菌、抗溃疡、抗炎、抗肿瘤、抗突变、抗氧化、保肝、促进胰腺分泌等作用。

槐 *Sophora JaponIca* L.，落叶乔木，树皮灰褐色。羽状复叶，小叶 7～15 片，卵形或卵状长圆形，先端渐尖而具细突尖，下面疏生短柔毛，基部膨大成叶枕。圆锥花序顶生；萼钟状，花冠蝶形，乳白色或淡黄色；雄蕊 10，分离，不等长；子房有细毛，花柱弯曲。荚果肉质，不开裂，串珠状。种子 1～6，肾形，棕黑色。花蕾、花及成熟果实药用，分别称为槐米、槐花和槐角，具有凉血止血、清肝泻火功效。

野葛 *Pueraria lobata*（willd.）ohwi，多年生草质藤本。茎蔓长达 10 余米，全株被有黄褐色粗毛。块根圆柱形，肥大，略具粉性。三出羽状复叶，顶生小叶菱状矩圆形，侧生小叶斜卵形，常不等三浅裂。腋生或顶生总状花序；蝶形花冠，蓝紫色。条形荚果，密生黄色长硬毛。种子卵圆形，有光泽。除新疆、西藏和东北外，全国大部分地区有分布。块根入药称葛根，具有解肌退热、发表透疹、生津止渴、升阳止泻功效。

甘葛藤（*P. thomsonnii* Benth.），其块根一同作为葛根入药，药材上称为"粉葛"，分布于贵州、广西、四川、云南等地。此外，同属的三裂叶葛藤 *P. phaseoloides*（Roxb.）Benth.、食用葛藤 *P. edulis* Pamp.、峨眉葛藤 *P. omeiensis* Wang et Tang 的根在部分地区也作葛根入药。

广金钱草 *Desmodium styracifolium*（Osbeck）Merr.，草本，半灌木状。枝条密生黄色长柔毛。小叶 3 或 1，近圆形或长圆形，密生金黄色平伏绒毛。总状花序腋生或顶生；花小，紫色，有香气。荚果具短柔毛和钩状毛。全草药用，具有清热除湿、利尿通淋功效。

密花豆 *Spatholobus suberectus* Dunn，木质藤木，长达数十米。老茎扁圆柱形，砍断可见数圈偏心环，有鲜红色汁液从断口处流出。三出复叶，小叶阔椭圆形，两面被疏毛。圆锥花序腋生，被黄色柔毛；花白色肉质，雄蕊 10，二体。荚果扁平舌状，被黄色柔毛，种子 1

颗，生于荚果顶部。茎藤（鸡血藤）药用，具有补血、活血、通络功效。

⑰ 芸香科 Rutaceae $\diamondsuit * K_{3\sim5}C_{3\sim5}A_{3\sim\infty}\underline{G}_{(2\sim\infty:2\sim\infty:1\sim2)}$

a. 本科识别要点　多为木本，稀草本。有时茎或枝上有刺。叶或果实上常有透明腺点，含挥发油。叶互生，多为复叶或单身复叶。花辐射对称，多两性，稀单性；单生或簇生，排成总状、聚伞或圆锥花序；萼片3～5，合生；花瓣3～5；雄蕊8～10，稀多数，着生于环状或杯状的花盘基部；上位子房，心皮2至多数，离生或合生，每室胚珠1～2，果实为柑果、蒴果、蓇葖果或核果。

本科植物约150属1700种，分布于热带和温带。我国有29属约154种，药用有23属100余种，南北均有分布，长江以南为多。

本科药用植物常含挥发油类、黄酮类、香豆素类和生物碱类等化学成分。

b. 药用植物举例

橘*Citrus reticulata* Blanco，常绿小乔木或灌木，常有枝刺。单身复叶，小叶披针形至卵状披针形，互生，革质，具透明油室。花单生或簇生于叶腋，黄白色；雄蕊多数，花丝常3～5枚合生；子房多室。柑果，外果皮密布油点，具香气。栽培变种众多，长江以南广泛栽培，为我国著名果品之一。叶、果实和种子药用。种子称橘核，幼果或未成熟果实的果皮称青皮，中果皮与内果皮之间的维管束群称橘络。橘络能宣通经络、顺气活血，橘核能疏肝破气、消积化痰，橘叶入药同橘核。

图1-4-45　黄檗
1—果枝；2—雄花；3—雌花；
4—雄蕊；5—雌蕊

黄檗 *Phellodendron amurense* Rupr.，其形态如图1-4-45所示。落叶乔木。树皮具不规则网状纵沟，木栓层厚而软，内皮鲜黄色。奇数羽状复叶，对生，小叶5～13片，卵形或卵状披针形，叶缘具细锯齿，齿间具腺点，主脉基部两侧密被柔毛。花小，黄绿色；圆锥状聚伞花序，雌雄异株；雄花具雄蕊5；雌花子房有短柄，5室，雄蕊退化呈鳞片状。球形浆果状核果，熟时紫黑色。生于山区杂木林中，有栽培种，分布于我国华北和东北地区。树皮药用，除去栓皮的树皮称关黄柏，具有清热燥湿、泻火除蒸、解毒疗疮功效。

黄皮树 *P. chinense* Schneid.，小叶7～15片，下面密生长柔毛；木栓层薄。分布于四川、湖北、云南等省。其树皮也作黄柏用。

花椒 *Zanthoxylum bungeanurn* Maxim.，落叶灌木或小乔木。茎枝通常具皮刺。奇数羽状复叶，互生，叶轴两侧具一对皮刺；小叶5～11片，卵形或卵状长圆形，主脉背面具刺。顶生聚伞状圆锥花序；花单性，花被片4～8；雄蕊4～8；心皮4～6，仅2～3个成熟。球形蓇葖果，密生疣状突起的腺体。种子卵圆形，成熟时黑色，具光泽。果实药用，果皮能温中止痛、杀虫止痒，种子能清热燥湿、解毒、祛风止痒。

吴茱萸 *Evodia rutaecarpa* (Juss.) Benth.，落叶灌木或小乔木，幼枝紫褐色，叶轴及花序轴均被锈色长柔毛。奇数羽状复叶，对生，小叶5～9，椭圆形，下面密被长柔毛，具透明油点。花白色，聚伞圆锥花序顶生，雌雄异株；雄花具雄蕊5；雌花退化，雌蕊鳞片状，5心皮。扁球形蒴果，成熟时开裂成5瓣，呈蓇葖果状，紫红色，有腺点。每分果含种子1颗，黑色，具光泽。生于山区疏林或林缘，分布在长江流域及南方各省区，现多栽培种。果实药用，具有散寒止痛、降逆止呕、助阳止泻功效。

⑱ 大戟科 Euphorbiaceae $\diamondsuit * K_{0\sim5}C_{0\sim5}A_{1\sim\infty}$；$\female * K_{0\sim5}C_{0\sim5}\underline{G}_{(3:3:1\sim2)}$

a. 本科识别要点　草本、乔木或灌木，常含乳汁。单叶，互生，叶基部常具腺体；托叶早落。花通常单性，辐射对称，雌雄同株或异株；花序常为穗状、总状、聚伞状，或为杯状聚伞花序；萼片多2～5，稀1或缺；花瓣缺，具花盘或腺体；雄蕊1至多数，花丝分离或连合，或仅1枚；雌蕊3心皮，上位子房，3室，中轴胎座。蒴果，少数为浆果或核果。

本科约300属8000余种，广布于全世界各地，主产于热带。我国约66属364种，其中药用39属160余种，主要分布于长江以南各省。

本科药用植物常含生物碱类、氰苷、萜类、脂类和蛋白质等化学成分。

b. 药用植物举例

大戟*Euphorbia pekinensis* Rupr.，其形态如图1-4-46所示。多年生草本，具白色乳汁。圆锥形根。单叶，互生，披针形至长椭圆形。多歧聚伞花序，总伞梗基部具5～8个卵形或卵状披针形的叶状总苞片，每伞梗常具2级分枝3～4个，其基部着生卵圆形叶状苞片3～4，末级分枝顶端着生杯状聚伞花序，其外面围以黄绿色杯状总苞，总苞顶端具相间排列的萼状裂片和肥厚肉质腺体，内部着生多数雄花和1枚雌花。雄花仅具1雄蕊，花丝和花柄间有关节是花被退化的痕迹；雌花位于花序中央，仅具1雌蕊，子房具长柄，突出且下垂于总苞之外，上位子房，3心皮合生，3室，每室具1胚珠，花柱3。三棱状球形蒴果，表面具疣状突起。生于路旁、山坡及原野湿润处，全国各地有分布。根药用，有毒，能致泻、利尿和降压。

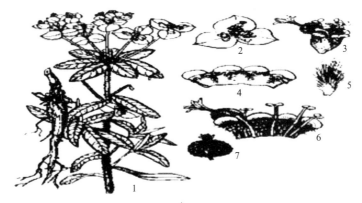

图1-4-46　大戟
1—植株；2—小聚伞花序；3—杯状聚伞花序；4—展开的杯状总苞；5—总苞中的鳞片；
6—展开的杯状聚伞花序，示腺体、雄蕊及雌蕊；7—蒴果

巴豆*Croton tiglium* L. 常绿小乔木或灌木。幼枝绿色，疏被星状毛。单叶互生，卵形至长圆状卵形，两面疏生星状毛，基部近叶柄处具2枚无柄杯状腺体。花单性，雌雄同株；总状花序顶生，雄花在上，萼片5，花瓣5，反卷，雄蕊多数，分离；雌花在下，萼片5，宿存，无花瓣，上位子房，3室。蒴果卵形，具3钝棱，密被星状毛。分布于南方及西南地区。种子药用，但种子有大毒，制霜用能泻下祛积、逐疾行水，外用可蚀疮。

蓖麻*Ricinus communis* L.，一年生草本或灌木。叶互生，叶片掌状7～9深裂，叶柄盾状着生，有腺体。花单性，雌雄同株；总状或圆锥状花序；雄蕊多数，花被3～5裂，花丝多分枝；雌花花被3～5裂，上位子房，3室，花柱3，各2裂。长圆形蒴果，密被刺状突起。种子具斑状花纹，具种阜。种子药用，具有消肿拔毒、泻下通滞功效。

余甘子*Phyllathus emblica* L.，落叶小乔木或灌木。树皮灰白色，易片状脱落，露出赤红色内皮。单叶互生，线状长圆形，呈羽状复叶状。花单性同株，簇生于叶腋，每簇具雌花1朵和雄花多数；萼片5～6，黄色，无花瓣；雄花具腺体，雄蕊3，花丝合生呈柱状；雌花

花盘杯状。球形蒴果。果药用，具有清热凉血、消食健胃、生津止咳功效。

⑲ 棟科 Meliaceae ☿ * $K_{(4\sim5)} C_{4\sim5} A_{(8\sim10)} \underline{G}_{(2\sim5:2\sim5)}$

a. 本科识别要点　乔木或灌木。羽状复叶，稀单叶，互生，无托叶。花常两性，辐射对称，圆锥花序；花萼4～5，基部常合生；花瓣4～5，分离或基部合生；雄蕊8～10，花丝合生成管状；具花盘，或缺；上位子房，心皮2～5合生，2～5室，每室具胚珠1～2，稀更多。蒴果、浆果或核果。

本科约50属1400余种，主要分布于热带和亚热带地区。我国有15属59种，其中药用10属20余种，分布于长江以南各省区。

本科药用植物含有三萜类和生物碱类化学成分。

b. 药用植物举例

棟 *Melia azedarach* L.，落叶乔木。叶互生，二至三回羽状复叶，小叶卵形至椭圆形，边缘有钝齿。圆锥花序腋生；花淡紫色，花萼5裂；花瓣5，倒披针形，被短柔毛；雄蕊10，花丝合生成管状，花药着生在管顶内侧；上位子房，4～5室。核果近球形，黄色直径1.5～2cm，4～5室。生于旷野或路旁，全国大部分地区有分布。树皮和根皮入药称苦棟皮，具有杀虫、疗癣功效。

川棟 *Melia toosendan* Sieb. et Zucc.，其形态如图1-4-47所示。与棟不同点在于小叶狭卵形，全缘或具不明显的疏锯齿。核果直径约3cm，6～8室。皮和果实药用，果实称川棟子，有小毒，具有舒肝行气、止痛驱虫功效。

⑳ 鼠李科 Rhamnaceae ☿ * $K_{(4\sim5)} C_{(4\sim5)} A_{4\sim5} \underline{G}_{(2\sim4)}$

a. 本科识别要点　乔木或灌木，常具枝刺或托叶刺。单叶互生，稀对生，羽状脉或3～5基出脉，常具托叶。花小，两性或单性，辐射对称，聚伞花序或圆锥花序；花萼4～5裂，镊合状排列；花瓣4～5；雄蕊4～5，与花瓣对生，花盘发达；上位子房，或部分埋藏于花盘中，2～4心皮合生，2～4室，每室1胚珠。核果或蒴果，种子常具胚乳。

本科58属900余种，分布于温带至热带地区。我国产14属130余种，其中药用12属76种，南北均有分布。

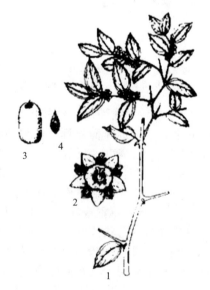

图 1-4-47　川棟
1—花枝；2—花；
3—果枝；4—小叶

图 1-4-48　枣
1—花枝；2—花；
3—核果；4—果核

图 1-4-49　酸枣
1—花；2—果枝；
3—核果；4—果核

本科药用植物主要含黄酮类、木脂素类和醌类化学成分。

b. 药用植物举例

枣 *Ziziphus jujube* Mill.，其形态如图 1-4-48 所示。落叶乔木或灌木。小枝红褐色，光滑，具刺，长刺粗壮，短刺钩状。单叶互生，长圆状卵形或披针形，基生三出脉。聚伞花序腋生；花黄绿色，萼片、花瓣、雄蕊，均 5 枚；花盘肉质圆形，子房下部与花盘合生。核果熟时深红色，果核两端尖。果（大枣）药用，具有补中益气、养血安神功效。

酸枣 *Ziziphus jujube* Mill. var. *spinosa*（Bunge）Hu ex H. F. Chow，其形态如图1-4-49所示。与原种主要区别为：灌木，枝刺细长，叶较小。果小，短长圆形，果皮薄；果核两端钝。种子药用，称酸枣仁，具有补肝宁心、敛汗生津功效。

㉑ 锦葵科 Malvaceae $\lightning$ * $K_{(5),5} C_5 A_{(\infty)} \underline{G}_{(3\sim\infty:3\sim\infty:1\sim\infty)}$

a. 本科识别要点　草本、灌木或乔木，常具丰富的韧皮纤维，有的植物含黏液细胞。单叶互生，多具掌状脉，托叶早落。花两性，单生或成聚伞花序；花萼通常 5，离生或基部合生，镊合状排列，其下具一轮副萼，萼宿存；花瓣 5；雄蕊多数，单体（花丝下部合生成管状）；上位子房，心皮 3 至多数，3 至多室，中轴胎座。蒴果。

本科约 75 属 1000 余种，分布于温带和热带地区。我国 17 属 81 种，药用 12 属 60 余种，分布于南北各地。

本科药用植物常含黄酮苷、酚类、生物碱和黏液质等化学成分。

b. 药用植物举例

苘麻 *Abutilon theophrasti* Medic.，其形态如图 1-4-50 所示。一年生草本，全株密生星状毛。叶互生，心脏形，具长尖。花单生叶腋，黄色，无副萼；单体雄蕊，与花瓣基部合生；心皮 15～20，排成一轮。半球形蒴果，成熟后分果分离，分果先端具 2 长芒。多栽培，南北各地有分布。种子称苘麻子，药用，能清热利湿、解毒退翳。

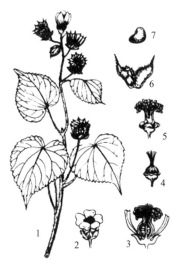

图 1-4-50　苘麻
1—植株上部；2—花；3—花纵剖面；
4—雄蕊；5—雄蕊剖开；
6—展开分果；7—种子

木槿 *Hibiscus syriacus* L.，落叶灌木或小乔木。单叶互生，叶片菱状卵形或卵形，常 3 裂。花单生于叶腋，副萼线形；花萼钟形，5 裂；花瓣 5，淡红色、紫色或白色；单体雄蕊；5 心皮合生。蒴果长椭圆形，先端具尖嘴。全株药用，根皮和茎皮作木槿皮入药，能清热利湿、解毒止痒，花能清热解毒、消炎，果实能解毒止痛、清肝化痰。

本科药用植物还有：草棉 *Gossypium herbaceum* L.，各地栽培，根能补气、止咳、平喘，种子（棉籽）能补肝肾、强腰、催乳，有毒慎用；冬葵 *Malva verticillata* L. 的果实，可利水、滑肠、下乳。

㉒ 桃金娘科 Myrtaceae $\lightning$ * $K_{(4\sim5)} C_{4\sim5} A\infty \underline{G}_{(2\sim5)}$，$\overline{G}_{(2\sim5)}$

a. 本科识别要点　常绿木本，多具挥发油。单叶对生，具透明腺点，无托叶。花两性，辐射对称，单生或集成穗状、伞房状、总状或头状花序；花萼 4～5 裂，宿存；花瓣 4～5，着生于花盘边缘，或与萼片连成一帽状体；雄蕊多数，花丝分离或合生成一至多体，药隔顶端常有 1 腺体；心皮 2～5，合生，下位或半下位子房，1 至多室，每室多数胚珠，花柱单生。浆果、核果或蒴果。种子无胚乳。

本科约 75 属 3000 余种，分布于热带和亚热带地区。我国原产 8 属 89 种，分布于长江以南地区，另引种8属73种，药用10属30余种。

本科药用植物含有挥发油类、三萜类等化学成分。

b. 药用植物举例

桃金娘*Rhodomyrtus tomentosa*（Ait.）Hassk.，常绿灌木。叶对生，近革质，椭圆形或倒卵形。聚伞花序，有花1～3朵；花萼5裂，不等长；花瓣5，玫瑰红色；雄蕊多数，分离；下位子房，2～6室。浆果熟时暗紫色。全株药用。果实入药，称山稔子，可养血止血、涩肠固精，根能祛风活络、收敛止泻，叶、花能止血。

图1-4-51 丁香
1—枝条；2—花蕾；3—花蕾纵剖面

丁香*Syzgium aromaticum*（L.）Merr. et Perry，其形态如图1-4-51所示。常绿乔木。叶对生，长椭圆形，羽状脉具透明油腺点。聚伞花序顶生；萼筒4裂，花瓣4，淡紫色，具浓烈香气；雄蕊多数；下位子房，2室。浆果红棕色具宿存萼片。原产于马来群岛及东非沿海地区，我国广东、广西、海南、云南等地有引种栽培。药用花蕾（公丁香）、果实（母丁香），具有温中降逆、补肾助阳功效。

蓝桉*Eucalyptus globulus* Labill.，常绿乔木，树皮成薄片状剥落，幼枝呈方形。叶蓝绿色，被白粉，披针形，常一侧弯曲，具腺点，侧脉末端于叶缘处合生。花白色；花萼与花瓣合生呈帽状。杯形蒴果。挥发油入药，称桉油，能祛风止痛。

㉓ 五加科 Araliaceae $\male \ast K_5 C_{5 \sim 10} A_{5 \sim 10} \overline{G}_{(2 \sim 15 : 2 \sim 15 : 1)}$

a. 本科识别要点 木本，稀多年生草本，茎有时具刺。叶多为掌状复叶或羽状复叶，少单叶，多互生。花两性或杂性，稀单性异株，花小，辐射对称；花序伞形、头状、总状或穗状，或有时再集成圆锥状；花萼5，通常不显著；花瓣5～10，稀顶部连合成帽状；雄蕊多与花瓣同数而互生，生于花盘边缘，花盘肉质生于子房顶部；心皮2～15，合生，下位子房。2～5室，每室有1倒生胚珠。浆果或核果。

本科约80属900多种，多分布于热带和温带地区。我国有23属170余种，药用19属100余种，除新疆外，各地均有分布。

本科药用植物含有黄酮、香豆素、酚类和三萜皂苷等化学成分。

b. 药用植物举例

人参*Panax ginseng* C. A. Meyer，其形态如图1-4-52所示。多年生草本，主根粗壮，肉质，顶端具根茎，习称"芦头"。掌状复叶轮生茎端，通常第一年生者生一片三出复叶，二年生者生一片掌状五出复叶，三年生者生二片掌状五出复叶，以后每年递增一复叶，最多可达6片复叶。复叶有长柄，中央小叶最大，卵圆形，上面脉上疏生刚毛，下面无毛，叶缘有细锯齿。伞形花序顶生，总花梗比叶长；花萼5齿裂；花瓣5，淡黄绿色；雄蕊5；花盘杯状；2心皮合生。浆果状核果，熟时鲜红色。分布于东北，现多栽培。肉质根药用，为著名滋补强壮药，能大补元气、复脉固脱、补脾益肺、生津安神。

西洋参*Panax quinquefolium* L.，本种与人参很相似，主要区别是西洋参的总花梗与叶柄近等长，小叶片椭圆形，上面脉上几无刚毛，先端突尖。原产于北美，现我国吉林、辽宁、河北、陕西等地已引种成功。根药用，能补肺降火、养胃生津。

三七（田七）*Panax notoginseng*（Burk.）F. H. Chen，多年生草本，其形态如图1-4-53所示。主根粗，肉质，倒圆锥形或圆柱形，具疣状突起的分枝。掌状复叶，小叶片上下脉上

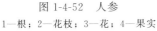

图 1-4-52　人参
1—根；2—花枝；3—花；4—果实

图 1-4-53　三七
1—果株；2—根；3—花

均密生刚毛。伞形花序顶生，具 80 朵以上小花。根、花药用。多栽培，分布于广西、云南和四川等地。根具有止血散瘀、消肿定痛功效；花能清热、降压、平肝。

同属植物竹节参 *P. japonicum* C. A. Mey.，多年生草本。根茎横卧，节结膨大，节间短，每节具一浅环形的茎痕，呈竹鞭状。中央小叶椭圆形或长圆形，基部钝。珠子参 *P. japonicum* C. A. Mey var. *major*（Burk.）C. Y. Wu et K. M. Fang.，根茎细，节间长，节膨大成珠状或纺锤状，形似纽扣，故名"纽子七"。根状茎药用，能舒筋活而络、补血止血。

刺五加 *Acanthopanax senticosus*（Rupr. et Maxim.）Harms 灌木，茎枝密生细长倒刺。掌状复叶互生，具 5 小叶，稀 3 或 4，叶下面脉密生黄褐色毛。伞形花序顶生，单个或 2～4 聚生，花多而密；花萼绿色与子房合生，萼齿 5；花瓣 5，黄色；雄蕊 5；子房 5 室，花柱全部合生成柱状。核果浆果状，紫黑色，干后有 5 棱。先端具宿存花柱。生于林缘、灌丛中，东北、华北及陕西、四川有分布。根、根茎及茎药用，具有益气健脾、补肾安神功效。

本属多种植物亦可作刺五加药用，如五加 *A. gracilistylus* w. w. smith、无梗五加 *A. sessiliflorus*（Rupr. et Maxim.）seem.、糙叶五加 *A. henryi*（Oliv.）Harms 等。

本科药用植物还有：通脱木 *Tetrapanax papyrifera*（Hook）K. Koch，茎髓（通草）能清热利尿、通气下乳；刺楸 *Kalopanax septeml*. Bus（Thunb.）koidz.，树皮（川桐皮）能通络、除湿；树参 *Dendropanax dentiger*（Harms）Merr.，根、茎、叶能活血、祛风；土当归 *Aralia cordata* Thunb. 和短序楤木 *A. henryi* Harms 两种的根茎称"九眼独活"，能散寒止痛、除湿祛风。

㉔ 伞形科 Umbelliferae ⚥ * K$_{(5),0}$C$_5$A$_5\overline{G}_{(2:2:1)}$

a. 本科识别要点　草本，多含挥发油而具香气。茎中空。叶互生，一至多回三出复叶或羽状分裂；叶柄基部扩大成鞘状。花两性或杂性，辐射对称，花序复伞形或伞形，基部具总苞片，稀头状，小伞形花序的柄称伞辐，基部常有小总苞片；萼齿 5 或不明显；花瓣 5，顶端圆或具内折的小舌片；雄蕊 5，与花瓣互生，着生于花盘的周围；下位子房，2 心皮合生，2 室，每室 1 胚珠，子房顶部具盘状或短圆锥状的花柱基，花柱 2。双悬果，成熟时沿 2 心皮合生面裂成二分果瓣，分果瓣通过纤细的心皮柄与果柄相连。每个分果具 5 条主棱（背棱 1 条，中棱 2 条，侧棱 2 条），有时在主棱之间还有次棱，棱与棱之间称棱槽；外果皮中具纵向油管 1 至多条。

本科约 270 余属 2900 种，广布于热带、亚热带和温带地区。我国约 95 属 600 余种，药用55属234种，广布全国各地。

本科药用植物多含有挥发油、黄酮类、香豆素类、生物碱和三萜皂苷等化学成分。

b. 药用植物举例

当归Angelica sinensis（Oliv.）Diels，多年生草本。主根和支根肉质，黄棕色，具特异香气。茎直立，绿色或带紫色。叶二至三回三出羽状全裂，末回裂片卵形或卵状披针形，下面具乳头状细毛，边缘具锯齿，叶柄基部膨大成鞘状。复伞形花序顶生，总苞片线形，2或无，伞梗10～14条，花白色或紫色，花瓣先端内折；雄蕊5；下位子房，花柱基圆锥形。双悬果背腹压扁，侧棱发育成薄翅，每棱槽内有油管1，合生面2个。多栽培，分布于西北、西南地区。根药用，能调经止痛、补血活血、润肠通便。

白芷（兴安白芷）Angelica dahurica（Fisch. ex Hoffm.）Benth et Hook. f. 多年生草本。根圆柱形，具分枝。茎粗2～5cm，紫色，有纵沟纹。叶二至三回羽状分裂，叶柄基部成囊状膜质鞘。复伞形花序，伞辐17-40-70，总苞片缺或1～2，膨大成鞘状；小总苞片5～10或更多；花小，花瓣白色，先端内凹。长圆形双悬果，背棱扁，侧棱翅状，棱槽中有1油管，合生面有2。多栽培，分布于东北、华北。根药用，具有通窍止痛、散风祛寒、燥湿、排脓、止痛功效。

杭白芷Angelica dahurica（Fisch.）Bentt. et Kook. f. var. formosana（Boiss.）Shan at Yuan，本种植株较矮。茎及叶鞘多为黄绿色。根上部近方形或类方形，灰棕色，皮孔突起明显，大而突出。根药用，同白芷。

本属植物还有：川白芷A. anomala Lallem.，根作白芷入药，含白芷素、白芷素醚和白芷毒素；重齿毛当归A. biserrata Yuan at Shan，根入药，称"川独活"，能散寒止痛、祛风除湿。

柴胡Bupleurum chinense DC. 多年生草本。主根坚硬，纤维性强，表面黑褐色或浅棕色，根头膨大，下部多分枝。茎单生或丛生，上部分枝稍成"之"字形弯曲。叶互生，基生叶线状披针形或倒披针形。茎生叶长圆状披针形或倒披针形，全缘，平行脉5～9条。复伞形花序；伞辐3～8；总苞片2～3，狭披针形；花黄色。双悬果长圆形，棱槽中具3条油管，合生面有4条。生于向阳山坡，在东北、华北、华东、西南、中南等地区有分布。根药用，能发表退热、疏肝升阳。

同属植物有：狭叶柴胡B. scorzonerifolium Willd.，根较细，质柔，不具纤维性，表面红棕色或黑棕色，顶端具多数细毛状枯叶纤维，下部分枝少。叶线形或狭线形，边缘呈白色，骨质。分布于东北、华北、西北及华东地区。根入药，同柴胡。

川芎Ligusticum chuanxiong Hort.，其形态如图1-4-54所示。多年生草本。全草具浓郁香气。根茎呈不规则的结节状拳形团块，具多数须根。茎直立，茎部的节膨大呈盘状（俗称苓子）。叶互生，二至三回羽状复叶；小叶3～5对，羽状全裂。复伞形花序，伞辐10～24，总苞片3～6，小总苞片2～7，线形；花白色，萼齿不明显。卵形双悬果，分果背棱棱槽中有油管3，侧棱槽中有2～5，合生面4～6。多栽培，分布于西南地区。根茎药用，具有活血行气、祛风止痛功效。

珊瑚菜Glehnia littoralis Fr. Schmidt et Miq.，多年生草本。全株被柔毛，主根肉质，细长，分枝少。叶3出式分裂或3出式2回羽状复叶，末回裂片倒卵形至卵圆形，叶缘具缺刻状锯齿，齿缘白色软骨质。复伞形花序顶生，密生灰褐色长柔毛；花白色。双悬果圆球形或椭圆形，果棱有木栓质翅，被棕色粗毛。根入药，称北沙参，能养阴清肺、益胃生津。

防风Saposhnikavia divaricata（Turcz.）Schischk.，多年生草本，其形态如图1-4-55所示。根粗壮，上部密生纤维状叶柄残基及明显的环纹，淡黄棕色。茎单一，二歧状分枝。叶2～3回羽状分裂，末回裂片狭楔形，三深裂，裂片披针形。复伞形花序多数，顶生，形

图 1-4-54　川芎

1—花枝；2—基部茎及地下块茎与根；
3—花；4—未成熟的果实

图 1-4-55　防风

1—植株上部；2—带叶茎段；3—根；4—花；
5—雄蕊；6—雌蕊和花萼；7—双悬果

成聚伞状圆锥花序；无总苞片；小总苞片 4～6；花白色。双悬果狭圆形或椭圆形，每棱槽具油管 1，合生面 2。生于草原或山坡，分布于我国华东、东北等地。根药用，可解表祛风、燥湿止痉。

蛇床 *Cnidium monnieri*（L.）Cuss.，一年生草本。茎多分枝，基生叶具短柄，2～3 回三出式羽状全裂，末回裂片线形或线状披针形。复伞形花序顶生或侧生；总苞片 6～10，线形至线状披针形；小总苞片多数；花白色。长圆形分果，主棱 5，均扩展成翅状，每棱槽中有油管 1，合生面 2。果实入药，称蛇床子，能温肾壮阳、燥湿、祛风、杀虫。

积雪草 *Centella asiatica*（L.）urb.，多年生匍匐草本。茎节生根。单叶互生，圆肾形，具钝齿。伞形花序腋生；花红紫色，花柱基不明显。扁圆形双悬果，主棱和次棱同样明显。全草药用，具有清热利湿、解毒消肿功效。

紫花前胡 *Peucedanum decursivum*（Miq.）Maxin.，多年生草本，其形态如图 1-4-56 所示。根粗大，圆锥形，有分枝。茎具浅纵沟，紫色，叶一至二回羽状分裂。复伞形花序顶生或侧生，伞辐 10～20，紫色，有柔毛；总苞片 1～2；小总苞片数枚；花瓣深紫色。椭圆形双悬果，背部扁平。生于山地林下，在浙江、湖南、江西等省区有分布。根药用，能化痰止咳、散风热。

本科药用植物还有：小茴香 *Foeniculum vulgare* Mill.，原产于地中海地区，现各地栽培，果实能散

图 1-4-56　紫花前胡

1—根及根部叶；2—花枝；3—花；4—果实

寒止痛、理气和胃；明党参 *Changium smyrnioides* Wolff，分布于江苏、安徽、浙江、江西等地，根能润肺化痰、养阴和胃；天胡荽 *Hydrocotyle sibthorpioides* Lam.，分布于华东、中南、西南及陕西，全草能清热、利尿、解毒消肿；峨参 *Anthriscus sylvestris*（L.）Hoffm.、胡萝卜 *Daucus carota* L. var. *sativa* DC.、芫荽 *Coriandrum sativum* L.、芹菜 *Apium graveolens* L. var. *dulce* DC. 等为重要的蔬菜。

（2）合瓣花亚纲 Sympetalae　合瓣花亚纲又称后生花被亚纲（Metachlamydeae），主要特征是花瓣多少连合成合瓣花冠。花冠有漏斗状、唇形、钟状、管状、舌状等多种类型，花冠的连合增加了对虫媒传粉的适应及对雄蕊和雌蕊的保护，是较离瓣花类进化的类群。

㉕ 木犀科 Oleaceae　♀ * K$_{(4)}$C$_{(4)}$,0A$_2$G$_{(2:2)}$

a. 本科识别要点　灌木或乔木。叶对生，稀互生或轮生，单叶、三出复叶或羽状复叶。花为圆锥、聚伞花序或簇生，稀单生；花辐射对称，两性，稀单性异株；花萼通常4裂，或先端近平截；花瓣4，合生，稀无花瓣；雄蕊2，稀4；着生于花冠上，上位子房，2心室，每室具2胚珠。翅果、核果、蒴果或浆果。

本科约27属400余种，广布于温带和热带地区，我国有12属约178种，其中药用8属80余种。南北各地均有分布。

本科药用植物常含苷类、酚类、香豆素类、挥发油和苦味素类化学成分。

b. 药用植物举例

图 1-4-57　连翘
1—果枝及其茎剖面；2—花枝；3—花；
4—雌、雄蕊；5—展开花冠；6—果实；7—种子

连翘 *Forsythia suspense*（Thunb）Vahl. 落叶灌木，其形态如图 1-4-57 所示。落叶灌木。茎直立，嫩枝具四棱，枝条先端常下垂。单叶或羽状复叶，对生，卵形或长椭圆形。先叶后花，花冠黄色；雄蕊 2 枚，着生于花冠筒基部；上位子房，2 心室。木质蒴果狭卵形，果皮具瘤状皮孔。种子多数，具翅。栽培或生于荒野山坡，华北、东北等地有分布。果实药用，分青翘和老翘，前者为近成熟带绿色未开裂的果实，后者为熟透干裂的果实，具有清热解毒、消肿散结功效。

梣（白蜡树）*Fraxinus chinensis* Roxb.，落叶乔木。叶对生，奇数羽状复叶，小叶 5～7 枚，卵状披针形至倒卵状椭圆形，具锯齿。雌雄异株；圆锥花序顶生；雄花密集，花萼钟状，无花瓣；雌花疏离，花萼大，筒状。翅果倒披针形。西南地区常放养白蜡虫，其雄虫可分泌虫白蜡作药用或工业用。生于山间向阳坡地湿润处，有栽培，我国南北大部分地区有分布。茎皮药用，称秦皮，能清热燥湿、收涩明目。

同属植物苦枥白蜡树 *F. rhynchophylla* Hance.、尖叶白蜡树 *F. szaboana* Lingelsh. 和宿柱白蜡树 *F. stylosa* Lingelsh. 的树皮均可作秦皮入药。

女贞 *Ligustrum lucidum* Ait.，常绿乔木。单叶对生，长卵形至阔椭圆形，革质。圆锥花序顶生；花小，花冠漏斗状，4 裂，白色；雄蕊 2，着生于花冠喉部，花丝伸出花冠外；雌蕊 1，上位子房，2 心室。长圆形核果，微弯曲，熟时深蓝黑色。生于混交林或林缘、谷地，多栽培，长江流域以南有分布。果实药用，称女贞子，具有滋补肝肾、明目乌发功效。

本科药用植物还有：木犀 *Osmanthus fragrans* Lour. 俗称桂花，为名贵香料，各地均有栽培。

㉖ 夹竹桃科 Apocynaceae ⚥ * $K_{(5)}C_{(5)}A_5\underline{G}_{(2:1\sim2)}$

a. 本科识别要点　多木本，少草本。具白色乳汁或水液，多有毒。单叶对生或轮生，少互生；全缘。花两性，辐射对称，单生，或成聚伞花序；花萼、花冠5裂；花瓣合生，上部5裂，覆瓦状排列，花冠喉部常具副花冠，或鳞片状、毛状附属物；雄蕊5，着生于花冠筒上，花药长圆形或箭头形，分离或互相粘连并与柱头贴生，通常具花盘；上位子房，稀半下位，2心皮，离生或合生，1～2室。浆果、蒴果、核果或蓇葖果。种子一端常具毛或翅，具胚乳。

本科250属2000余种，分布于热带或亚热带地区。多有毒。我国约有46属176种，药用35属95种。主要分布于长江以南各省区。

本科药用植物含强心苷类和吲哚类生物碱化学成分。

b. 药用植物举例

*罗布麻 Apocynum venetum* L.，半灌木，枝条常对生，带紫红色或淡红色，无毛，具乳汁。单叶对生，叶片披针形或矩圆形，叶缘具细齿。花冠圆筒状钟形，紫红或粉红色，具柔毛；雄蕊5；子房由2离生心皮组成。双生蓇葖果，下垂。种子一端具白色种毛。分布于北方各省区及华东地区。全草药用，具有清热平肝、强心、利尿、安神、降压和平喘功效。

*萝芙木 Rauvolfia verticillata*（Lour.）Baill.，直立灌木，多分枝，全体无毛，具乳汁。单叶对生或轮生，长椭圆形或披针形。顶生聚伞花序；花冠白色，高脚碟状，先端5裂，向左旋转；雄蕊5，着生于花冠筒中部膨大处；心皮2，离生。核果椭圆形，熟时由红变紫黑色。分布于华南、西南地区。全株药用，具有镇静、降压、活血止痛功效，也是提取"利血平"和"降压灵"的原料。

*长春花 Catharanthus roseus*（L.）G. Don，其形态如图1-4-58所示。多年生草本或半灌木，光滑无毛，具水液，单叶对生，倒卵状矩圆形。聚伞花序，具花1～3朵；花冠淡红色或白色，高脚碟状，先端5裂；雄蕊5；花盘为2枚舌状腺体组成，与心皮互生。蓇葖果2个，种子具颗粒状小瘤突起。我国西南、华南、华东地区有分布。全株有毒。全株药用，具有抗癌、抗病毒、利尿、降血糖等作用，常提取长春碱和长春新碱。

本科药用的还有：络石 *Trachelospermum Jasminoides*（Lindl.）Lem.，茎叶能祛风通络、活血止痛；黄花夹竹桃 *Thevetia peuviana*（Pers.）K. Schum.，全株有毒，具强心、利尿和消肿作用；羊角拗 *Strophanthus divaricatus*

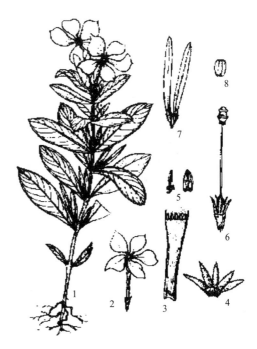

图 1-4-58　长春花

1—植株；2—花；3—部分展开花冠，示雄蕊着生状态；
4—花萼；5—雄蕊；6—雌蕊；7—果实；8—种子

（Lour.）Hook. et Aan.，全株有毒，可作杀虫药，民间用于治蛇咬伤；杜仲藤 *Parabarium micranthum*（DC.）. Pierre，树皮入药称红杜仲，能祛风活络，强筋壮骨。

㉗ 旋花科 Convolvulaceae ☿ ∗ $K_5 C_{(5)} A_5 \underline{G}_{(2:1\sim2)}$

a. 本科识别要点　多为缠绕草质藤本，稀木本，常具乳汁。单叶互生，无托叶。花两性，辐射对称，单生或为聚伞花序；萼片 5 枚，常宿存；花冠通常呈漏斗状、钟状、坛状等，全缘或微 5 裂，蕾期旋转折扇状或镊合状至向内镊合状排列；雄蕊 5 枚，着生在花冠管上；上位子房，常由花盘包围，2 心皮合生，1～2 室，有时因假隔膜而成 4 室，每室具胚珠 1～2 枚。蒴果，稀浆果。

本科 56 属 1800 多种，分布于热带至温带地区。我国有 22 属约 128 种，药用 16 属 54 种。南北均有分布。

本科药用植物含黄酮类、香豆素类和莨菪烷类生物碱化学成分。

b. 药用植物举例

裂叶牵牛 *Pharbitis nil*（L.）Choisy 其形态如图 1-4-59 所示。一年生缠绕草本，全体被粗毛，单叶互生，阔卵形，先端 3 浅裂，基部心形。花单生或 2～3 朵生于花梗顶端；萼片 5，条状披针形；花冠白色、蓝紫色或紫红色，漏斗状；雄蕊 5；上位子房，3 室，每室具胚珠 2 枚。蒴果。种子卵圆形，黑色或淡黄白色。全国大部分地区有分布。种子药用，黑色种子称黑丑，淡黄白色种子称白丑，具有泻水通便、消痰涤饮、杀虫攻积功效。

同属植物圆叶牵牛 *P. purpurea*（L.）Voit. 的种子同作牵牛子入药。

菟丝子 *Cuscuta chinensis* Lam.，其形态如图 1-4-60 所示。一年生寄生草本，茎纤细，缠绕，黄色，多分枝，叶退化成鳞片状。花簇生成球形，花梗粗壮；花萼杯形，中部以下连合；花冠白色，壶状，裂片 5，内面基部有 5 枚鳞片，边缘流苏状；雄蕊 5，着生于花冠喉部；上位子房，2 心皮合生，柱头 2，分离。近球形蒴果，熟时被宿存的花冠所包围，盖裂。种子黄褐色，卵形，表面粗糙。多寄生于豆科、菊科、藜科植物上。全国大部分地区有分布。种子药用，具有滋补肝肾、固精缩尿、安胎、明目、止泻功效。

图 1-4-59　裂叶牵牛
1—花枝；2—果序；3—花萼及雌蕊；
4—展开花冠（示雄蕊）；5—种子

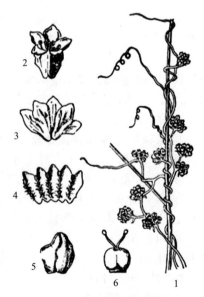

图 1-4-60　菟丝子
1—植株外形；2—花；3—花萼展开（背面观）；
4—展开花冠（示雄蕊）；5—苞片；6—雌蕊

同属植物日本菟丝子 *C. japonica* Choisy（柱头单一，先端两裂）和南方菟丝子 *C. australis* R. Br. 的种子亦可作菟丝子入药。

本科药用植物还有：丁公藤 *Erycibe obtusifolia* Benth. 和光叶丁公藤 *E. schmidtii* Craib.，茎藤可祛风除湿，消肿止痛；马蹄金 *Dichondra repens* Forst.，全草用于消炎解毒和接骨；甘薯 *Ipomoea batatas*（L.）Lam. 为重要的粮食作物；蕹菜 *I. aquatica* Forsk.，亦称空心菜，为常见蔬菜，亦可药用。

㉘ 马鞭草科 Verbenaceae ☿ $K_{(4\sim5)} C_{(4\sim5)} A_4 \underline{G}_{(2:4)}$

a. 本科识别要点　木本，稀草本，常具特异臭味。单叶或掌状复叶，常对生，无托叶。穗状或聚伞花序，或聚伞花序再排成头状、圆锥状或伞房状；花两性，两侧对称，花萼 4～5 裂，宿存，常在果实成熟时增大；花冠基部成筒形，上部 2 唇形，或 4～5 不等分裂；雄蕊 4，常 2 强，着生于花冠管上部或基部；上位子房，2 心皮合生，全缘或 4 裂，每室具胚珠 1～2；花柱顶生，柱头 2 裂或不裂。浆果或蒴果状核果。

本科约 80 属 3000 余种，多分布于热带和亚热带地区。我国有 21 属 175 种，药用 15 属 100 余种，主要分布于长江以南各省。

本科药用植物含黄酮类、醌类、挥发油及环烯醚萜类化学成分。

b. 药用植物举例

马鞭草 *Verbena officinalis* L.，其形态如图 1-4-61 所示。多年生草本。茎四棱形。叶对生，卵圆形、倒卵形至矩圆形，基生叶具粗锯齿及缺刻；茎生叶多 3 深裂，裂片边缘具不整齐锯齿，被粗毛。细长穗状花序，顶生或腋生；花萼管状，先端 5 裂；花冠淡紫色或蓝色，5 裂，略二唇形；雄蕊 4，2 强。子房 4 室，每室具 1 胚珠。果实藏于萼内，成熟时裂为 4 枚小坚果。我国各地有分布。全草药用，具有活血散瘀、截疟解毒、利水消肿功效。

图 1-4-61　马鞭草
1—植株外形；2—花；3—花冠展开（示雄蕊）；
4—花萼展开（示雌蕊）

蔓荆 *Vitex trifolia* L.，落叶灌木，嫩枝四方形。掌状 3 出复叶，小叶卵形或长倒卵形全缘，叶背密生灰白色绒毛。圆锥花序顶生；花萼钟状，5 齿裂，宿存；花冠淡紫色或蓝紫色，5 裂，2 唇形；雄蕊 4，伸出花冠外。黑色球形核果。生于海边、沙滩、河湖旁，沿海各省有分布。果实药用，具有疏散风热、清利头目功效，叶可提取芳香油等。

单叶蔓荆 *V. trifolia* L. var. *simplicifolia* Cham.，主茎匍匐，单叶。分布于我国沿海各省，用途同蔓荆，主产于山东、福建等地。

本属的牡荆 *V. negundo* L. var. *cannabifolia*（Sieb. et Zucc.）Hand.-Mazz.，掌状复叶，小叶 5 枚。新鲜叶片或从中提取的牡荆油入药可祛痰、止咳、平喘。

路边青 *Clerodendrum cyrtophyllum* Turcz.，灌木或小乔木。单叶对生，卵形至椭圆形，全缘，背面常具腺点。聚伞花序伞房状；花萼钟形，宿存，果时增大呈紫红色；花冠管状，白色，5 裂；雄蕊 4，着生花冠喉部，伸出花冠外。核果浆果状，熟时紫色。叶入药，有清热解毒、凉血止血的作用，为药材"大青叶"的原植物之一。

本科药用植物还有：臭梧桐 *C. trichotomum* Thunb. 、臭牡丹 *C. bungei* Steud. 等的茎叶可用于风湿症、高血压等疾病的治疗；兰香草 *Caryopteris incana*（Thunb.）Miq.，全株能散瘀止痛、祛痰止咳等；马缨丹 *Lantana camara* L.，根能解毒，散结止痛，枝、叶亦药用。

㉙ 唇形科 Labiatae $\Diamond K_{(5)} C_{(5),(4)} A_{4,2} \underline{G}_{(2:4)}$

a. 本科识别要点　多为草本，稀木本，常含挥发油而具香气。茎四棱。单叶对生。花序为腋生聚伞花序，常再集成穗状、总状、圆锥状或头状花序；花两性，两侧对称；花萼5裂，宿存，果时常不同程度增大；花冠5裂，二唇形（上唇2裂，下唇3裂），少为单唇形（无上唇，5个裂片全在下唇。）或假单唇形（上唇很短，2裂，下唇3裂），花冠筒常有毛环，花冠筒基部常具蜜腺；雄蕊4枚，2强，或上面2枚不育，着生于花冠筒上，花药2室，常呈分叉状，或药隔叉开后下延，1药室退化成杠杆的头，常具花盘；上位子房，2心皮合生，通常4深裂而成4室，每室具胚珠1枚，花柱着生于4裂子房中央基部。小坚果4枚。

图1-4-62　黄芩
1—植株上部；2—根

本科约220属3500种，广布全球。我国约99属808种，药用75属436种，全国各地均有分布。

本科药用植物多含挥发油，另外还有黄酮类、生物碱类和二萜类化学成分。

b. 药用植物举例

黄芩 *Scutellaria baicalensis* Georgi，其形态如图1-4-62所示。多年生草本。主根粗状，茎多分枝，基部伏地，四棱形。单叶对生，披针形，全缘，背面密被黑色下陷的腺点。总状花序顶生；花偏向一侧；花萼两唇形，上唇背部具盾状物；花冠紫色至白色，两唇形，上唇盔形，筒部细长，基部膝曲；雄蕊4，2强。小坚果4枚，近球形，包于宿存萼中。分布于东北、华北等地区。根药用，具有清热燥湿、泻火解毒、止血安胎功效。

益母草 *Leonurus heterophyllus* Sweet，一或二年生草本，茎方形，被倒向糙伏毛。基生叶近圆形，有长柄；茎生叶掌状3深裂，裂片通常再分裂，上部叶常裂成狭条形。轮伞花序腋生，小苞片针刺状；花萼具5齿裂，裂片刺芒状，宿存；花冠唇形，粉红至淡紫红色，上唇全缘，下唇3裂，中裂片倒心形；雄蕊4，2强；子房深4裂。三棱形小坚果，褐色。全国各地有分布。全草药用，具有活血调经、利尿消肿、清热解毒功效；果实（茺蔚子）具有活血调经、清肝明目作用。

本属国产12种2变型。其中细叶益母草 *L. sibiricum* L.，也可作益母草入药，主产于西北和内蒙古等地；錾菜 *L. pseudo-macranthus* Kitag.，在局部地区作益母草入药；突厥益母草 *L. turkestanius* V. Krecz. et Kupr.，在新疆作益母草入药。

丹参 *Salvia miltiorrhiza* Bunge，多年生草本。全株密被淡黄色柔毛及腺毛。根粗大，肉质，表面砖红色。茎4棱。羽状复叶对生；小叶5～7，卵圆形，具粗齿。轮伞花序再排成假总状；花萼近钟形，紫色；花冠二唇形，紫蓝色，管内有毛环，上唇近盔状，下唇3裂，中裂片较大，先端2浅裂；雄蕊2，着生于下唇的中部，药隔伸长呈杠杆状，上端药室发育，下端药室退化；子房4深裂，花柱着生子房基底。长圆形小坚果。全国大部分地区有分布，也有栽培种。根入药，具有祛淤止痛、活血调经、清心除烦功效。

半枝莲 *S. barbata* D. Don，全草入药，能清热解毒、散瘀止血、利尿消肿，临床上用于多种癌症的治疗。

薄荷 *Mentha haplocalyx* Briq.，其形态如图 1-4-63 所示。多年生芳香草本，四棱茎。单叶对生，叶片披针形至长圆形，两面具腺鳞及柔毛。边缘具细锯齿。轮伞花序腋生；钟形花萼，5 裂；花冠淡紫色或白色，4 裂，上唇裂片较大，先端 2 浅裂，下唇 3 裂，裂片近等大；雄蕊 2 强。卵球形小坚果。生于潮湿处，分布于全国各地，多栽培。全草药用，具有宣散风热、清头目、透疹功效。

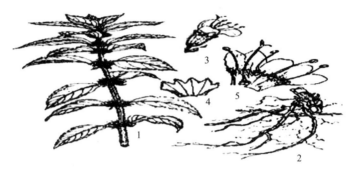

图 1-4-63　薄荷
1—花枝；2—根茎和根；3—花；4—花萼展开；5—花剖开，示雄蕊和雌蕊

紫苏 *Perilla frutescens* (L.) Britt. var. *arguta* (Benth.) Hand. Mazz.，一年生草本，被长柔毛，具特异芳香。茎四棱，多分枝。单叶对生，叶片卵圆形，具粗圆齿，绿色、两面紫色或仅下面紫色。轮伞花序排成穗状；萼钟形，宿存；果时增大成囊状；花冠唇形，白色或紫红色；雄蕊 4，2 强，生于花冠筒中部。小坚果近球形。多栽培，全国各地有分布。嫩枝及叶、种子药用，嫩枝及叶称紫苏叶解表散寒，行气和胃；茎入药称紫苏梗，能理气宽中、止痛安胎；种子称紫苏子，能降气消痰、平喘润肠。

本种栽培历史悠久，变异类型较多，除叶色和花色显著不同外，还有数个变种，如野生紫苏 *Perilla frutescens* var. *acuta* (Thunh.) Kudo.、耳叶变种 *Perilla frutescens* var. *auriculato-dentata* C. Y. Wu.、回回苏 *Perilla frutescens* var. *crispa* (Thunb.) Hand.-Mazz.，入药同紫苏。

夏枯草 *Prunella vulgaris* L.，多年生草本，具匍匐的根状茎。地上茎多分枝，四棱，紫红色。单叶对生，卵状矩圆形。轮伞花序每轮 6 朵花集成顶生穗状花序，呈假穗状；花萼二唇形，上唇顶端平截，具 3 齿，下唇具 2 齿；花冠唇形，红紫色，下唇中裂片宽大，边缘呈流苏状。矩圆状卵形小坚果。我国大部分地区有分布。全草或果穗入药，能清火明目、散结消肿。

广藿香 *Pogostemon cablin* (Blanco) Benth.，多年生草本，老茎外皮木栓化，全株密被短柔毛。叶对生，叶片卵圆形或长椭圆形，具粗锯齿。轮伞花序密集呈穗状，顶生或腋生；花冠紫色，外被长毛；雄蕊外伸，具髯毛。原产于菲律宾等亚洲热带地区，我国广东、海南、广西等地有栽培。全草药用，具有芳香化浊、开胃止呕、发表解暑功效。

本科植物藿香 *Agastache rugosa* (Fisch. et Meyer) O. Ktze.，广布于全国各地。茎叶能祛暑解表、化湿和胃。

㉚ 茄科 Solanaceae ♀ * K$_{(5)}$ C$_{(5)}$ A$_{5,4}$ G$_{\underline{(2:2)}}$

a. 本科识别要点　草本或木本。单叶或复叶，互生，无托叶。花辐射对称，两性，单生、簇生或为各式聚伞花序、伞房花序、伞形花序；花萼通常 5 裂，宿存，果时常增大；花冠合瓣成辐状、漏斗状、高脚碟状或钟状，5 裂；雄蕊 5，着生花冠筒上，与花冠裂片同数而互生；上位子房，2心皮合生，2心室，有时由于假隔膜而形成不完全4室，或胎座延伸成假多室，中轴胎座，胚珠多数。蒴果或浆果。种子圆盘形或肾形。

本科约80属3000种，广布于温带及热带地区。我国产26属107种，药用25属84种，各省区都有分布。

本科药用植物主要含有生物碱类化学成分，如颠茄碱、莨菪碱和烟碱等。

b. 药用植物举例

白花曼陀罗 *Datura metal* L.，其形态如图1-4-64所示。一年生粗壮草本，有毒。单叶互生，卵形或宽卵形，基部偏斜，边缘具波状齿或全缘。花单生叶腋；花萼筒状，先端5裂，花后于近基部周裂而脱落，基部宿存，果期增大成盘状；花冠漏斗状，白色，5裂，裂片三角状，栽培者有重瓣类型增大；雄蕊5；子房不完全4室。蒴果近球形，表面疏生粗短刺，成熟后4瓣开裂。种子扁平，多数。我国各省区有分布。花药用，称洋金花，具有止咳平喘、镇痛解痉功效。

同属的多种植物均可作洋金花入药。如：曼陀罗 *D. Stramomium*，花白色，果实直立，成熟时由顶端向下4裂，蒴果具长短不等的硬刺，种子黑色；无刺曼陀罗 *D. Inermis*，花白色，果实直立，成熟时由顶端向下4裂，蒴果光滑无刺，种子黑色；紫花曼陀罗 *D. Tatula*，花紫色，果实直立，成熟时由顶端向下4裂，蒴果具等长的针刺，种子黑色；毛曼陀罗 *D. innoxia*，果实非直立，成熟时由顶端作不规则开裂，种子淡褐色叶密生白色腺毛和短毛，蒴果下垂，近圆形或卵形，表面密生长刺。

宁夏枸杞 *Lycium barbarum* L.，其形态如图1-4-65所示。灌木或呈小乔木状，具枝刺，果枝细长，常下垂。单叶互生或丛生，披针形或长圆状披针形。花单生叶腋，或数朵簇生于短枝上；花萼杯状，先端2～3裂；花冠漏斗状，5裂，粉红色或紫红色，具暗紫色脉纹，花冠管长于裂片。雄蕊5，着生处上部具1圈柔毛。浆果宽椭圆形，红色。各地有栽培，主产于宁夏、青海和甘肃等省区。果实、根皮药用，果实能滋补肝肾，益精明目；根皮称地骨皮，具有凉血除蒸、清肺降火功效。

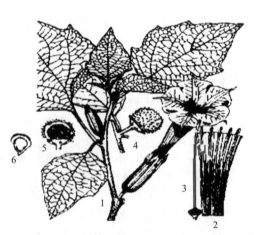

图1-4-64　白花曼陀罗

1—花枝；2—部分花冠，示雄蕊着生情况；
3—雌蕊；4—果枝；5—果实纵切面；6—种子

图1-4-65　宁夏枸杞

1—果枝；2—根；3—花；4—雌蕊；
5—雄蕊（示着生于花冠上）；6—果实

莨菪 *Hyoscyamus niger* L.，二年生草本，全株被黏性腺毛和柔毛，具特殊气味。根粗壮，肉质。基生叶丛生；茎生叶互生，叶片长圆形，叶缘羽状浅裂或深裂，或成波状粗齿。花单生叶腋，常于茎端密集；花萼筒状钟形，5 浅裂，果时增大成坛状；花冠漏斗形，黄色，具紫堇色脉纹，先端 5 浅裂；雄蕊 5。蒴果顶端盖裂，藏于宿萼内。种子圆肾形，有网纹。我国华北、西北和西南有分布，也有栽培。种子药用，称天仙子，具有解痉止痛、安神定喘功效。

本科常见药用植物还有：颠茄 *Atropa belladonna* L.，全草用作抗胆碱药；酸浆 *Physalis alkekengi* L. var. *franchetii*（Mast.）Makino 的干燥宿萼作锦灯笼入药，能清热解毒、利咽化痰、利尿；此外还有龙葵 *Solanum nigrum* L.、白英 *S. lyratum* Thunb.，全草有小毒，能清热解毒、利湿，亦可用于抗癌。

㉛ 玄参科 Scrophulariaceae ♀⚦ $K_{(4\sim5)} C_{(4\sim5)} A_{4,2} \underline{G}_{(2:2)}$

a. 本科识别要点　常为草本，稀灌木、乔木，常有各种毛茸和腺体。叶多对生，少互生或轮生，无托叶。花两性，常两侧对称，排成总状或聚伞花序；花萼常 4～5 裂，宿存；花冠合瓣，辐射状、钟状或筒状，上部 4～5 裂，通常多少呈二唇形；雄蕊着生于花冠管上，多为 4 枚，2 强，少为 2 枚或 5 枚，花药 2 室，药室分离或顶端相连，有的种退化为 1 室；上位子房，基部常有花盘，2 心皮，2 心室，中轴胎座，胚珠多数。蒴果 2～4 裂，常有宿存花柱。种子多数，细小。

本科约 200 属 3000 种以上，世界各地有分布。我国约 60 属 634 种，药用 45 属 233 种，全国均产，西南部最盛。

本科药用植物含强心苷、黄酮类、生物碱及环烯醚萜苷等化学成分。

b. 药用植物举例

玄参 *Scrophularia ningpoensis* Hemsl.，其形态如图 1-4-66 所示。多年生大草本，根数条，肥大，纺锤形，灰黄褐色，干后变黑色。茎方形，下部的叶对生，上部的叶有时互生；叶片卵形至披针形，边缘具细锯齿。聚伞花序合成大而疏散的圆锥花序；花萼 5 裂；花冠褐紫色，管部多少壶状，上部 5 裂，二唇形，上唇长于下唇；雄蕊 4，2 强，退化雄蕊近于圆形。卵形蒴果。我国华东、西南和中南地区有分布。根药用，具有滋阴降火、生津、消肿散结、解毒功效。

北玄参 *S. buergeriana* Miq.，与上种的主要不同点是聚伞花序缩成穗状；花冠黄绿色。分布于辽宁、山东、江苏等地，生于低山坡草丛中。根也作玄参药用。

地黄 *Rehmannia glutinosa*（Gaertn.）Libosch.，其形态如图 1-4-67 所示。多年生草本，全株密被灰白色长柔毛及腺毛，块根淡黄色，肉质肥厚，呈块状，圆锥形或纺锤形。叶基生成丛，叶片倒卵形或长椭圆形；先端钝，基部渐窄下延成长叶柄；茎生叶互生，叶面有泡状隆起与皱纹，边缘有钝的锯齿。总状花序顶生；花萼钟状，浅裂；花冠近二唇形稍弯曲，外面紫红色或淡紫红色，内面黄色有紫斑；雄蕊 4，2 强；上位子房，2 室。蒴果球形或卵圆形；种子细小多数，淡棕色。主产于河南，各省区多栽培，辽宁、华北、西北、华中、华东等地有分布。根状茎药用，称生地黄，加工后称熟地黄，为常用中药。生地黄能滋阴清热、凉血止血；熟地黄有滋阴补血、补益精髓功效等。

紫花洋地黄（洋地黄）*Digitalis pupurea* L.，多年生草本。全株密被灰白色短柔毛和腺毛。茎单生或多数枝丛生，基生叶多数呈莲座状，长卵形，茎生叶下部与基生叶同形，上部渐小。总状花序顶生，花向一侧偏斜；花萼钟状，5 裂深至基部；花冠唇形，花冠筒钟状，表面紫红色，内面白色，具紫色斑点；2 强雄蕊；上位子房，柱头 2 裂。蒴果卵形，顶端尖，密被腺毛。叶药用，含强心苷，可兴奋心肌，增强心肌收缩力，改善血液循环，对心脏水肿患者有利尿作用。

同属植物毛花洋地黄（狭叶洋地黄）*D. lanata* Ehrh.，叶狭长而小，全缘，仅叶缘中部以下有白毛。花淡黄色；萼、花梗、花轴均密被柔毛。产地、功效同上种，有效成分含量较上种高。

图 1-4-66　玄参

1—植株；2—花冠展开示雄蕊；
3—去花冠示雌花；4—果实

图 1-4-67　地黄

1—植株全形；2—花的纵剖面；3—雌蕊；
4—花冠纵剖面（示雄蕊着生位置）

胡黄连 *Picrorhiza scrophulariiflora* Pennell，多年生矮小草本。根状茎粗长，节密集，支根粗长，有老叶残基。叶全部基生呈莲座状，匙形或近圆形，基部下延成宽柄状。花葶上部生棕色腺毛，总状花序顶生，花序轴及花梗有棕色腺毛；花冠浅蓝紫色，裂片略呈二唇形；雄蕊 4 枚，2 强。卵圆形蒴果，4 瓣裂。四川西部和云南西北部、西南部有分布。根状茎药用，具有清虚热燥湿、消疳解毒功效。

㉜ 茜草科 Rubiaceae $\lozenge * K_{(4\sim5)} C_{(4\sim5)} A_{4\sim5} \overline{G}_{(2:2)}$

a. 本科识别要点　木本或草本，有时攀援状。单叶对生或轮生，常全缘或有锯齿；具托叶。二歧聚伞花序排成圆锥状或头状，有时单生；花通常两性，辐射对称；花萼筒与子房合生，先端平截或 4～5 裂；花冠合瓣，4 裂或 5 裂，稀 6 裂；雄蕊与花冠裂片同数，且互生，均着生于花冠筒内；花盘形状各式；下位子房，通常 2 心皮，合生常为 2 心室，每室 1 至多数胚珠。蒴果、核果或浆果。

本科约 500 属 6000 种，广布于热带和亚热带地区，少数分布到温带或北极地区，是合瓣花亚纲的第二大科。我国 98 属 676 种，药用 59 属 210 种，分布于西南至东南部。

本科药用植物含有生物碱、蒽醌类和环烯醚萜类等化学成分。

b. 药用植物举例

钩藤 *Uncaria rhynchophylla*（Miq.）Jacks.，其形态如图 1-4-68 所示。常绿木质大藤本，小枝四棱形，单叶对生，纸质，椭圆形；托叶 2 深裂，叶腋有钩状变态枝成对或单生。头状花序单生叶腋或顶生呈总状花序；花 5 数，花冠黄色，漏斗状，裂片外面被粉末状柔毛；下位子房。蒴果，被疏柔毛。湖南、福建、广东、广西、江西等地区有分布。带钩的茎枝（钩藤）及叶药用，具有清热平肝、息风定惊功效。

巴戟天 *Morinda officinalis* How，缠绕性草质藤本。根有不规则的连续膨大部分。小枝

图 1-4-68　钩藤

1—具钩的枝；2—具花序的枝；3—花（去花萼和部分花冠管）；

4—节上着生的果序；5—蒴果；

6—种子；7—叶背一部分，示叶脉

图 1-4-69　栀子

1—具花的枝；2—具果实的枝

及嫩叶有短粗毛，后变粗糙。单叶对生；矩圆形，托叶鞘状。花序头状或由 3 至多个头状花序再排成伞形；花 4 数，花冠白色；下位子房，柱头 2 深裂。核果红色。我国华南地区有分布。根药用，具有补肾壮阳、强筋骨、祛风湿功效。

　　栀子 *Gardenia jasminoides* Ellis.，其形态如图 1-4-69 所示。常绿灌木，小枝圆柱形，嫩部被短柔毛。叶对生或三叶轮生，有短柄，革质，椭圆状倒卵形至倒阔披针形；上面光亮，下面脉腋内簇生短毛；托叶在叶柄内合成鞘状，膜质。花白色，硕大，芳香，单生枝顶；花部常 5～7 数，萼筒有翅状直棱，花冠高脚碟状；雄蕊与花冠裂片同数，生喉部，花丝极短或无毛，花药线形；下位子房，1 心室，胚珠多数，侧膜胎座。蒴果，外果皮略带革质，熟时黄色，有翅状棱 5～8 条，顶冠以 5～8 片增大的宿存萼裂片。有栽培，分布于我国南部和中部。果药用，具有泻火解毒、清利湿热、凉血散瘀功效。

　　茜草 *Rubia cordifolia* L.，其形态如图 1-4-70 所示。多年生攀援草本。根丛生，橙红色。茎 4 棱，棱上具倒生刺。叶 4 片轮生，有长柄；卵形至卵状披针形，下面中脉及叶柄上有倒刺，弧形脉 3～5 条。聚伞花序呈疏松的圆锥状，腋生或顶生；花小，5 数，黄白色；下位子房，2 心室。浆果熟时黑色，近球形。生于灌丛中，我国各地有分布。根药用，具有凉血、止血、祛瘀、通经、镇痛功效。我国产 16 种和多个变种，均可入药。

　　白花蛇舌草 *Hedyotis diffusa* Willd. 一年生小草本，基部多分枝。单叶对生，叶片线形，无柄。花小，单生叶腋；花冠漏斗状，先端 4 深裂，白色。蒴果扁球形，内含多数种子。分布于东南至西南地区。全草药用，具有清热解毒、活血散

图 1-4-70　茜草

1—花枝；2—花；3—果实

瘀功效，对阑尾炎有效，并用于治疗癌症和毒蛇咬伤。

本科常见的药用植物还有金鸡纳树 *Cinchona ledgeriana* Moens，树皮具抗疟、解毒镇痛作用，为提取喹啉的原料；鸡矢藤 *Paederia scandens*（Lour.）Merr.，全草能清热解毒、镇痛、止咳。

㉝ 忍冬科 Caprifoliaceae ☿ * ↑K$_{(4\sim5)}$C$_{(4\sim5)}$A$_{4\sim5}$$\overline{G}$$_{(2\sim5:1\sim5)}$

a. 本科识别要点　乔木、灌木或藤本。单叶，少为羽状复叶，叶对生，常无托叶。聚伞花序，也有数朵簇生或单生；花两性，辐射对称或两侧对称；花萼 4～5 裂；管状花冠，通常 5 裂，有的成二唇形；雄蕊和花冠裂片同数而互生，着生花冠管上；下位子房，2～5心皮，形成 1～5 心室，通常为 3 心室，每室 1 或多数胚珠，有时仅 1 室发育。浆果、核果或蒴果。

本科植物 15 属约 450 种，分布于温带地区。我国 12 属 259 种，药用 9 属 106 种。广布全国。

本科药用植物含黄酮类、三萜类、皂苷和酸性成分等。

b. 药用植物举例

图 1-4-71　忍冬
1—花枝；2—花冠纵剖；3—雄蕊

忍冬 *Lonicera japonica* Thunb.，其形态如图 1-4-71 所示。多年生半常绿缠绕灌木；幼枝密生柔毛和腺毛。单叶对生；卵形至卵状椭圆形，全缘，叶柄短，幼时两面被短毛。总花梗单生叶腋，花成对，苞片叶状；花萼 5 裂，无毛；花冠唇形，上唇 4 裂，下唇反卷不裂，白色，3～4 天后转黄色，黄白相间，故称"金银花"，外面有柔毛和腺毛；雄蕊 5；下位子房。浆果球形，熟时黑色。全国大部分省区有分布，重庆西阳县等区县有规模种植。花蕾（金银花）和茎枝（忍冬藤）药用，具有清热解毒功效；茎还有通络功效。

忍冬属植物约 200 种，我国有 98 种，广泛分布于全国各省区，以西南部种类最多。可供药用的品种有 47种，形态、功效与忍冬近似，已发现的化学成分主要有黄酮类、三萜类及有机酸等，且富含挥发油。山银花*L. confusa* DC. 萼筒密生小硬毛，苞片不成叶状，产于贵州。红腺忍冬 *L. hypoglauca* Miq.，叶下面密生微毛和橘红色腺毛。叶腋中总花梗单生或多个集生。分布于除东北、西北以外的各地区，生于疏灌丛或疏林中。毛花柱忍冬 *L. dasystyla* Rehd.，为花柱被疏柔毛，分布于广西。

本科药用植物还有：接骨草（陆英）*Sambucus chinensis* Lindl.，多年生草本，奇数羽状复叶，全草能散瘀消肿、祛风活络、跌打损伤，并用于治疗传染性肝炎。同属植物接骨木*S. williamsii* Hance，茎和叶用于治跌打损伤、骨折、风湿痛。

㉞ 葫芦科 Cucurbitaceae ♂ * K$_{(5)}$C$_{(5)}$A$_{5,(3\sim5)}$ ♀ * K$_{(5)}$C$_{(5)}$$\overline{G}$$_{(3)}$

a. 本科识别要点　草质藤本，茎常有纵沟纹，具卷须。叶互生；常为单叶，掌状分裂，有时为鸟趾状复叶。花单性，雌雄同株或异株，单生、簇生或集合成各种花序；花萼及花冠裂片 5；雄花雄蕊 3 或 5 枚，分离或合生，花药通直或折曲；雌花萼管与子房合生，上部 5裂，花瓣合生，5 裂；由 3 心皮组成，下位子房，1 心室，侧膜胎座，少为 3 室。花柱 1，柱头膨大，3 裂。多为瓠果，少为蒴果。

本科约 113 属 800 种，大多数分布于热带和亚热带地区。我国约 32 属 155 种，药用 21

属 90 种，全国各地均有分布，南部和西南部最多。

本科药用植物含葫芦素、罗汉果苷、木鳖子皂苷等化学成分。

b. 药用植物举例

栝楼 *Trichosanthes kirilowill* Maxim.，其形态如图 1-4-72 所示。多年生草质藤本。雌雄异株，雄株块根肥厚，雌株块根瘦长。卷须 2～5 分叉。单叶互生，通常近心形，掌状 3～9 浅裂至中裂，中裂片菱状倒卵形，边缘常再浅裂或有齿。雄花组成总状花序，花萼 5 裂，花冠白色，裂片倒卵形，顶端流苏状；雄蕊 3 枚，花丝短，药室 S 形曲折；雌花单生，下位子房，花柱 3 裂。瓠果椭圆形，熟时橙黄色。种子椭圆形，浅棕色。多有栽培，主要分布于长江以北、江苏、浙江等地方。根、果实、种子及果皮药用，成熟果实称栝楼（全瓜蒌），具有清热涤痰、宽胸散结、润燥滑肠功效；果皮（瓜蒌皮、瓜壳）能清热化痰、利气宽胸；种子（瓜蒌子）能润肺化痰、润肠通便；根（天花粉）能生津止渴、降火润燥、润肺化痰；天花粉蛋白能引产及治疗宫外孕，对葡萄胎及绒毛膜上皮癌有一定疗效。

本属植物还有双边栝楼 *T. rosthornii* Herms，干燥成熟果实亦作栝楼用，主产于长江以南各省；日本栝楼 *T. japonica* Regel 的根可作"天花粉"用。

图 1-4-72 栝楼
1—着生雄花的植株；2—着生果实的植株；
3—雄蕊；4—种子

图 1-4-73 绞股蓝
1—果枝；2—雄花；3—雄蕊正面观；4—雌花；
5—柱头；6—果实；7—种子

绞股蓝 *Gynostemma pentaphyllum*（Thunb.）Makino，其形态如图 1-4-73 所示。多年生草质藤本。卷须 2 叉，生于叶腋；叶鸟足状复叶，小叶 5～7，具柔毛。雌雄异株；雌、雄花序均圆锥状；花小，花萼、花冠均 5 裂；雄蕊 5；子房 3～2 室。球形瓠果，熟时黑色。分布于长江以南。全草药用，具有消炎解毒、止咳祛痰功效。

罗汉果 *Siraitis grosvenorii*（Swingle）C. Jeffrey，多年生草质藤本，全株被白色或黑色柔毛。根块状。卷须 2 裂几达基部。叶心状卵形。雌雄异株；雄花为总状花序；花梗在中部以下有小苞片；萼 5 裂，花瓣 5，黄色；雄蕊 3；雌花序总状，子房密被短柔毛。瓠果淡黄色，干后黑褐色。分布于广东、广西、海南及江西等地区。果实与块根药用，果能清热凉血、润肺止咳、润肠通便；块根能清除湿热，解毒。

丝瓜 *Luffa cylindrical*（L.）Roem.，一年生攀援草本。卷须被毛，2～4 叉，叶掌状 5 浅裂。雌雄同株；雄花组成总状花序，雌花单生；花黄色，雄花雄蕊 5，开时花药靠合，后分离；雌花柱头 3。长圆柱状瓠果，肉质，干后里面有网状纤维。种子扁，黑色。常栽培。果实、根药用，果内的维管束称"丝瓜络"，能祛风通络、活血消肿；根能通络消肿；果能清热化痰、凉血、解毒。

本科药用植物还有：冬瓜 *Benincasa hispida* （Thunb.）Cogn.，果皮（冬瓜皮）能清热利尿、消肿，种子（冬瓜子）药用，具有清热利湿、排脓消肿功效；木鳖 *Momordica cochinchinensis* （Lour.）Spreng.，药用种子称木鳖子，有毒，内服化积利肠，外用消肿、透毒生肌；雪胆 *Hemsleya chinensis* Cogn.，根能清热利湿、消肿止痛。

㉟ 桔梗科 Campanulaceae  $\male\female * \uparrow K_{(5)} C_{(5)} A_5 \overline{G}_{(2\sim5\,:\,2\sim5)}$

a. 本科识别要点　草本，常具乳汁。单叶互生，对生或轮生，无托叶。花单生或成各种花序；花两性，辐射对称或两侧对称；花萼常 5 裂，宿存；花冠常钟状、管状；雄蕊 5，与花冠裂片同数而互生；花丝分离，花药通常聚合成管状或分离；心皮 2～5，合生，子房通常下位或半下位，中轴胎座，2～5 室，胚珠多数；圆柱形花柱，柱头 2～5 裂。蒴果或浆果。种子扁平，胚乳丰富。

本科 60 属约 2000 种，分布于全球，以温带和亚热带为多。我国 17 属约 170 种，药用 13 属 111 种，分布于全国，以西南为多。

本科药用植物含皂苷、糖类和生物碱等化学成分。

b. 药用植物举例

桔梗 *Platycodon guandiflorum* （Jacq.）A. DC.，其形态如图 1-4-74 所示。多年生草本，体内有白色乳汁，主根肥大肉质，长圆锥形。叶多互生，少数轮生或对生，叶片卵形至披针形，叶背灰绿色。花单生或数朵聚集成疏总状花序，生于枝顶；钟状花冠，蓝紫色或白色，先端 5 裂；雄蕊 5；雌蕊 1，半下位子房，5 室。蒴果倒卵形，成熟时上部先端 5 孔裂。种子多数。全国各地有分布，也有栽培。根药用，具有宣肺祛痰、消肿排脓功效。

图 1-4-74　桔梗
1—植株全形；2—蒴果；
3—雄蕊及雌蕊（去花萼、花冠）

沙参 *Adenophora strcta* Miq.，其形态如图 1-4-75 所示。多年生草本，全体有白色乳汁，根肥大，圆锥形。茎直立不分枝，叶互生，基生叶心形，大而具长柄；茎生常 4 叶轮生，无柄，叶片椭圆形或卵形，边缘有锯齿，两面疏被柔毛。圆锥花序不分枝或少分枝；花萼常有毛，萼片披针形；花冠略呈钟形，蓝紫色，有毛，5 浅裂；雄蕊 5；花盘圆筒状；下位子房，花柱伸出花冠外，柱头 3 裂。卵圆形蒴果 3 室。西南、华东、河南和陕西等地区有分布。根药用，称"南沙参"，具有养阴清肺、祛痰止咳功效。

同属植物以根作"南沙参"的种类甚多，常见的如轮叶沙参 *A. tetraphylla* （Thunb.）Fisch.，茎生叶 4～6 片轮生。花序分枝轮生；花下垂，花冠蓝色，花冠口部微缩呈坛状。多数省区有分布。

党参 *Codonopsis pilosula* （Franch.）Nannf.，其形态如图 1-4-76 所示。多年生草质藤本。根圆柱形，顶端根状茎膨大。叶互生，有柄，叶片卵形或广卵形，全缘。花单生于叶腋或顶端；花冠淡黄绿色，广钟形，具淡紫色斑点，先端 5 裂，裂片三角形；雄蕊 5，花丝基部微扩大；半下位子房，3 心室，每室胚珠多数。圆锥形蒴果，具宿存萼。种子小，卵形，褐色有光泽。多栽培，分布于我国东北、华北及西北地区。根药用，具有补气养血、和脾胃、生津清肺功效。

图 1-4-75　沙参
1—花枝；2—花冠展开；3—花萼、雄蕊及雌蕊（去花冠）；
4—根；5—叶背部分放大

图 1-4-76　党参
1—植株；2—根；3—蒴果

　　同属素花党参 *C. pilosula* Nannf. var. *modesta* （Nannf.） L. T. Sher，叶仅在幼时上面有疏毛，老时脱落，萼裂片近三角形，长约为宽的 2 倍，分布于四川、青海、甘肃；管花党参 *C. tubelosa* Kom.，花萼外面有短毛，萼裂片边缘有小牙齿，花冠筒状，花丝有毛，分布于西南。均作党参药用。

　　本科药用植物还有半边莲 *Lobelia chinensis* Lour.，小草本，具乳汁。主茎平卧，分枝直立。叶互生，狭披针形。花单生于叶腋；花冠粉红色，近唇形，裂片偏向一侧，上唇分裂至基部为 2 裂片，下唇 3 裂；花丝上部及花药合生，下方有髯毛；下位子房，2 室。蒴果 2 裂。分布于长江中下游及以南地区。全草药用，具有清热解毒、消瘀排脓、利尿和治蛇伤功效。

　　㊱ 菊科 Compositae （Asteraceae）　$\male\female$ * ↑ $K_0 C_{(3\sim5)} A_{(4\sim5)} \overline{G}_{(2:1)}$

　　a. 本科识别要点　多草本。有的具乳汁或树脂道。单叶，互生，稀对生或轮生，无托叶。花两性或单性，辐射对称或两侧对称，头状花序，花序外围有 1 或多层总苞片组成的总苞。花序托是短缩的花序轴，每朵花的基部具苞片 1 片，称托片，或成毛状称托毛，或缺，花序托凸、扁或圆柱状。头状花序中的花有同型的，即全部为管状花或舌状花；或为异型的，即外围为舌状花，中央为管状花；或具多型的。萼片变态为冠毛状、刺状或鳞片状；花冠合瓣、管状、舌状、二唇形、假舌状或漏斗状，4 或 5 裂；雄蕊 4~5，着生于花冠上，花药合生成筒状（聚药雄蕊），花丝分离；下位子房，2 心皮合生，1 室，具 1 倒生胚珠，花柱顶端 2 裂。连萼瘦果（萼筒参与果实形成），或称菊果。种子无胚乳。

　　菊科植物的花有四种类型：管状花，是辐射对称的两性花；舌状花，是两侧对称的两性花；假舌状花，是两侧对称的雌花或中性花，先端 3 齿；二唇形花，是两侧对称的两性花，上唇 2 裂，下唇 3 裂。

　　菊科是被子植物第一大科，约 1000 属 25000~30000 种，广布全球，主产于温带地区。我国约 230 属 2323 种，药用 155 属 778 种，全国各地均有分布。

图 1-4-77　红花
1—花枝；2—根；3—花；4—雄蕊剖开

菊科有两个亚科：管状花亚科（Tubuliflorae），整个花序为管状花，有的中央为管状花，边缘为舌状花，植物体无乳汁，有的含挥发油；舌状花亚科（Liguliflorae），整个花序全为舌状花，叶互生，植物体具乳汁。

本科药用植物含有香豆素、生物碱、黄酮和倍半萜内酯类等化学成分。

b. 药用植物举例

ⅰ. 管状花亚科 Tubuliflorae

红花 *Carthamus tinctorius* L.，其形态如图 1-4-77 所示。一年生或越年生草本植物，全株光滑无毛，茎直立，上部有分枝。叶互生，几无柄，抱茎，长椭圆形或卵状披针形，先端尖，基部渐窄，边缘有不规则的锐锯齿，齿端有刺，上部叶渐小，成苞片状，围绕花序。花两性，初开放时为黄色，渐变橘红色，成熟时变成深红色，有香气。头状花序顶生，着生多数管状花；总苞片多列；花托扁平。瘦果卵形，白色，稍有光泽。原产于埃及，各地栽培。花入药，具有活血、散瘀、通经、止痛功效。

菊花 *Dendranthema morifolium*（Ramat.）Tzvel.，其形态如图 1-4-78 所示。多年生草本；茎直立，基部常木化，上部多分枝，具细毛或柔毛，叶互生，卵形至披针形，边缘有粗大锯齿或深裂成羽状，基部楔形，下面有白色毛茸；具叶柄。头状花序顶生或腋生，总苞半球形，总苞片多层，外层绿色，条形，有白色绒毛，边缘膜质；舌状花，雌性，白色，黄色或淡红色等；管状花两性，黄色，基部常有膜质鳞片。瘦果不发育，无冠毛。花序药用。主产于安徽（滁菊）、浙江（杭白菊）、河南（怀菊），全国各地有栽培。头状花序药用，具有清热解毒、疏散风热、清肝明目、抗菌、降压功效。

图 1-4-78　菊花
1—花枝；2—舌状花；3—管状花

图 1-4-79　苍术
1—花枝；2—根状茎

苍术Atractylodes lancea（Thunb.）DC.，其形态如图 1-4-79 所示。多年生草本。根茎横走，粗壮，呈结节状，断面具红棕色油点。叶互生，革质，卵状披针形或椭圆形，顶端渐尖，基部渐狭，边缘具不规则细锯齿，下部叶多 3 裂，有短柄或无柄。头状花序顶生，下有羽裂的叶状总苞一轮；总苞片 6～8 层；花冠白色；下位子房，密被白柔毛；单性花均为雌性，退化雄蕊 5。瘦果长圆形，被白毛，顶端具羽状冠毛。分布于华中、华东地区，根状茎药用，具有燥湿健脾、祛风散寒、明目功效。

牛蒡Arctium lappa L.，二年生草本。根深长肉质。茎直立，多分枝。基生叶丛生，茎生叶互生；有长柄，叶片心状卵形至宽卵形，基部通常为心形，边缘带波状或具细锯齿，下面密被白色棉毛。头状花序簇生茎顶，略呈伞房状；总苞片披针形先端弯曲呈钩刺状；花小，全为管状花，两性，紫红色。瘦果长椭圆形或倒卵形，略呈三棱，有斑点；冠毛淡褐色，呈短刺状。全国各地有分布。以果实、根及叶药用，果实疏风散热、宣肺透疹、散结解毒；根能疏风散热、清热解毒；叶能疏风利水。

木香Aucklandia lappa Decne.，多年生草本。主根粗壮，圆柱形，有特异香气。基生叶大型，具长柄，叶片三角状卵形或长三角形，边缘具不规则的浅裂或呈波状，疏生短刺，基部下延成不规则分裂的翼，叶面被短柔毛；茎生叶较小，可生。头状花序 2～3 个丛生于茎顶；总苞由 10 余层线状披针形的苞片组成，先端刺状；花全为管状花，暗紫色，花冠 5裂；下位子房，柱头 2 裂。线形瘦果，有肋，上端着生一轮黄色直立的羽状冠毛，熟时脱落。多栽培，分布于四川、云南及西藏等地区。根入药，称"云木香"，具有行气止痛、健脾消食功效。

旋覆花Inula japonica Thunb. 多年生草本。茎直立，上部有分枝，被白色棉毛。基生叶花后凋落，中部叶互生，长卵状披针形或披针形，基部稍有耳半抱茎，全缘或有微齿，背面被疏伏毛和腺点；上部叶渐小，狭披针形。头状花序，单生茎顶或数个排列成伞房状；总苞片 5层，外面密被白色棉毛；花黄色，边缘舌状花，先端 3 齿裂，中央管状花，两性，先端 5 齿裂。瘦果长椭圆形；冠毛灰白色。全国大部分地区有分布。幼苗药用称"金沸草"；头状花序称"旋覆花"，具有化痰降气、软坚行水功效。

黄花蒿Artemisia annua L.，一年生草本，全株黄绿色，有臭气。茎直立，多分枝。茎基部及下部的叶在花期枯萎，中部叶卵形，二至三回羽状深裂，两面被短微毛；上部叶小，常一次羽状细裂。头状花序多数，球形，有短梗，下垂，总苞片 2～3 层，无毛；小花均为管状，黄色，边缘雌性，中央两性。瘦果椭圆形，无毛。地上部分（青蒿）药用，具有清热祛暑、退虚热功效。

本亚科药用植物尚有蓟 Cirsium japonicum Fisch. ex DC.，全草（大蓟）能散瘀消肿、凉血止血；小蓟（大刺儿菜、刻叶刺儿菜）Cirsium setosum（Willd.）Bieb.，全草能凉血止血、消散痈肿；水飞蓟 Silybum marianum（L.）Gaertn.，原产于南欧至北非，我国有引种，果实能清热解毒、利肝胆，用于治肝炎；千里光 Senecio scandens Buch.-Ham.，全草药用，具

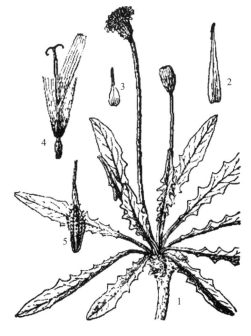

图 1-4-80 蒲公英
1—植株全形；2—内层胞片；3—外层胞片；
4—舌状花；5—瘦果

有清热解毒、明目、去腐生肌功效。

ⅱ.舌状花亚科 Liguliflorae（Cichorioideae）

蒲公英*Taraxacum mongolicum* Hand.-Mazz.，其形态如图 1-4-80 所示。多年生草本，含白色乳汁。根深长。叶基生，莲座状，叶片倒披针形，边缘有倒向不规则的羽状缺刻。头状花序单生花葶顶端；总苞片多层，外层卵状披针形，边缘白膜质，内层线状披针形，先端均有角状突起；花全为舌状花，黄色。纺锤形瘦果，具纵棱，全体被有刺状或瘤状突起，成行排列，顶端具纤细的喙，冠毛白色。全国各地都有分布。全草药用，具有清热解毒、消肿散结功效。

苦苣菜*Sonchus oleraceus* L.，根纺锤状。茎上部有的具腺毛。叶羽状深裂或大头羽状半裂。分布于全国各地。生于荒地、田边。全草能清热解毒、凉血。

**2. 单子叶植物纲**

㊲ 禾本科 Gramineae ☿ ＊ $P_{2\sim3}A_{3,1\sim6}\underline{G}_{(2\sim3:1)}$

a. 本科识别要点　多数草本，少数为木本。须根，具根茎。地上茎特称为秆，具显著而突出的节和节间，节间中空，稀为实心，如甘蔗、玉米等。单叶互生，2 列，具叶片、叶鞘和叶舌；叶片狭长，具平行脉；叶鞘抱秆，开放或闭合；叶片和叶鞘连接处具膜质或纤毛状叶舌，外侧常稍厚称叶颈，两侧常突出或纤毛状，称叶耳。花序由小穗排列组成，有穗状、总状、圆锥状等。小穗具 1 或多朵花，2 行排列在小穗轴上，基部常有两片不孕的苞片，称颖片。在下方的为外颖，上方的为内颖。花小，两性、单性或中性，外有小苞片，称外稃和内稃；外稃较厚而硬，顶端或背部有芒，内稃膜质，外稃与内稃之内有 2 个透明而肉质的小鳞片状物，称浆片或鳞被（特花的花被）。雄蕊常 3 枚，花丝细长，花药呈丁字形着生。上位子房，2～3 心皮合生，1 心室，1 胚珠。2 花柱，柱头呈羽毛状。颖果。种子含有大量的淀粉质胚乳。

禾本科是被子植物中的大科之一，共有 660 属 10000 多种。世界各地均有分布。本科植物分禾亚科和竹亚科。我国有 228 属 1200 多种，药用 85 属近 200 种，全国均有分布。大多数为禾亚科植物。

本科药用植物主要含有生物碱、黄酮类、三萜类、含氮化合物、挥发油及氰苷等化学成分。

b. 药用植物举例

ⅰ.禾亚科 Agrostidoideae　草本，秆为草质或木质，秆上生普通叶，具明显的中脉，通常无叶柄，故不易自叶鞘处脱落。本亚科有 550 属 6000 种，广泛分布于全球，我国有 170 属 670 种。

淡竹叶*Lophatherum gracile* Brongn.，其形态如图 1-4-81 所示。多年生草本，根状茎粗短，近顶端部分常肥厚成纺锤状块根。叶片披针形，基部狭缩成柄状，平行脉有明显的小横脉。圆锥状花序，具有极短的柄；小穗绿色，疏生，条状。茎叶（淡竹叶）药用，具有清热除烦、利尿生津功效。

薏苡*Coix lacryma jobi* L. var. *ma-yuen*（Roman.）Stapf，一年生或多年生草本。秆直立，基部节上生根。叶互生，2 纵列排列，叶鞘与叶片间具白色膜状的叶舌；叶片长披针形，基部鞘状抱茎。总状花序成束腋生；小穗单性；雄小穗排列与花序上部，雌小穗生于花序的下部，包藏于骨质总苞中。果实成熟时，总苞坚硬而光滑，质脆，易破碎，内含 1 颖果。生于河

图 1-4-81　淡竹叶
1—植株；2—小穗

边、溪边、湿地、全国各地有栽培或野生。种子称薏苡仁，药用，具有健脾利湿、清热排脓、抗癌功效。

白茅 *Imperata cylindrica* Beauv. var. *major* (Nees) C. E. Hubb. 多年生草本，根状茎。叶片线形或线状披针形。圆锥形花序，紧贴在一起呈穗状，有白色丝状柔毛，密生。遍及全国。根状茎与花药用，根状茎能凉血止血、清热利尿；花能止血。

芦苇 *Phragmites communis* Trin.，多年生湿生草本植物，具有粗壮的根状茎。叶片广披针形至宽条形，叶舌有毛。圆锥状花序顶生、微垂头，分枝纤细，成毛帚状，棕紫色。全国大部分地区有分布。根状茎（芦根）药用，具有生津止咳，清肺、胃热，除烦止呕、利尿功效。

ⅱ. 竹亚科 Bambusoideae  木本。主秆叶与枝上生出的叶有明显的区别，枝上生普通叶，具明显的中脉和小横脉，有短柄，叶鞘与叶柄相接处有一个关节，叶片容易从关节处脱落。主秆叶叫笋壳，与枝上叶有明显的区别。雄蕊6，浆片3片。秆木质，枝条的叶具有短柄，是禾亚科与竹亚科的主要区别。全世界约66属1000多种，分布于热带地区。我国有30属400种。

淡竹 *Phyllostachys nigra* (Lodd.) Munro var. *henonis* (Mitf.) Stapf ex Rendle，乔木。秆绿色至灰绿色，无毛。在分枝一侧的节间有明显的沟槽。叶1~3片互生于最终小枝上，叶片窄披针形，背面基部疏生细柔毛。圆锥花序，小穗有2~3花。其秆的中层刮下后称"竹茹"，药用，具有清热化痰、除烦止呕功效。

本科药用植物还有：小麦 *Triticum aestium* L.，干瘪轻浮的颖果称浮小麦，能止汗、解毒；大麦 *Hordeum vulgare* L.，发芽颖果称"麦芽"，能消食；稻 *Oryza sativa* L.，其颖果发芽后称"谷芽"，能健脾消食；玉蜀黍 *Zea mays* L.，花柱（玉米须）能清热利尿、消肿、消渴；青皮竹 *Bambusa textiles* MeClure，秆内被竹黄蜂咬伤后的分泌液干燥后块状物称"天竺黄"，能清热祛痰、凉心定惊。

㊳ 莎草科 Cyperaceae  ♀ ∗ $P_0A_3\underline{G}_{(2\sim3:1:1)}$；♂ ∗ $P_0A_3$；♀ $P_0\underline{G}_{(2\sim3:1:1)}$

a. 本科识别要点  多年生草本，少数为一年生。根簇生，呈纤维状；有根状茎，常丛生或呈匍匐状；少数还兼有块茎。茎常被称为秆，单生或丛生，坚实或少数中空，通常为三棱柱形或圆柱形，或少数为4~5棱形或扁平，无节。叶三列，叶片条形，基部具有闭合的叶鞘。花甚小，单生于鳞片腋间，两性或单性，雌雄同株或异株，2至多花组成的小穗，小穗单一或若干枚组成各式花序，花序具1至多数叶状，刚毛状或鳞片状苞片。小穗单性或两性，颖片2列或螺旋状排列在小穗轴上；花被缺或变态为下位鳞片或下位刚毛；雄蕊3枚或2枚，或1枚，花药底生；花丝丝状。上位子房，1心室，1胚珠。花柱一枚，柱头2~3个。小坚果或瘦果，三棱、双凸或平凸，或球状，有时为苞片所形成的果囊所包裹。

本科共有90属4000多种，广泛分布于全球。我国共有33属670种，药用16属100多种，全国各地均有分布。

本科药用植物含挥发油、黄酮类、生物碱和强心苷等化学成分。

b. 药用植物举例

莎草 *Cyperus rotundus* L.，其形态如图1-4-82所示。多年生草本。根状茎匍匐，末端有灰黑色椭圆形芳香气味的块茎，茎直立，上部三棱形，叶基部丛生，3列，叶片窄条形。花序形如小穗，在茎顶排成伞形；花两性，无花被，雄蕊5；

图 1-4-82  莎草
1—植株；2—穗状花序；
3—鳞片；4—雌蕊

子房椭圆形，柱头 3 裂。三棱形坚果。生于山坡、荒地和田间等，我国多数省区有分布。根状茎（香附）药用，具有行气解郁、调经止痛功效。

荆三棱 *Scirpus yagara* Ohwi，多年生草本。根状茎顶端膨大成块茎。秆三棱。叶基生及秆生，条形。叶状苞 3～4 个，比花序长。聚伞状花序，每个花序有 3～4 辐射枝，每个辐射枝有 1～3 个小穗，小穗成褐色；鳞片外面有短的绒毛，顶端具有芒；小花有 6 条刚毛与小坚果等长，花两性。小坚果，有三棱。生于浅水中，我国华北、东北、西南及长江流域有分布。块茎药用，具有破血祛痰、行气止痛功效。

荸荠 *Eleocharis tuberose* (Roxb.) Roem. et Schult.，生于浅水中，我国长江流域有分布。球茎能清热生津、开胃解毒。

㊴ 棕榈科 Palmae ☿ * $P_{3+3}A_{3+3}\underline{G}_{(3:1\sim3:1)}$，♂ * $P_{3+3}A_{3+3}$，♀ * $P_{3+3}\underline{G}_{(3:1\sim3:1)}$

a. 本科识别要点　乔木或灌木，有时为藤本。茎通常不分枝，丛生或单生。直立或攀援，常有残存的老叶、叶柄基或叶痕。叶互生，常聚生于茎顶；通常较大型，常绿，全缘或羽状，掌状分裂。叶柄基部常扩大为具有纤维状结构的鞘。花小，有苞片或小苞片，辐射对称，两性或单性，同株或异株，有时杂性，聚生成分枝或不分枝肉穗花序，并被 1 至多枚大型的佛焰状总苞，生于叶丛中或叶鞘束下。花被片 6，合生或离生，覆瓦状或镊合状排列；雄蕊 6，排成两轮。上位子房，1～3 室少 4～7 室或具 3 枚离生或仅基部合生的心皮，胚珠 1 枚；花柱短或无，柱头 3。浆果、核果或坚果。外果皮常纤维质，或覆盖着覆瓦状排列的鳞片。种子与内果皮分离或黏合，胚乳均匀或嚼烂状。

本科植物有 217 属 2800 多种，分布于热带、亚热带地区，以美洲和亚洲为中心，是热带地区重要的植物资源。我国有 28 属 100 多种，药用有 16 属 26 种，分布于西南至东南。

本科药用植物含有生物碱、多元酚、黄酮和鞣质等化学成分。

b. 药用植物举例

槟榔 *Areca cathecu* L.，其形态如图 1-4-83 所示。常绿乔木，不分枝，茎有叶痕形成的环纹。叶大型，羽状复叶，聚生于茎顶，小叶多数，条状披针形，先端有不规则齿裂；总叶柄三棱状，具长叶鞘。肉穗花序多分枝，排成圆锥状，上部为雄花，花被片 6，雄蕊 3；下部为雌花，子房 1 室。坚果红色，中果皮纤维质，种子 1。原产于马来西亚，我国云南、海南及台湾等地有栽培。种子（槟榔）、果皮药用，种子能杀虫、消积、行气、利水；果皮（大腹皮）能宽中、下气、行水、消肿。

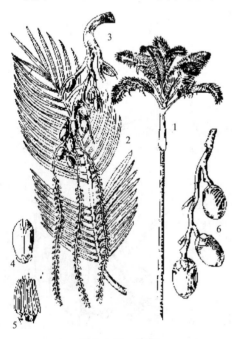

图 1-4-83　槟榔
1—秆顶部；2—叶；3—花序；
4—雄花；5—雌花；6—果实

棕榈 *Trachycarpus fortunei* (Hook. f.) H. Wendl.，常绿乔木。茎有残存但不易脱落的老叶柄。叶丛生于茎顶，扇形或椭圆形，掌状深裂，裂片顶端 2 浅裂；叶柄细长，顶端有小邸突；叶鞘纤维质，网状，暗棕色，宿存。肉穗状圆锥花序从叶丛中生出，总苞多数，革质，被锈色绒毛；花小，黄白色，雌雄异株；雌花心皮 3，离生。肾状球形核果，深蓝色。生于疏林中，有野生也有栽培，长江以南有分布。根、叶、果实（棕榈子）药用，叶柄及叶鞘纤维（药材称"棕榈皮"，煅后称"棕榈炭"）具有收敛止血、通淋、止泻功效；髓心（棕树心）能治心悸、头昏，用于止血。

椰子*Cocos nucifera* L.，乔木。干直立，不分枝；有密生轮状叶痕。羽状复叶，丛生于茎顶。肉穗花序腋生，多分枝；花单性，同株；雄花聚生于分枝上部；雌花散生于下部；总苞纺锤状，厚木质。核果，顶端具有三棱，中果皮厚而具有纤维质，内果皮骨质，近基部有 3 个发芽的小孔；种子一枚，种皮薄，紧贴白色坚实的胚乳，且胚乳内含有 1 个富含汁液的空腔。多栽培，我国台湾、云南及海南有分布。果、根药用，根能止痛止血；果壳能治癣；油能治疥癣及冻疮；椰肉（胚乳）能益气祛风。

㊵ 天南星科 Araceae ♂$P_0A_{(1\sim\infty),(\infty);1\sim8,\infty}$；♀$P_0\underline{G}_{(1\sim\infty:1\sim\infty)}$；☿ $* P_{4\sim6}A_{4\sim6}\underline{G}_{(1\sim\infty:1\sim\infty)}$

a. 本科识别要点 草本，常具块茎或伸长的根状茎。植物体内多含苦味水汁、乳汁或针状草酸钙结晶。单叶或复叶，常基生，叶柄基部常具膜质鞘；叶脉多网状脉。肉穗花序，具佛焰苞。花小，两性或单性。单性花雌雄同株或异株；雌雄同株者雌花群在花序下部，雄花群在上部，之间常有中性花相隔；单性花缺花被，雄蕊 1～6，常分离或愈合成雄蕊柱。两性花常具花被片 4～6，雄蕊与之同数且对生；上位子房，由 1 至数心皮组成 1 至数室，胚珠 1 至多数。浆果，密集于花序轴上。种子 1 至多数，通常具胚乳。

本科约 115 属 2000 多种，广布于世界各地，主产于热带地区。我国共有 35 属 210 余种，其中药用 22 属 110 种，主要分布于华南、西南各地区。

本科药用植物含挥发油、黄酮类、生物碱、聚糖类、氰苷等化学成分。

b. 药用植物举例

天南星*Arisaema consanguineum* Schott，多年生草本，块茎扁球形。叶 1～3 枚，叶片辐射状全裂，具 10～24 裂，裂片披针形。叶柄长，呈圆柱形。佛焰苞绿白色，管部圆柱形，喉部截形不闭合；肉穗花序附属体棒状；花单性异株，总花梗短于叶柄；雄花具雄蕊 4～6，花丝愈合，花药顶孔裂；雌花密集，每花具 1 雌蕊。浆果红色，聚合成穗状，果序下垂。生于林下阴湿地，全国各地有分布。块茎药用，能燥湿化痰、祛风止痉、散结消肿，外用治疗痈肿及蛇虫咬伤。

同属植物：东北天南星 *A. amurense* Maxim.，小叶 5 枚，佛焰苞绿色或带紫色，有白色条纹，分布于东北、华北；异叶天南星 *A. heterophyllum* Blume，叶片趾状分裂，裂片 11～19，花序轴附属物细长，分布于大部分地区。两者块茎均作天南星入药。

半夏*Pinellia ternata*（Thunb.）Breit.，其形态如图 1-4-84 所示。多年生草本，全株光滑无毛，块茎扁球形。叶及花茎由块茎顶端生出。一年生叶单生，卵状心形至戟形，全缘；二至三年生叶为 3 全裂，叶柄基部具鞘，其内侧或上方叶柄顶部有 1 小珠芽。佛焰苞绿色，管部狭圆柱形，附属体鼠尾状，细长伸出佛焰苞外。花单性，雌雄同株，无花被；肉穗花序下部为雌花，与佛焰苞贴生，子房 1 室，胚珠 1 枚；雄花位于上部，雄蕊 2 枚；雌雄花之间有一段不育部分。卵形浆果，绿色，成熟时红色。生于田间、林下、荒坡，全国各地有分布。块茎药用，有毒，需炮制后才能使用，能燥湿化痰、降逆止呕，外敷治痈肿。

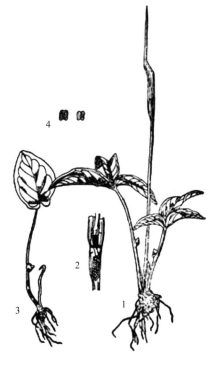

图 1-4-84 半夏
1—植株全形；2—佛焰苞剖面；
3—幼块茎及幼叶；4—雌蕊

[案例分析]

　　**实例**　某农村有一八岁男孩，与父母一同去野外。由于父母疏忽，男孩误食了地里的半夏块茎而口吐白沫，呼吸困难。

　　**分析**　块茎是半夏的药用部位，含$\beta$-谷醇葡萄糖苷、辛辣醇类及类似烟碱、毒芹碱等生物碱的微量挥发油等。但其本身有毒，对人体局部有强烈的刺激性，并有神经毒性，需炮制之后才能使用。故误服生半夏常会出现中毒现象。

　　石菖蒲Acorus tatarinowii Schott，多年生草本，全株具浓烈芳香气。根状茎匍匐横走。叶基生无柄，叶片暗绿色，狭条形，无中肋，平行脉多数。佛焰苞和叶同形同色，不包被花序；花序柄腋生，三棱形。花两性，花被片6；雄蕊6，与花被片对生；子房2～3室。倒卵形浆果。根状茎、叶药用，根状茎具有开窍、豁痰、理气、活血、散风、祛湿功效；叶能治疥癣。

　　独角莲Typhonium giganteum Engl. 草本。块茎卵圆形，外被暗褐色小鳞片。叶基生，叶片三角状卵形，基部箭形或戟形；叶柄密生紫色斑点。佛焰苞紫色，管部圆筒形或长圆状卵形，肉穗花序附属体棒状紫色；雄花无柄位于花序的上部，雌花位于下部，雌雄花序间有中性花，中上部的为钻状，下部的为棒状；子房顶端近六角形，1室，通常具基生胚珠2～3枚。浆果红色。分布于我国东北、华北、华中、西南及西北地区。块茎称"白附子"，药用，能祛风痰、定惊、止痛。因其主产于河南禹县，故又称"禹白附"。

　　㊶　**百合科 Liliaceae**　$\male\female * P_{3+3,(3+3)} A_{3+3} \underline{G}_{(3:3)}$

　　a. 本科识别要点　常为多年生草本，少数为灌木。具鳞茎或根状茎。单叶，互生或基生，少数对生或轮生，极少数退化成鳞片状。茎直立或攀援，有些扁化成叶状枝（如天门冬属、假叶树属）。花单生或排成总状、穗状、伞形花序；花常两性，辐射对称；花被片6，花瓣状，2轮排列，分离或合生；雄蕊6；上位子房，少半下位，3心皮合生成3室，中轴胎座，稀一室而为侧膜胎座，胚珠常多数。蒴果或浆果。种子多数，有丰富的胚乳，胚小。

　　本科共230属约4000种，分布于全世界，温带和亚热带地区为多。我国有60属570种，药用46属370种，分布于南北各地，西南地区最丰富。

　　本科药用植物化学成分复杂，主要含有生物碱、强心苷、蒽醌类、黄酮类、含硫化合物及多糖类等化学成分。

　　b. 药用植物举例

　　百合Lilium brownii F. E. Brown. var. viridulum Backer，其形态如图1-4-85所示。多年生草本。鳞茎近球形，白色。叶互生，倒披针形至倒卵形。花单生或数朵排成近伞形；花喇叭状，乳白色，外面稍紫色，芳香，先端外弯，蜜腺沟两侧和花被片基部具乳头状突起，花冠喉部淡黄色，常在开放一段时间后转白色。雄蕊6枚，着生于花被的基部，花丝有柔毛，花药丁字形；上位子房，3室，中轴胎座，胚珠多数，花柱细长，柱头3裂。长卵圆形蒴果，具钝棱。种子多数，卵形，扁平。生于山坡草地，多栽培，华北、西南和华南等地区有分布。鳞茎药用，具有润肺止咳、宁心安神功效，亦可食用。

　　百合属植物我国有39种，南北均有分布，尤以西南和华中最多，鳞茎供食用和药用的还有：卷丹 L. lancifolium Thunb.，叶腋常有株芽，花橘红色，有紫黑色斑点；山丹 L. pumilum DC.，叶条形，有一条明显的脉，花鲜红色或紫红色，无斑点或有少数斑点。

　　黄精Polygonatum sibiricum Delar. ex Red.，多年生草本。根状茎近圆锥状，黄白色。叶通常4～6片轮生，叶片条状披针形，先端卷曲。花腋生，总花梗顶端常2分叉，各生1花；苞片膜质，位于花梗基部；花近白色；雄蕊6，花丝短，着生于花被上部。球形浆果，成熟时黑色。分布于东北、华北、黄河流域及四川等地区。根状茎药用，具有补气养阴、健

图 1-4-85　百合
1—植株上部；2—鳞茎；3—雌蕊；
4—雄蕊；5—内花被片；6—外花被片

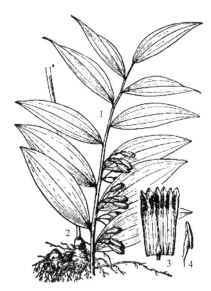

图 1-4-86　多花黄精
1—植株上部；2—根状茎；
3—花，已剖开；4—雄蕊

脾、润肺、益肾、降血脂及延缓衰老等功效。

多花黄精（囊丝黄精）*P. cyrtonema* Hua，其形态如图 1-4-86 所示。根状茎肥厚，稍成串珠状。茎常向一边倾斜，具条纹或紫色斑点。叶互生，卵状或矩圆状披针形。花腋生，2 至多朵集成伞形花序；有时单花，苞片微小或无；花被筒状，6 裂，黄绿色；花丝顶端膨大至囊状突起。黑色浆果。在河南以南和长江流域有分布。根状茎亦作"黄精"药用。

玉竹*P. odoratum*（Mill.）Druce，根状茎圆柱形，肥厚。茎单一，稍斜立，具纵棱。单叶互生，椭圆形或卵状矩圆形，先端尖。花腋生，单一或 2 朵生于长梗顶端，花梗下垂，无苞片；花被管窄钟形，先端 6 裂，黄绿色至白色；雄蕊 6，花丝丝状，近平滑至具乳头状突起。蓝黑色浆果。在华北、东北、华南、中南及四川有分布。根状茎（玉竹）药用，具有养阴润燥、生津止咳功效。

浙贝母*Fritillaria thunbergii* Miq.，多年生草本。地下鳞茎球形或扁球形，白色，由 2～3 枚鳞叶对合而成。叶近条形至披针形，先端不卷曲或稍卷曲，茎下部及上部的叶对生或散生，近中部的叶轮生。花 2～6 朵生于茎顶或上部叶腋，花钟状俯垂；花被 6 片，淡黄绿色，或稍带淡紫色，内外轮花被片大小形状相似，内面具紫色方格斑纹；雄蕊 6 枚，长为花被片的一半；雌蕊 1 枚，由 3 心皮合生而成，上位子房，3 心室，胚珠多数，柱头 3 裂。蒴果，有 6 条宽的纵翼。种子多数，扁平。多栽培，主要分布于浙江、江苏等地。鳞茎药用，较小鳞茎（珠贝）和鳞叶（大贝）入药，具有清热化痰、开郁散结功效。

川贝母*Fritillaria cirrhosa* D. Don，其形态如图 1-4-87 所示。多年生草本，鳞茎卵圆形，由两枚鳞片组成。茎生叶条形至披针形，通常对生，兼互生或 3～4 叶轮生，下部的叶先端稍卷曲或不卷曲。花常单生茎顶，钟状，紫色至黄绿色，通常有浅绿色小方格，少数仅具斑点或条纹；叶状苞片 3，狭长，先端卷曲；花被片 6，蜜腺窝在背面明显凸出。蒴果，棱上有 1～1.5mm 的狭翅。生于高山草甸及灌丛，分布于四川等地。鳞茎是川贝母商品之一"青贝"的主要来源。

贝母属植物我国有 20 种 2 变种，作贝母入药的还有：甘肃贝母 *F. przewalskii* Maxim.，梭砂贝母 *F. delavayi* Franch.，太白贝母 *F. taipaiensis* P. Y. Li，湖北贝母 *F. hupehensis* Hsiao

图 1-4-87　川贝母  
1—植株上部；2—花

图 1-4-88　麦冬  
1—植株上部；2—块根；3—花；4—果实

et K. C. Hsia，平贝母 *F. ussuriensis* Maxim.，伊犁贝母 *F. pallidiflora* Schrenk，新疆贝母 *F. walujewii*，都以鳞茎入药，具有清热化痰、润肺止咳功效。

知母 *Anemarrhena asphodeloides* Bge.，多年生草本。根茎肥厚，横走，残留许多黄褐色纤维状的叶残痕。叶基生，叶的先端渐尖成丝状，基部成鞘状，平行脉。总状花序，花 2～6 朵成一簇散生在花序轴上，每簇花具 1 苞片，苞片小，卵形或卵圆形；花粉红色、淡紫色至白色；花被片条形，基部稍连合；雄蕊 3 枚，与内轮花被片对生，花丝贴生于内轮花被片上；雌蕊 3 心皮，上位子房，3 心室，每室 2 胚珠。长卵形蒴果，具 6 纵棱，每室具种子 1～2 枚，黑色。东北、华北、甘肃及陕西有分布。根状茎药用，具有滋阴降火、润燥滑肠、利大小便功效。

七叶一枝花 *Paris polyphylla* Sm. var. *chinensis*（Franch.）Hara，多年生草本。根状茎短而粗壮。叶多为 5～7 片轮生于茎顶，叶片椭圆形或倒卵状披针形。花被片 4～7，外轮绿色，狭卵状披针形，内轮黄绿色，狭条形，长于外轮；雄蕊 8～12，花药长度为花丝的 3～4 倍，药隔突出为小尖头；上位子房，1 心室，具棱，先端具盘状花柱基。蒴果。根状茎（蚤休）药用，具有清热解毒、消肿散瘀功效。

麦冬 *Ophiopogon japonicus*（L. f.）Ker-Gawl.，其形态如图 1-4-88 所示。多年生草本。须根，中间或下端常膨大成纺锤状块根。叶基生成丛，细条形。总状花序，比叶短；花单生或成对着生于苞片腋内，苞片披针形；花被片白色或淡紫色，稍下垂；雄蕊 6，花丝很短，花药三角状披针形；半下位子房，花柱基部宽阔，稍粗而短，略呈圆锥形。四川、浙江多栽培，分布于华东、西南、中南等地区。块根（麦冬）药用。具有养阴生津，润肺清心功效。

山麦冬属（*Liliope*）的山麦冬 *L. spicata* Lour.，在湖北省大量栽培，其块根亦作"麦冬"药用。该种花梗直立，上位子房；叶片狭倒披针形，可区别于麦冬。

天门冬 *Asparagus cochinchinensis*（Lour.）Merr.，多年生具刺攀援植物。块根纺锤状膨大。茎细长，常扭曲；叶状枝通常 3 枚成簇，扁平或呈锐三棱形，稍镰刀状，中脉明显；茎上的鳞片状叶基部延伸为硬刺。花单性异株，每 2 朵腋生，淡绿色；雄花花被片 6 枚，2 轮排列，雄蕊 6 枚；雌花与雄花相似，具退化的雄蕊 6 枚，子房 3 心室，柱头 3 裂。红色浆果，具种子 1 枚。全国各地有分布。块根（天门冬）药用，具有滋阴润燥、清肺生津功效。

光叶菝葜（土茯苓）*Smilax glabra* Roxb.，攀援灌木。根状茎块状。叶薄革质，互生，椭圆状披针形或披针形；叶柄具狭鞘，有卷须，脱落点位于近叶柄顶端。伞形花序，通常具 10 余朵花；花绿白色，六棱状球形；雄花外轮花被片近扁圆形，背面中央具纵槽，内花被片近圆形，边缘有不规则的齿；花丝极短；雌花外形与雄花相似，但内花被片边缘无齿。浆果。甘肃南部及长江流域以南有分布。根状茎（土茯苓）药用，能除湿、解毒、利关节。

本科药用植物还有：剑叶龙血树 *Dracaena cochinchinensis*（Lour.）S. C. chen、海南龙血树 *D. camhodiana* Pierre，树干中流出的紫红色树脂是中药血竭的来源；藜芦 *Veratrum nigrum* L.，根有毒，能祛痰、催吐、杀虫；铃兰 *Convallaria keiskei* Miq.，全草能强心、利尿，有毒。

㊷ 姜科 Zingiberaceae ♀♂ $K_{(3)} C_{(3)} A_1 \overline{G}_{(3:3:\infty)}$

a. 本科识别要点　多年生草本。有块根、块茎或匍匐延长的根状茎，通常具芳香或辛辣味。单叶，叶基生或茎生，通常 2 列，或螺旋状排列，具开放或闭合的叶鞘，鞘顶具明显的叶舌；两性花，少有单性，两侧对称；单生或组成总状、穗状、头状或圆锥花序；生于具叶的茎上或有根茎发出的花葶上；花被片 6，2 轮，内轮萼状，常合生成管，一侧开裂或顶端齿裂，外轮瓣状，后方的 1 片最大，基部合成管；雄蕊 3 或 5，2 轮，内轮雄蕊近轴 1 枚发育，花丝具槽，侧生的 2 枚连合成 1 唇瓣；外轮雄蕊侧生 2 枚退化成瓣状或齿状或缺；下位子房，3 心皮合生成 3 室中轴胎座；花柱细长，通常经发育雄蕊的花丝槽中由花药室间穿出，柱头漏斗状。蒴果，少为浆果。种子有假种皮。

本科约 51 属 1500 余种，主要分布于热带、亚热带地区。我国 26 属约 200 种，药用 15 属 100 多种，分布于西南至东部。

本科药用植物主要含有挥发油、黄酮类、色素、甾体皂苷等化学成分。

b. 药用植物举例

姜 *Zingiber offcinales* Rose.，其形态如图1-4-89所示。多年生宿根草本，根状茎肥厚，横走多分枝，断面淡黄色，有芳香及辛辣味。叶互生，叶片披针形，无柄，有抱茎的叶鞘。花葶直立，自根状茎抽出，被以覆瓦状的鳞片，穗状花序球果状；苞片卵形，淡绿色或边缘淡黄色；花冠黄绿色，唇瓣中央裂片长圆状倒卵形，短于花冠裂片，具紫色条纹及淡黄色斑点，侧裂片卵形；雄蕊暗紫色，药隔附属体延伸成长喙状。栽培者很少开花。我国广泛栽培。根状茎药用，鲜品具有发表散寒、温中止呕、化痰止咳功效，干品（干姜）能温中散寒、回阳通脉、燥湿消痰；根状茎外皮（姜皮）可治疗水肿。

图 1-4-89　姜
1—植株；2—花；3—唇瓣

姜黄 *Curcuma longa* L.，根状茎断面深黄色至黄红色，具香气，须根先端膨大成淡黄色块根。叶片椭圆形，除上面先端具短柔毛及缘毛外，两面均无毛。穗状花序自叶鞘内抽出，球果状；花冠裂片白色；侧生退化雄蕊淡黄色，唇瓣长圆形，中部深黄色；花药淡白色，基部两侧有矩。分布于西南及华东、华南，野生于草地、路旁阴湿处或灌丛中。常栽培。根状茎为中药材"姜黄"来源之一，能破血行气、通经止痛，块根药用，块根为中药材"郁金"的植物来源之一（习称黄丝郁金），具有行气化瘀、清心解郁、利胆退黄功效。

我国药用郁金尚有下列四种植物的块根：

川郁金 *C. chuanyujin* C. K. Hsieh et H. Zhang，块根断面浅黄色至白色；叶两面具毛茸；圆锥状穗状花序与根茎上抽出；花冠淡粉红色。块根为中药材"黄白丝郁金"。

广西莪术 *C. kwangsiensis* S. G. Lee et C. F. Liang，块根断面白色，根茎断面白色或微黄色；叶片两面密被粗柔毛，沿中脉两侧有紫晕，穗状花序先叶或与叶同时从叶鞘中央抽出或从根茎上抽出；花冠粉红色。主根茎为中药材"莪术"的来源，块根为中药材"桂郁金"的来源。

温郁金 *Curcuma wenyujin*. H. Chen et C. Ling，本种块根断面白色，根茎断面柠檬黄色。穗状花序先叶于根茎处抽出；花冠白色，膜质。分布于浙江南部，本种新鲜的根茎切片晒干后称"片姜黄"。根茎煮熟后晒干称"温莪术"，块根为温郁金。

莪术 *C. aeruginosa* Roxb.，块根断面浅绿色或近白色，根茎断面黄绿色至墨绿色；叶鞘下端常为褐紫色；穗状花序先叶或与叶同时从根茎上抽出。主根茎为中药材"莪术"的来源之一，块根为中药材"绿丝郁金"。

图 1-4-90　阳春砂
1—带果的植物体；2—茎叶；3—花

阳春砂 *Amomum villosum* Lour.，其形态如图 1-4-90 所示。多年生草本，根茎匍匐，叶片长披针形，先端渐尖呈尾状或急尖，叶鞘上凹陷的方格状网纹，叶舌半圆形。花葶从根茎上生出；穗状花序，球状；花冠 3 裂，裂片白色，唇瓣圆匙形，先端 2 裂，白色，中脉黄色而染紫斑；侧生退化雄蕊呈细小的乳状凸起，雄蕊 1 个，药隔顶端附属体半圆形，两侧有耳状突起；下位子房，3 室，每室胚珠多数。蒴果椭圆形，熟时紫色，有刺状突起。种子多角形，有浓郁的香气。多栽培，分布于云南、福建及华南。果实（砂仁）药用，能化湿开胃、温脾止泻、理气安胎。

白豆蔻 *Amomum kravanh* Pirre ex Gagnep.，多年生草本。茎丛生，茎基叶鞘绿色。叶 2 列，叶片卵状披针形，先端尾尖，近无柄；叶舌圆形；叶鞘口及叶舌密被长粗毛；穗状花序自根状茎发出；总苞片三角形，麦秆黄色，具明显的方格状网脉；小苞片管状，一侧开裂；花萼管状；花冠管裂片 3，白色，唇瓣椭圆形，内凹，中央黄色；雄蕊 1，药隔附属体三裂；下位子房，柱头杯状，先端具缘毛。近球形蒴果，果皮木质，易开裂成 3 瓣。原产于柬埔寨和泰国。我国云南、海南有栽培。种子和果皮药用，具有理气宽中、开胃消食、化湿止呕功效。

益智 *Alpinia oxiphylla* Miq.，多年生丛生草本，全株具辛辣味。根茎横走，发达。叶 2 列，叶片披针形，边缘有脱落性的小刚毛。叶柄短，叶舌膜质，2 裂，被淡棕色柔毛。总状花序顶生，花蕾时包在 1 鞘状苞片内。花白色，花冠裂片 3；唇瓣倒卵形，粉白色而具红色脉纹，先端皱波状；侧生退化雄蕊钻状，雄蕊 1，花丝扁平，药隔先端具圆形鸡冠状附属物；下位子房，3 室，胚珠多数，密被茸毛。蒴果鲜时球形，干时纺锤形，果皮上有隆起的维管束条纹。种子淡黄色，被有假种皮。海南和广东南部为主产区。果（益智仁）药用，具有温脾止泻、摄唾、暖肾固精缩尿功效。

高良姜*Alpinia officinarum* Hance，多年生草本。根茎圆柱形，节处具环形膜质鳞片，芳香。叶片线形，无柄；叶舌披针形，薄膜质。总状花序顶生，花序轴被绒毛；苞片极小；花冠白色有红色条纹，花冠裂片 3，外被短柔毛，唇瓣卵形，浅红色，中部具紫红色条纹；雄蕊 1，药隔叉无附属体；下位子房，密被绒毛。球形蒴果，熟时红色。在广东、广西和云南有分布。根状茎药用，能温胃、散寒、行气、止痛。

㊸ 兰科 Orchidaceae $\male \uparrow P_{3+3} A_{1\sim 2} \overline{G}_{(3:1:\infty)}$

a. 本科识别要点　多年生草本。生活方式多样，有陆生、附生和腐生。通常具根状茎或块茎或假鳞茎。单叶互生，基部常具抱茎的叶鞘，有时退化成鳞片状。花单生或排成总状、穗状或圆锥花序；花两性，稀单性，两侧对称；常因子房呈180°扭转，而使唇瓣位于下方；花被 6 片，2 轮，外轮 3 枚为萼片，花瓣状，离生或部分合生；中央 1 片中萼片常凹陷而与花瓣靠合成盔，两枚侧萼片略歪斜；内轮 3 枚花被片，两侧的为花瓣，中央 1 片特化为唇瓣。唇瓣常 3 裂，或有时中部缢缩而分为上唇与下唇两部分。基部有时有蜜腺的囊或距。雄蕊与雌蕊合生成合蕊柱（蕊柱）；能育雄蕊 1 枚，稀 2～3；柱头常 2 或 3 裂；花药通常 2 室，花粉黏合而成的花粉块。下位子房，3 心皮组成 1 心室，侧膜胎座。三棱状圆柱形或纺锤形蒴果。种子极多，微小，胚小，无胚乳。

本科约 730 属 20000 种，广布全球，主产于热带地区。我国约 171 属 1200 多种，药用76 属 289 种，南北均产，而以云南、海南、广西、台湾种类最丰富。

本科药用植物含酚苷类、倍半萜类生物碱、黄酮类、香豆素、甾醇和芳香油等化学成分。

b. 药用植物举例

天麻*Gastrodia elate* Bl. 其形态如图 1-4-91 所示。多年生腐生草本，不含叶绿素，块茎长椭圆形，肥厚，有环节。单一，直立，淡黄褐色或带赤色。叶鳞片状，膜质，无叶绿素，基部成鞘状抱茎。总状花序顶生；花多数淡黄色，花冠下部壶状，上部歪斜；唇瓣白色，3 裂，中裂片舌状，具乳突，边缘不整齐，上部反曲，基部贴生于花被筒内壁上，侧裂片耳状；合蕊柱顶端有 2 个小的附属物；能育雄蕊 1 枚；下位子房，子房柄扭转。蒴果。种子极多，细小。生于林下腐殖质较多的阴湿处，现多栽培，主要分布在西南地区。块茎药用，具有平肝息风、止痉功效。

图 1-4-91　天麻
1—块茎及花序；2—花及苞片；3—花

石斛*Dendrobium nobil* Lindl.，多年生附生草本。茎丛生，圆柱形，多节，稍扁，黄绿色，又名扁草，茎基部膨大成蛇头状或卵球形。叶互生，长圆形，无柄，具抱茎的鞘。总状花序；每花序有花 2～3 朵，总梗基部有膜质鞘 1 对；花大而艳丽，花萼与花瓣均粉红色，唇瓣宽卵形，近基部中央有一个深紫色大斑块，蕊柱绿色。附生于树干或岩石上。全草称金钗石斛，药用，具有滋阴清热、益胃生津功效。

白及 *Bletilla striata*（Thunb.）Reichb. f.，其形态如图 1-4-92 所示。多年生草本，块茎短三叉状，具环痕，断面富黏性。叶 3～6 片，披针形，基部下延成鞘状抱茎。顶生总状花序，有 3～8 多花，花淡紫红色，唇瓣 3 裂，上面有 5 条纵皱褶；合蕊柱顶部生 1 雄蕊，药室中共有花粉块 8 个。蒴果。生于向阳山坡、疏林、草丛中，长江流域分布广泛。块茎药用，具有收敛止血、消肿生肌功效。

图 1-4-92　白及

1—植株伞形；2—花的唇瓣；3—蕊柱；4—蕊柱顶端的花药、蕊喙、柱头；5—花粉块；6—蒴果

本科药用植物还有：独蒜兰 *Pleine bulbocodioides*（Franch.）Rolfe，假鳞茎（山慈姑）能清热解毒，治淋巴结核和蛇虫咬伤；杜鹃兰 *Cremastra appendicutata*（D. Don）Makino；石仙桃 *Pholidota chinensis* Lindl.，假鳞茎能养阴清肺、化痰止咳；斑叶兰（银线盘）*Goodyera schlechtendaliana* Reichb. f.，能清热解毒、润肺止咳、消痈肿、补虚。

### [学习小结]

1. 高等药用植物种类及其主要特征

高等药用植物包括：苔藓植物、蕨类植物、裸子植物与被子植物。

苔藓植物是高等植物中唯一没有维管束的一类，是绿色自养型的陆生植物，植物体矮小。苔藓植物具有明显的世代交替，配子体在世代交替中占优势，能独立生活；孢子体则不能独立生活，须寄生在配子体上，这一点是与其他陆生高等植物的最大区别。

蕨类植物是高等植物中比较低级的具有维管组织的一类植物，其在植物体内具有维管系统，所以也称维管植物。蕨类植物和苔藓植物一样具明显的世代交替现象，无性生殖产生孢子，有性生殖器官为精子器和颈卵器。蕨类植物的孢子体和配子体都能独立生活。但是蕨类植物的孢子体比配子体发达，并有根、茎、叶的分化，内有维管组织；蕨类植物只产生孢子，不产生种子，与种子植物也有差别。因此，就进化水平看，蕨类植物是介于苔藓植物和种子植物之间的一个大类群。

裸子植物是保留着颈卵器、具有维管束、能产生种子、介于蕨类植物和被子植物之间的一类植物。裸子植物在形成种子的同时，不形成子房和果实，种子不被子房包被，胚珠和种子是裸露的，裸子植物因此而得名。由于裸子植物能产生种子，因此它与被子植物一起又被称为种子植物。

被子植物与裸子植物都属于种子植物，但被子植物形成种子时胚珠由心皮包被，形成子房，最后发育为果实，因此得名被子植物。被子植物是目前植物界进化最高级、种类最多、分布最广的一个类群。它的营养器官和繁殖器官都比裸子植物复杂，根、茎、叶内部组织结构更适应于各种生活条件，具有更强的繁殖能力。被子植物的主要特征如下：①孢子体高度发达，配子体进一步简化；②具有真正的花；③具有双受精现象；④胚珠包被在心皮形成的子房内；⑤具有更高度的组织分化，生理机能效率高。

2. 苔藓植物、蕨类植物、裸子植物与被子植物中常见药用植物的主要化学成分及其药用功能

[知识检测]

一、单项选择题

1. 苔藓植物具有（　　）。
A. 真根　　　　　　B. 假根　　　　　　C. 既有真根又有假根　　D. 无根只有鳞片

2. 下列属桔梗科的一组是（　　）。
A. 五加　半边莲　　B. 党参　人参　　C. 桔梗　三七　　　D. 党参　沙参

3. 一般单子叶植物具有（　　）。
A. 网状脉　　　　　B. 平行脉　　　　C. 掌状脉　　　　　D. 羽状脉

4. 下列具有十字花冠，四强雄蕊的一组是（　　）。
A. 五味子　天南星　B. 菘青　白芥　　C. 川芎　当归　　　D. 蒲公英　白屈菜

5. 下列属于木犀科的是（　　）。
A. 女贞　连翘　　　B. 菘蓝　黄连　　C. 桔梗　丹参　　　D. 巴豆　茜草

6. 杜仲科植物的果实是（　　）。
A. 瘦果　　　　　　B. 坚果　　　　　C. 翅果　　　　　　D. 聚花果

7. "秆"是指（　　）。
A. 禾本科植物茎　　B. 伞形科植物茎　C. 百合科植物茎　　D. 豆科植物茎

8. 大黄是（　　）科的植物。
A. 蓼科　　　　　　B. 毛茛科　　　　C. 伞形科　　　　　D. 木兰科

9. 何首乌为（　　）的植物。
A. 蓼科　　　　　　B. 毛茛科　　　　C. 木兰科　　　　　D. 五加科

10. 甘草、合欢为（　　）的植物。
A. 芸香科　　　　　B. 禾本科　　　　C. 木兰科　　　　　D. 豆科

二、多项选择题

1. 裸子植物属于（　　）。
A. 低等植物　　B. 维管植物　　C. 无胚植物　　D. 孢子植物　　E. 种子植物

2. 豆科蝶形花亚科的主要特征是（　　）。
A. 常有托叶　　B. 花两侧对称　　C. 旗瓣位于最内方　　D. 二强雄蕊　　E. 荚果

3. 木兰科与毛茛科相同的特征有（　　）。
A. 均为草本　　B. 雄蕊多数且离生　C. 环状托叶痕　　D. 聚合果　　E. 含油细胞

4. 五加科植物的主要特征为（　　）。
A. 多为木本　　B. 茎常中空　　C. 伞形花序　　D. 子房下位　　E. 双悬果

5. 十字花科植物大多有（　　）。
A. 四强雄蕊　　B. 二强雄蕊　　C. 花托隆起　　D. 假隔膜　　E. 角果

6. 锦葵科植物大多有（　　）。
A. 单体雄蕊　　B. 花药二室　　C. 副萼　　D. 花药一室　　E. 花粉有刺

7. 花序下常有总苞的植物是（　　）。
A. 鱼腥草　　B. 蒲公英　　C. 天南星　　D. 桔梗　　E. 半夏

8. 具有毒性的药用植物是（　　）。
A. 徐长卿　　B. 乌头　　C. 獐牙菜　　D. 大戟　　E. 萝芙木

9. 以全草入药的植物是（　　）。
A. 鱼腥草　　B. 薄荷　　C. 黄柏　　D. 百合　　E. 蒲公英

10. 以皮部入药的植物是（　　　）。

A. 黄柏　　　　　　B. 玉兰　　　　　　C. 白蜡树　　　　　　D. 马勃　　　　　　E. 杜仲

**三、填空题**

1. 苔藓、蕨类和裸子植物三者都有_____，所以三者合称_____植物；而裸子和被子植物二者都有_____，所以二者合称_____植物，上述四类植物又可合称为_____植物。

2. 蕨类植物通常分类为_____、_____、_____、_____、_____五个亚门。

3. 裸子植物分_____、_____、_____、_____、_____五纲。

4. 银杏的叶是_____形的，油松的叶是_____形的。

5. 水杉属于_____科，银杉属于_____科。

6. 向日葵属于_____科_____亚科，花序类型是_____花序，果实类型为_____果，主要食用部分为_____。

**四、问答题**

1. 比较单子叶植物纲和双子叶植物纲的异同。

2. 豆科的主要特征是什么？

3. 人参、党参、苦参、丹参、玄参各为何科植物？大黄、黄连、黄芩、麻黄、地黄分别为何科植物？

4. 五加科与伞形科的主要异同点是什么？

5. 麻黄科植物主要特征是怎样的？

6. 黄连、黄柏和黄芩分别为哪一科药用植物？这些科药用植物的主要特征是什么？

7. 百合科百合属、黄精属和贝母属药用植物的主要特征是什么？

8. 唇形科植物的主要特征是什么？以薄荷为例说明其叶片上分泌组织的主要特征。

9. 植物界几大类群中，哪几类属高等植物？

## 实训一　常见药用植物的识别

**一、实训目的**

通过对植物细胞、组织与器官以及低等和高等药用植物的形态、主要有效成分及功能等基础知识的了解，会认识常见药用植物，并能熟悉它们的有效成分及功效。

**二、实训内容**

在野外采集相关药用植物，并正确识别。

**三、实训报告**

将采集的药物相关内容按照要求填于下表：

实训报告

| 植物名称 | 分类单元(科) | 主要有效成分 | 主要功效 |
| --- | --- | --- | --- |
|  |  |  |  |
|  |  |  |  |
|  |  |  |  |
|  |  |  |  |
|  |  |  |  |

# 第二篇

# 中药的炮制

【学习目标】

1. 知识目标

掌握天然药物的炮制方法与技术。

2. 技能目标

能利用中药炮制的方法与技术对常用中药进行炮制。

炮制是药物在应用前或制成各种剂型以前必要的加工过程，包括对原药材进行一般修治整理和部分药材的特殊处理，后者也称为"炮炙"。经加工炮制的中药称中药饮片。

## 一、炮制的目的

由于中药材大都是生药，其中不少药材必须经过特定的炮炙处理，才能更符合治疗需要，充分发挥药效。因此，按照不同的药性和治疗要求而有多种炮制方法。

炮制对天然药物有着极其重要的作用，具体体现在以下几个方面：

### 1. 降低或消除药物的毒性或副作用

如半夏、天南星等含有强烈刺激性物质，浸泡之后，可消除其刺激咽喉的副作用。

马钱子具有通络止痛、散结消肿之功效，主要用于治疗风湿顽痹、麻木瘫痪、跌打损伤、痈疽肿痛、小儿麻痹后遗症、类风湿关节痛等，其中的主要成分为士的宁（疗效好）和马钱子碱（毒性强），因此，马钱子需要经过炮制使马钱子碱的毒性降低。

附子具有回阳救逆、补火助阳、逐风寒湿邪之功效，主要用于亡阳虚脱、肢冷脉微、阳痿、宫冷等症。它主要含有二萜双酯类生物碱等，二萜双酯类生物碱乌头碱 0.2mg 就可造成中毒，其半数致死量为 3～4mg。但经炮制后，少部分二萜双脂类生物碱随水流失，大部分则转变成毒性大大降低的二萜单酯型生物碱。二萜单酯型生物碱的毒性只有二萜双酯型生物碱的 1/2000。

[知识链接]

四性五味是指中药的药性和味道，也称为四气五味。"四性"指寒、凉、温、热，寒热偏性不明显的即为平性；寒凉药材多具有清热泻火作用，适用于热性病症；温热药材多具有温里散寒的特性，适用于寒性病症。"五味"指酸、苦、甘、辛、咸，另还有淡味。五味作用在于"辛散、酸收、甘缓、苦坚、咸软"。

中国第一部药书《神农本草经》中写道："药有毒无毒，阴干暴干，采造时月、生熟、土地所出真伪陈新，并各有法。若有毒宜制，可用相畏相杀，不尔合用也。"中国古代名医张仲景也认为药物须烧、炼、炮、炙，生熟有定，或须皮去肉，或支皮须肉，或须根去茎，或须花须实，依方拣采，治削，极令净洁。说明中药需要炮制。

**2. 转变药物的功能**

炮制可影响药物的归经、四气五味及升降浮沉，使应用范围改变或扩大。如生地黄清热凉血、滋阴生津；炮制成熟地黄则能滋阴补血、填精补髓。生莱菔子升多于降，用于涌吐风痰；炒莱菔子降多于升，用于降气化痰、消食除胀。麻黄为辛温解表药，主要含有两类成分——挥发油和生物碱，其中前者主要用于辛温解表，治疗感冒等症；后者具有止咳平喘的作用，主要用于治疗气管炎等。但麻黄蜜炙后挥发油降低1/2，而生物碱含量基本不降，使其辛温解表作用降低，止咳平喘作用增强。

**3. 增强疗效**

有些药物经炮制后，可增加有效成分的溶出和含量，或产生新的有效成分，使药效增强。经加工炮制后的中药饮片有效成分溶出率往往高于生药。如款冬花、枇杷叶经蜜炙后，可增强润肺止咳作用。元胡中的主要止痛成分是生物碱，未炮制的元胡用水提取，其生物碱的提取率为25%；而用醋炙后，元胡用水提取，其生物碱的提取率为49.3%，可提高其疗效。生黄连中小檗碱在水中的溶出率为58.2%，而酒制黄连为90.8%，炮制品明显高于生品。许多种子如莱菔子、紫苏子等炒熟后，种皮爆裂，有效成分溶出增加。

**4. 易于粉碎，适应调剂或制剂的需要**

如龙骨、石决明炮制后质地酥松，易于粉碎，并有利于药物成分的溶出。

**5. 利于储存**

药物经纯净修制、除去杂质、制成饮片、干燥等方法炮制处理后，有利于药材贮藏和保存药效。如蒸制桑螵蛸，杀死虫卵后，更利于贮存。

**6. 便于服用**

一些动物药、动物粪便及有特殊臭味的药，经炮制后可矫味矫臭。如醋炒五灵脂及麸炒白僵蚕，可避免因服药引起的恶心呕吐而利于服用。紫河车、蛇类、动物类含有三甲胺等腥味成分，酒炙后可除去这些腥味成分而便于服用。

总之，炮制的根本目的在于增效、制毒，以适应临床应用的需要。

## 二、炮制方法

炮制方法是历代逐渐发展和充实起来的，方法很多。根据前人的记载，结合现代实际炮制经验，炮制法大致可分为五类，但不同的药材其炮制方法不一样。

（一）修制

中药的修制主要有纯净处理、粉碎处理、切制处理三种处理方法。在修制处理过程中所涉及的部分设备如图2-1所示。

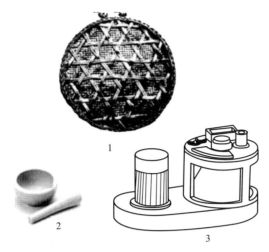

图 2-1　中药修制设备
1—筛子；2—研钵；3—多功能切药机

**1. 纯净处理**

采用挑、拣、簸、筛、刮、刷等方法，去掉灰屑、杂质及非药用部分，使药物清洁纯净。如拣去合欢花中的枝、叶，刷除枇杷叶、石苇叶背面的绒毛，刮去厚朴、肉的粗皮等。

**2. 粉碎处理**

采用捣、碾、镑、锉等方法，使药物粉碎，以符合制剂和其他炮制法的要求。如将牡蛎、龙骨捣碎便于煎煮；川贝母碾粉便于吞服；犀角、羚羊角镑成薄片，或锉成粉末，便于制剂和服用。

**3. 切制处理**

采用切、铡的方法，把药物切制成一定的规格，使药物有效成分易于溶出，并便于进行其他炮制，也利于干燥、贮藏和调剂时称量。根据药材的性质和医疗需要，切片有很多规格。如天麻、槟榔宜切薄片，泽泻、白术宜切厚片，黄芪、鸡血藤宜切斜片，白芍、甘草宜切圆片，肉桂、厚朴宜切圆盘片，桑白皮、枇杷叶宜切丝，白茅根、麻黄宜铡成段，茯苓、葛根宜切成块等。

（二）水　制

用水或其他液体辅料处理药材的方法称为水制法。水制的目的主要是清洁药物、软化药物、调整药性。常用的有淋、洗、泡、漂、浸、润、水飞等。这里介绍三种常用的方法。

**1. 润**

润又称闷或伏。根据药材质地的软硬，加工时的气温、工具，用淋润、洗润、泡润、浸润、晾润、盖润、伏润、露润、包润、复润、双润等多种方法，使清水或其他液体辅料徐徐入内，在不损失或少损失药效的前提下，使药材软化，便于切制饮片。如淋润荆芥，泡润槟榔，酒洗润当归，姜汁浸润厚朴，伏润天麻，盖润大黄等。

**2. 漂**

将药物置长流水中浸渍一段时间，并反复换水，以去掉腥味、盐分及毒性成分的方法称为漂。如将昆布、海藻、盐附子漂去盐分，紫河车漂去腥味等。

**3. 水飞**

借药物在水中的沉降性质分取药材极细粉末的方法。将不溶于水的药材粉碎后置研钵或碾槽内加水共研，大量生产则用球磨机研磨，再加入多量的水，搅拌，较粗的粉粒即下沉，细粉混悬于水中，倾出；粗粒再飞再研。倾出的混悬液沉淀后，分出，干燥即成极细粉末。

此法所制粉末既细，又减少了研磨中粉末的飞扬损失。常用于矿物类、贝甲类药物的制粉，如飞朱砂、飞炉甘石、飞雄黄等。其具体操作方法为：

将药物适当破碎，置研钵中或其他适宜容器内，加适量清水，研磨成糊状，再加多量水搅拌，粗粉即下沉，立即倾出混悬液，下沉的粗粒再行研磨，如此反复操作，至研细为止。最后将不能混悬的杂质弃去。将前后倾出的混悬液合并静置，待沉淀后，倾去上面的清水，将干燥沉淀物研磨成极细粉末。

### （三）火制

**1. 炒**

有炒黄、炒焦、炒炭等程度不同的清炒法，其操作步骤为：

放锅（平放或斜放）—热锅—投药（适宜）—翻炒（均匀）—出锅（迅速）

炒黄、炒焦使药物易于粉碎加工，并缓和药性；种子类药物炒后则煎煮时有效成分易于溶出；炒炭能缓和药物的烈性、副作用，或增强其收敛止血的功效；还有拌固体辅料如土、麸、米炒的，可减轻药物的刺激性，增强疗效，如土炒白术、麸炒枳壳、米炒斑蝥等；与砂或滑石、蛤粉同炒的方法习称烫，药物受热均匀酥脆，易于煎出有效成分或便于服用，如砂炒穿山甲、蛤粉炒阿胶等。下面以马钱子的炮制为例对炒法加以说明：

马钱子为马钱子科植物马钱 *Strychnos nuxvomica* 的干燥成熟种子，有炒、炸、煮、砂烫等炮制方法，现主要有油制法、砂烫法及制马钱子粉等。其具体炮制方法如下：

（1）马钱子　原药材，除去杂质，筛去灰屑。

（2）制马钱子

① 砂烫（如图2-2所示）　取制过的砂放锅内，用武火加热至灵活状态，投入大小一致的马钱子，不断用砂掩埋、翻动，至质地酥脆或鼓起，外表呈黄色或较原色加深，取出，筛去砂，放凉；或趁热投入醋中略浸，取出干燥即得。亦可供制马钱子粉用。

② 油炸　取麻油适量置锅内，加热至230℃左右，投入马钱子，炸至老黄色时，立即取出，沥去油，放凉。用时研粉。

（3）马钱子粉　取砂烫马钱子，粉碎成细粉，测定士的宁的含量（0.78%～0.82%）后，加适量淀粉，使符合规定，混匀，即得。

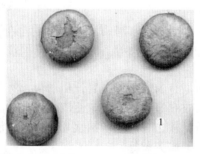

图 2-2　火制马钱子
1—马钱子生品；2—砂烫马钱子饮片

**2. 炙**

用液体辅料拌炒药物，使辅料渗入药物组织内部，以改变药性，增强疗效或减少副作用的炮制方法称为炙。通常使用的液体辅料有蜜、酒、醋、姜汁、盐水、童便等。如蜜制黄芪、甘草可增强补中益气作用；蜜炙百部、款冬花可增强润肺止咳作用；酒炙川芎可增强活血之功；醋炙香附可增强疏肝止痛之效；盐炙杜仲可增强补肾功能；酒炙常山可减轻催吐作用等。具体操作方法为：

（1）酒炙法　一般每 100kg 药物用黄酒 10~20kg，也有用白酒的。

① 先拌酒后炒药　将净制或切制后的药物与一定量的酒拌匀，稍闷润，待酒被吸尽后，置炒制容器内，用文火炒干，取出晾凉。此法适用于质地较坚实的根及根茎类药物，如续断、川芎、丹参等。

② 先炒药后加酒　先将净制或切制后的药物置炒制容器内，加热至一定程度，再喷洒一定量的酒炒干，取出晾凉。因为此法不易使酒渗入药物内部，加热翻炒时，酒易迅速挥发，所以一般少用，只有个别药物用此法，适用于质地疏松的药物，如五灵脂。

注意：酒炙法所用的酒以黄酒为主。酒炙前药物要大小分档。注意药物与酒的比例，闷润过程中容器上面应加盖密闭，以防酒迅速挥发，并且润透后再加热。酒的用量一般为每 100kg 药物，用黄酒 10~20kg；如酒的用量较少，不易与药物拌匀时，可先将酒加适量水稀释后，再与药物拌润。酒炙一般用文火加热，勤翻动，要亮锅底，使药物受热均匀。加热翻炒时，酒易迅速被挥发，所以一般少用，只有个别药物用此法。

（2）醋炙法　一般每 100kg 药物，用米醋 20~30kg，最多不超过 50kg。

① 先拌醋后炒药　将净制或切制后的药物，加入一定量的米醋拌匀，稍闷润，待醋被吸尽后，置炒制容器内，用文火炒至一定程度，取出摊晾至干，筛去碎屑。此法能使醋渗入药物内部，一般需醋炙的药物均可采用此法，如甘遂、商陆、柴胡、三棱、芫花等。

② 先炒药后加醋　先将净选后的药物，置炒制容器内，炒至表面熔化发亮（树脂类），或炒至表面颜色改变，有腥气溢出时，喷洒一定量米醋，炒至微干，出锅后继续翻动，摊开晾干。此法多用于树脂类、动物粪便药物。如乳香、没药、五灵脂等。

注意：醋炙法常用的是米醋，以存放陈久者为好。

（3）盐炙法　盐的用量通常是每 100kg 药物用食盐 2kg，水的用量一般以食盐的 4~5 倍为宜。

① 先拌盐水后炒　将食盐加适量清水溶化，与药物拌匀，放置闷润，待盐水被吸尽后，置炒制容器内，用文火炒至一定程度，取出晾凉。

② 先炒药后加盐水　先将药物置炒制容器内，用文火炒到一定程度，再喷淋盐水，炒干，取出晾凉。含黏液质较多的药物一般均用此法。

（4）姜炙法　一般每 100kg 药物用生姜 10kg。若无生姜，可用干姜煎汁，用量为生姜的三分之一。

将药物与一定量的姜汁拌匀，放置闷润，使姜汁逐渐渗入药物内部，然后置炒制容器内，用文火炒至一定程度，取出晾凉。或者将药物与姜汁拌匀，待姜汁被吸尽后进行干燥。

姜汁的制备方法：

① 捣汁　将生姜洗净宜容器内捣烂，加适量水，压榨取汁，残渣再加水共捣，再压榨取汁，如此反复 2~3 次，合并姜汁，备用。

② 煮汁　取净生姜片，置锅内，加适量水煮，过滤，残渣再加水煮，又过滤，合并两次滤液，适当浓缩，取出备用。

（5）蜜炙法　炼蜜的含水量控制在 10%~13% 为宜，通常每 100kg 药物用炼蜜 30kg，炒至不粘手。

① 先拌蜜后炒　先取一定量的炼蜜，加适量开水稀释，与药物拌匀，放置闷润，使蜜逐渐渗入药物组织内部，然后置锅内，用文火炒至颜色加深、不粘手时，取出摊晾，凉后及时收贮。

② 先炒药后加蜜　先将药物置锅内，用文火炒至颜色加深时，再加入一定量的炼蜜，迅速翻动，使蜜与药物拌匀，炒至不粘手时，取出摊晾，凉后及时收贮。

注意：一般药物都用第一种方法炮制，但有的药物质地致密，蜜不易被吸收，这时就应采用第二种方法处理，先除去部分水分，并使质地略变酥脆，则蜜就较易被吸收。

炼蜜的用量视药物的性质而定。一般质地疏松、纤维多的药物用蜜量宜大；质地坚实、黏性较强、油分较多的药物用蜜量宜小。

（6）油炙法　油炙法所用的辅料包括植物油和动物油两类。常用的有麻油（芝麻油）、羊脂油，此外，菜油、酥油亦可采用。

① 油炒　先将羊脂切碎，置锅内加热，炼油去渣，然后取药物与羊脂油拌匀，用文火炒至油被吸尽，药物表面呈油亮时取出，摊开晾凉。

② 油炸　取植物油，倒入锅内加热，至沸腾时，倾入药物，用文火炸至一定程度，取出，沥去油，粉碎。

③ 油脂涂酥烘烤　动物骨类药物可锯成短节，放炉火上烤热，用酥油涂布，加热烘烤，待酥油渗入骨内后，再涂再烤，反复操作，直至骨质酥脆，晾凉，粉碎。其他药物可直接涂油烘烤至酥脆。

### 3. 煅

将药物用猛火直接或间接煅烧，使质地松脆，易于粉碎，充分发挥疗效。坚硬的矿物药或贝壳类药多直接用火煅烧，以煅至红透为度，如紫石英、海蛤壳等。间接煅是置药物于耐火容器中密闭煅烧，至容器底部红透为度，如制血余炭、陈棕炭等。具体有以下几种方法：

（1）明煅法　药物直接置于无烟炉中或耐火容器内，敞露于空气中，武火煅烧的方法，又称直火煅法。

① 敞锅煅　药物直接放于煅锅内，用武火加热的煅制方法。该方法适用于含结晶水易熔的药物。

② 炉膛煅　质地坚硬的矿物药，放于炉火上煅至红透，取出放凉。该方法适用于含结晶水的矿物药、动物的贝壳类、化石类药物。煅后易碎或煅时爆裂的药物需装入耐火容器或适宜容器内。

③ 平炉煅　将药物置炉膛内，武火加热，并用鼓风机促使温度迅速升高和升温均匀。该方法效率较高，适用于大量生产。本法适用范围与炉膛煅相同。

④ 反射炉煅　将燃料投入炉内点燃，并用鼓风机吹旺，然后将燃料口密闭，从投料口内投入药材，再将投料口密闭，鼓风燃至指定时间，适当翻动，使药材受热均匀，煅红后停止鼓风，继续保温煅烧，稍后取出放凉或进一步加工。该方法效率较高，适用于大量生产。其适用范围与炉膛煅相同。

注意：明煅时，应将药物大小分档，以免煅制时生熟不均。煅制过程中宜一次煅透，中途不得停火，以免出现夹生现象。煅制温度、时间应适度。过高，药材易灰化；过低，则煅制不透。有些药物在煅烧时发生爆溅，可在容器上加盖（但不密闭）以防爆溅。不同的药物煅后应有相应的形状、颜色和质地。

（2）煅淬法　药物按明煅法煅至红透，趁热投入液体辅料中骤然冷却，使药物质地酥脆（一般以手捏成碎粒，或药物在1米高处掉到地上碎成黄豆粒大小）。

注意：煅淬要反复进行几次，使液体辅料吸尽，药物应全部酥脆为度，避免生熟不均。所用的淬液种类和用量由各个药物的性质和目的要求而定。

（3）扣锅煅法　药物在高温缺氧条件下煅烧成炭的方法，又称密闭煅、闷煅、暗煅、煅炭。

**4. 煨**

利用湿面粉或湿纸包裹药物，置热火灰中加热至面或纸焦黑为度，可减轻药物的烈性和副作用，如煨生姜、煨甘遂、煨肉豆蔻等。

**（四）水火共制**

**1. 煮**

用清水或液体辅料与药物共同加热的方法。如醋煮芫花可降低毒性，酒煮黄芩可增强清肺热的功效。煮法的操作方法因各药物的性质、辅料来源及炮制要求不同而异，其工艺程序及要求如下：

先将待煮药物大小分开，淘洗干净后备用，再将药物放入锅中，加水加热共煮，用辅料者可同时加入（或稍后加入）。一般要求在100℃的温度条件下较长时间加热，可以先用武火后用文火。一般煮至中心无白心、刚透心为度。若用辅料起协同作用，则辅料汁液应被药物吸尽。加水量多少需看要求而定。如煮的时间长用水宜多，短者可少加；若需煮熟、煮透或弃汁、留汁的加水宜多，要求煮干者，则加水要少。煮好后出锅，及时晒干或烘干，如需切片则可趁湿润时先切成饮片再进行干燥。

**2. 蒸**

利用水蒸气或隔水加热药物的方法。如酒蒸大黄可缓和泻下作用。有些药物经反复蒸、晒，才能获得适合医疗需要的作用。如何首乌经反复蒸晒后不再有泻下力而能补肝肾、益精血。其具体操作方法为：

将待蒸的药物洗涤干净，并大小分开，质地坚硬者可适当先用水浸润1～2h，以加强蒸的效果。用液体辅料同蒸者，可利用该辅料润透药物。然后将洗净润透或拌匀辅料后润透的药物置笼屉或铜罐等蒸制容器内，隔水加热至所需程度取出。蒸制时间一般视药物不同而异，短者1～2h，长者数十小时，有的还要求反复蒸制（如九蒸九晒）。

**3. 淬**

将药物燃烧红后，迅速投入冷水或液体辅料中，使其酥脆的方法。淬后不仅易于粉碎，且辅料极其吸收，可发挥预期疗效。如醋淬自然铜、鳖甲，黄连煮汁淬炉甘石等。

**4. 掸**

掸是将药物快速放入沸水中短暂潦过，立即取出的方法。常用于种子类药物的去皮和肉质多汁类药物的干燥处理。如掸杏仁、桃仁以去皮；掸马齿苋、天门冬以便于晒干贮存。

**（五）其他制法**

常用的有发芽、发酵、制霜及部分法制法等。其目的在于改变药物原有性能，增加新的疗效，减少毒性或副作用，或使药物更趋效高质纯。如：稻、麦的发芽；发酵法制取神曲、淡豆豉；巴豆的去油取霜；西瓜的加工制霜等。

**1. 发酵法**

其具体操作方法为根据不同品种，采用不同的方法进行加工处理后，再置温度、湿度适宜的环境下进行发酵。常用的方法有药料与面粉混合发酵，如六神曲、建曲、半夏曲、沉香曲等。另一类方法是直接用药料进行发酵，如淡豆豉、百药煎等。

发酵是微生物新陈代谢的过程，因此，在制备时，应具备其生长繁殖的各种条件，如菌种、培养基、温度（30～37℃）、湿度（70％～80％）及其他方面等。

**2. 发芽法**

通过发芽，淀粉被分解为糊精、葡萄糖及果糖，蛋白质分解成氨基酸，脂肪被分解成甘油和脂肪酸，并产生各种消化酶、维生素，使其具有新的功能，扩大用药品种。

选择新鲜、粒大、饱满、无病虫害、色泽鲜艳的种子或果实，用清水浸泡适度，捞出，置于能透气漏水的容器中，或已垫好竹席的地面上，用湿物盖严，每日喷淋清水2～3次，保持湿润，约经2～3天即可发幼芽。待幼芽长出0.2～1cm左右时，取出干燥。

**3. 制霜法**

制霜法包括：去油制霜法（巴豆）、渗析制霜法（西瓜霜）和升华制霜法（砒霜）等三种。去油制霜法常取原药材，除去外壳取仁，碾成细末或捣烂如泥，用多层吸油纸包裹，蒸热，或置炉边或烈日暴晒后，压榨，如此反复换纸吸去油，至松散成粉、不再黏结为度。

**[学习小结]**

**【学习内容】**

1. 中药炮制的目的：减毒、增效，便于制剂的需要。

2. 中药炮制的方法：修制、水制、火制、水火共制、发芽、发酵、制霜等。

**【学习重点】**

熟悉炮制的方法，并能熟练运用于各工作任务中。

**[知识检测]**

**一、单项选择题**

1. 我国第一部中药炮制专著《雷公炮炙论》的作者是（　　）。

A. 张景岳　　　　　　B. 雷敩　　　　　　C. 张仲岩　　　　　　D. 缪希雍

2. 对含生物碱的药物，常选择何种辅料炮制以提高其溶出率？（　　）

A. 食醋　　　　　　　B. 盐水　　　　　　C. 米泔水　　　　　　D. 蜂蜜

3. 欲发挥黄柏清上焦湿热作用，宜选用的炮制品是（　　）。

A. 生黄柏　　　　　　B. 萸黄柏　　　　　C. 姜黄柏　　　　　　D. 酒黄柏

4. 具有理气、止血、行水、消肿、解毒等作用的辅料是（　　）。

A. 食盐水　　　　　　B. 酒　　　　　　　C. 生姜汁　　　　　　D. 米醋

5. 以100kg药材计算，炙法中生姜的常用量是（　　）。

A. 5kg　　　　　　　B. 10kg　　　　　　C. 10～15kg　　　　D. 15～20kg

6. 欲缓和大黄泻下作用，增强活血祛瘀功效，宜选择（　　）。

A. 生大黄　　　　　　B. 大黄炭　　　　　C. 蜜大黄　　　　　　D. 酒大黄

7. 能缓和麻黄辛散发汗力，增强宣肺止咳平喘作用的炮制品是（　　）。

A. 生麻黄　　　　　　B. 炙麻黄　　　　　C. 麻黄绒　　　　　　D. 炙麻黄绒

8. 石膏煅制的主要目的是（　　）。

A. 增强疗效　　　　　B. 降低毒性　　　　C. 减少副作用　　　　D. 产生新疗效

9. 发酵法的适宜温度是（　　）。

A. 18～25℃　　　　　B. 30～37℃　　　　C. 5～10℃　　　　　D. 25～30℃

10. 常用鳖血制的药物是（　　）。

A. 香附　　　　　　　B. 益智　　　　　　C. 当归　　　　　　　D. 柴胡

**二、多项选择题**

1. 党参的炮制品有（　　）。

A. 党参　　　　　　B. 炙党参　　　　　　C. 醋党参

D. 米炒党参　　　　E. 酒炒党参

2. 常用煅炭的药物是（　　）。

A. 灯心草　　　　　B. 荷叶　　　　　　　C. 棕榈

D. 血余炭　　　　　E. 地榆

3. 醋炙法常用于炮制的药物有（　　）。

A. 散瘀止痛药　　　B. 疏肝理气药　　　　C. 攻下逐水药

D. 补肝肾药　　　　E. 治疝气药

4. 生地黄制成熟地黄后（　　）。

A. 药性由寒转温　　B. 仍有凉血作用　　　C. 味由苦变甜

D. 滋阴补血　　　　E. 兼具益精填髓之功

5. 常用先炒药后加辅料拌炒法操作的药物有（　　）。

A. 知母　　　　　　B. 乳香　　　　　　　C. 黄连

D. 五灵脂　　　　　E. 没药

### 三、问答题

1. 中药炮制的目的是什么？有哪些炮制方法？

2. 请详细论述中药炮制中的火制技术，并举例说明。

## 实训二　明矾、石膏的明煅

### 一、实训目的

1. 了解明煅法的目的和意义。

2. 掌握明煅制方法的操作要点及火候、注意事项和质量标准。

### 二、实训器材

电磁炉、铁铲、铁锅、坩埚、烧杯、量筒、坩埚钳、电炉、瓷蒸发皿、搪瓷盘、台秤、马弗炉等。

### 三、操作方法

1. 明矾的明煅

取明矾除去杂质，筛或拭去浮灰，打碎，称重，置于适宜的容器内，用武火加热，切勿搅拌，煅至水分完全蒸发，无气体放出，全部泡松，呈白色蜂窝状固体时，取出放凉，再称重。

成品性状：本品呈洁白色，无光泽，蜂窝状块，手捻易碎。

2. 石膏的明煅

取净石膏块，称重，置适宜容器内或直接置火源上，用武火加热，煅至红透，取出放凉，碾细，再称重。

成品性状：本品煅后呈洁白色或粉白色条状或块状，表面松脆，易剥落，光泽消失，手捻易碎。

### 四、操作提示

1. 煅明矾时，中途不得停火，并切忌搅拌。

2. 煅淬药物火力要强，并要趁热淬之。

3. 煅锅内药物不宜放得过多过紧，以占容器的 2/3 为宜。

### 五、实训报告

填写实训报告单。

**实训报告单**

| 实训名称 | | |
|---|---|---|
| 设备器材 | 玻璃器皿 | |
| | 仪器设备 | |
| 溶剂与试剂 | 溶剂 | |
| | 试剂 | |
| 操作步骤 | | |
| 质量检验 | 检验方法 | |
| | 检验记录 | |
| 讨论与总结 | | |
| 文明操作 | 环境卫生 | |
| | 仪器使用 | |
| 学习能力 | 教师评价 | |

# 第三篇

# 天然药物的提取与分离技术

　　众所周知，天然药物的种类繁多，成分极其复杂。天然药物也一直是人类获得药物的主要途径，它们之所以能防病治病，其物质基础在于所含有的活性成分。但它们往往组成十分复杂，且很多有效成分含量很低，甚至为微量或痕量。因此，要想从天然药物中获得那些治病的物质，必须要经过相关的技术处理。首先要将有用的物质提取出来，如中药的煎煮；而要想更深入地了解、应用其中的有效成分，则需要将有效成分与其他杂质、无效成分等分离开来；然后再浓缩成型等等。这样，天然药物有效成分的提取、分离纯化与鉴定也就成为了天然药物生产技术中的关键。

# 第一章
# 天然药物的提取技术

【学习目标】

1. 知识目标

熟悉天然药物的常用提取方法，掌握其操作技术关键。

2. 技能目标

熟悉天然药物生产技术中的提取技术关键。

## 一、提取基础知识

提取是指用选择的溶剂或适当的方法，将所需要的成分溶解出来并同天然药物组织脱离的过程。

天然药物中所含有的化学成分较为复杂，既有有效成分，也有无效成分。进行天然药物有效成分的提取，一般从两个方面着手：一是目的物为已知成分，如从植物黄连中提取小檗碱时，一般先查资料，比较各种提取方案，再根据具体情况加以选用；二是对有效成分的性质一无所知，一般应在活性测试体系指引下，经不同溶剂提取，确定有效部位。提取时应尽量提出有效成分，而设法使杂质不被提出。常用溶剂提取法、水蒸气蒸馏法、升华法等三种方法。

### （一）溶剂提取法

**1. 提取原理**

根据天然药物化学成分与溶剂间"极性相似相溶"的原理，依据各类成分溶解度的差异选择对所提成分溶解度大、对杂质溶解度小的溶剂，依据"浓度差"原理将所提成分从药材中溶解出来的方法。

**2. 化学成分的极性**

被提取成分的极性是选择提取溶剂最重要的依据。

（1）影响化合物极性的因素

① 化合物分子母核大小（碳数多少） 分子大，碳数多，极性小；分子小，碳数少，极性大。

② 取代基极性大小 在化合物母核相同或相近情况下，化合物极性大小主要取决于取代基极性大小。

常见基团极性大小顺序如下：酸＞酚＞醇＞胺＞醛＞酮＞酯＞醚＞烯＞烷。

天然药物化学成分不但数量繁多，而且结构千差万别。所以极性问题很复杂。但依据以上两点，一般可以判定。需要大家判断的大多数是母核相同或相近的化合物，此时主要依据取代基极性大小。

（2）常见天然药物化学成分类型的极性

极性较大的：苷类、生物碱盐、糖类、蛋白质、氨基酸、鞣质、小分子有机酸、亲水性色素。

极性小的：游离生物碱、苷元、挥发油、树脂、脂肪、大分子有机酸、亲脂性色素。

以上不是绝对的，要具体成分具体分析。比如，有的苷类化合物极性很小，有的苷元极性很大。

**3. 提取溶剂及溶剂的选择**

（1）提取溶剂　按所用溶剂极性大小顺序可将溶剂分为三类，即非极性溶剂、中等极性溶剂和极性溶剂；也即亲脂性有机溶剂、亲水性有机溶剂和水，它们各有特点。

① 水　极性强，穿透力大，天然药物中如糖、蛋白质、氨基酸、鞣质、有机酸盐、生物碱盐、大多数苷类、无机盐类等亲水性成分可溶于水。水作为提取溶剂安全、经济、易得；但水提液（尤其是含糖及蛋白质者）易霉变，难以保存，而且不易浓缩和滤过。

② 亲水性有机溶剂　甲醇、乙醇和丙酮等极性较大且能与水相互混溶的有机溶剂，其中乙醇最为常用。由于它们能与水以任意比混溶，对一些亲脂性成分也有很好的溶解性能，所以提取范围广泛，效率较高，且提取液易于保存、滤过和回收；但易燃，价格较贵，有些溶剂毒性较强。

③ 亲脂性有机溶剂　如石油醚、苯、乙醚、氯仿、乙酸乙酯等，其特点是与水不能混溶，具有较强的选择性。此类溶剂提取的提取液易浓缩回收；但穿透力较弱，常需要长时间反复提取，使用有一定局限性，且毒性较大、易燃、价格较贵、设备要求高，使用时应注意安全。天然药物中的挥发油、油脂、叶绿素、树脂、内酯等属于亲脂性成分。

根据相似相溶的原理，天然药物中的亲水成分易溶于极性溶剂，亲脂成分则易溶于非极性溶剂。因此，在实际工作中可针对某药材中已知成分或某类成分的性质，选择相应的溶剂进行提取。如细辛醚的提取可直接选用石油醚；提取植物中生物碱类，可用碱液浸泡使之游离，再用有机溶剂提取。但是天然药物中的成分十分复杂，各成分间相互影响，使溶解性能有所改变，故选择溶剂时还需要结合共存其他成分的性质加以综合考虑。

常用溶剂的极性大小为：

石油醚＜四氯化碳＜苯＜乙醚＜二氯甲烷＜氯仿＜乙酸乙酯＜正丁醇＜丙酮＜乙醇＜甲醇＜水

为提高目的产物的溶解度，增加制剂的稳定性，除去或减少某些物质，常在提取溶剂中加入辅助剂。常用的提取用辅助剂有酸、碱和表面活性剂。酸、碱可与目的产物形成盐或使其从结合态转化成游离态，表面活性剂可降低植物材料与溶剂间的界面张力，促使溶剂和材料之间的润湿渗透。常见的辅助剂见表 3-1-1。

表 3-1-1　常见提取用辅助剂

| 类　型 | 举　例 |
|---|---|
| 酸 | 硫酸、盐酸、醋酸、酒石酸、枸橼酸 |
| 碱 | 氨水、碳酸钠、碳酸钙、碳酸氢钠 |
| 表面活性剂 | SDS、ABS(十二烷基苯磺酸钠)、硬脂酸钠、伯胺、季铵盐类、卵磷脂类 |

（2）提取溶剂的选择

① 水　水是极性最大的溶剂，也最常用。可溶解苷类、生物碱盐、糖类、蛋白质、氨基酸、鞣质、小分子有机酸、有机酸盐、亲水性色素、无机盐等。

缺点：用水提取易酶解苷类成分，易霉变；某些含果胶、黏液质类成分的中草药，其水提取液常常很难滤过；沸水提取时，中草药中的淀粉可被糊化，而增加过滤的困难，故对于含淀粉量多的中草药，不宜磨成细粉后加水煎煮。

② 亲水性的有机溶剂　以乙醇最常用。乙醇的溶解性能比较好。亲水性的成分除蛋白质、黏液质、果胶、淀粉和部分多糖等外，大多能在乙醇中溶解。

优点：应用范围广，易过滤，不霉变，易浓缩回收。

缺点：价高，不安全，需回流设备。

③ 亲脂性的有机溶剂　溶剂的选择性能强，用于亲脂性成分的提取，如游离生物碱、苷元、挥发油等。

优点：提取专属性强，易回收浓缩。

缺点：价高，易燃，有毒，穿透性差，对设备要求高。

**4. 提取过程**

天然产物的提取其实质就是天然产物中的有效成分与溶剂之间的浸润、渗透、解吸与溶解、扩散过程。

（1）浸润渗透　由于液体静压力和植物材料毛细孔作用，溶剂被吸附在植物材料表面，并慢慢渗透到植物细胞内部的过程。

溶剂渗透到植物细胞后使干瘪的细胞膨胀，恢复细胞壁的通透性，这样就形成了可让目的产物从细胞中扩散出来的通道。

（2）解吸与溶解　植物细胞内各成分相互之间吸附，溶剂进入细胞后，破坏了吸附力，解除吸附作用，目的产物便顺利进入溶剂形成溶液。

（3）扩散　目的产物从细胞中转移到提取溶剂中是通过扩散过程完成的。溶剂在细胞内的溶解速度很大，但内扩散和外扩散速度较低。因此，扩散速度是提取生产效率的制约因素。搅拌可产生湍流，是提高生产效率的有效途径。

**5. 影响提取效率的因素**

（1）药材粉碎度　药粉越细，表面积越大，提取效率越高。但太细，药粉对成分的吸附也越强。因此，水提取宜用粗粉；用有机溶剂可细些，以 20 目为好。

（2）提取温度　一般热提效率高，但要考虑有些成分温度高易破坏，应选择适宜温度。

（3）提取时间　一般提取时间长提出量大，但被提成分在细胞内外溶解一旦平衡，时间长即无意义。一般热水提以 0.5～1h 为宜，乙醇提 1h 为宜。

（二）水蒸气蒸馏法

适于具有挥发性、可随水蒸气蒸馏不被破坏，与水不反应，且与水分层的成分的提取。天然药物中主要用于挥发油、某些挥发性生物碱、香豆素苷元及少数挥发性蒽醌苷元等的提取。

（三）升华法

天然药物中的某些固体成分在受热低于其熔点的温度下，不经液态直接成为气态，经冷却后又成为固态，从而与天然药物组织分离，这种性质称为升华，这种提取方法称为升华法。天然药物成分有少量具有升华性，如游离羟基蒽醌类成分、有机酸类成分、一些小分子香豆素类等。

（四）超临界流体萃取法（SFE）

**1. 特点**

与系统溶剂提取法比较，不用有机溶剂，而是选用一种称为超临界流体（SF）的物质替代有机溶剂进行提取。

优点：

① 可在低温下提取，"热敏性"成分尤其适用。

② 无溶剂残留，对作为制剂的天然药物提取物的提取是一大优势。

③ 提取与蒸馏合为一体，无需回收溶剂。

④ 选择性分离。

**2. 超临界流体**（SF）

超临界流体指处于临界温度（$T_c$）和临界压力（$P_c$）以上，介于气体和液体之间的、以流动形式存在的物质。超临界状态是指当一种物质处于临界温度和临界压力以上的状态下，形成既非液体又非气体的单一状态，称为"SF"。此时其流体密度近似液体，黏度近似气体，其扩散力比液体大增，介电常数也随压力增加而增加。其浸透性优于液体，因而比液体有更佳的溶解力，有利于溶质的萃取，特别是性质不稳定、易热分解的物质的提取。

**3. 常见的超临界流体**

常见的超临界流体有二氧化碳、一氧化亚氮、六氟化硫、乙烷、庚烷、氨、二氯二氟甲烷等。其中最常用的为二氧化碳。因为二氧化碳临界温度接近室温（$T_c = 31.3℃$），临界压力也较低（$P_c = 7.37MPa$），无色、无毒、无味，不易燃，化学惰性，廉价，易制成高纯度气体，故在超临界流体萃取（SFE）中最常用。

**4. 二氧化碳-超临界流体的溶解能力规律**

在超临界状态下，$CO_2$ 对不同溶质的溶解能力差别很大，取决于溶质的极性、沸点和分子量。

① 对挥发油、烃类、醚类、酯类等亲脂性、低沸点成分溶解能力强。

② 成分中极性基团（如—OH、—COOH）越多，越难提取。如糖类、氨基酸的萃取压力要达 $4×10^4 kPa$ 以上。

③ 成分分子量越大，越难提取。

## 二、提取技术

### （一）浸渍法

浸渍法指将药材用适当的溶剂在常温或温热的条件下浸泡一定时间，浸出有效成分的一种方法（如图 3-1-1 所示）。

**1. 操作技术**

（1）冷浸法　取适量药材粗粉，置适宜容器中，加入一定量的溶剂如水、酸水、碱水或稀醇等密闭，时时搅拌或振摇，在室温条件下浸渍 1~2 天或规定时间，使有效成分浸出，滤过，用力压榨残渣，合并滤液，静置滤过即得。

（2）温浸法　具体操作与冷浸法基本相同，但温浸法的温度一般在 40~60℃ 之间，浸渍时间较短，能浸出较多的有效成分。由于温度较高，浸出液冷却后放置贮存常析出沉淀，为保证质量，需要滤去沉淀。

**2. 注意**

浸渍法适用于有效成分遇热易破坏及含淀粉、果胶、黏液质、树胶等多糖物质较多的药材。

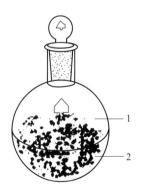

图 3-1-1　浸渍法
1—药粉；2—溶剂

若要使药材中有效成分充分浸出，可重复浸提 2～3 次，第 2、3 次浸渍的时间可以缩短，合并浸出液，滤过，经浓缩后可得提取物。

此法操作方便、简单易行，但提取时间长、效率低、水浸提液易霉变，必要时需加适量防腐剂如甲苯、甲醛或氯仿等。

## （二）渗滤法

渗滤法是将药材粗粉置于渗滤装置中连续添加溶剂使之渗过药粉，自上而下流动，浸出有效成分的一种动态浸提方法（如图 3-1-2 所示）。

**1. 操作技术**

（1）粉碎　将药材打成粗粉。

（2）浸润　根据药粉性质，用规定量的溶剂（一般每 1000g 药粉约用 600～800mL 溶剂溶剂）润湿，密闭放置 15min～6h，使药粉充分膨胀。

（3）装筒　取适量用相同溶剂湿润后的脱脂棉垫在渗滤筒底部，分次装入已润湿的药粉，每次装粉后用木锤均匀压平，力求松紧适宜。药粉装量一般以不超过渗滤筒体积的 2/3 为适宜，药面盖上滤纸或纱布，再均匀覆盖一层清洁的细石块。

（4）排气　装筒完成后，打开渗滤筒下部的出口，缓缓加入适量溶剂，使药粉间隙中的空气受压由下口排出。

（5）浸渍　待气体排尽后，关闭出口，流出的渗滤液倒回筒内，继续加溶剂使之保持高出药面浸渍。

（6）渗滤　浸渍一定时间（通常为 24～48h），接着即可打开出口开始渗滤。控制流速，药典规定一般以 1000g 药材每分钟流出 1～3mL 为慢渗，3～5mL 为快渗，实验室常控制在每分钟 2～5mL，大量生产时，可调至每小时渗出液约为渗滤器容积的 1/48～1/24。

（7）收集滤液　一般收集的渗滤液约为药材重量的 8～10 倍，或以有效成分的鉴别试验决定是否渗滤完全，最后经浓缩得到提取物。渗滤筒的结构如图 3-1-3 所示。

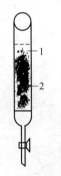
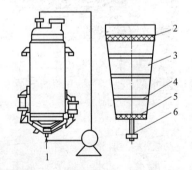

图 3-1-2　渗滤法　　　　　　　　　　图 3-1-3　渗滤筒的结构
1—溶剂；2—药粉　　　　　　　　1—气动出渣门；2—液体分布板；3—原料仓；
　　　　　　　　　　　　　　　4—多孔支撑板；5—集液板；6—渗滤液出口

**2. 注意**

渗滤操作过程不需加热，溶剂用量少，过滤要求低，适用于热敏性、易挥发和剧毒物质的提取。渗滤提取法类似于多次浸出过程，浸出液可以达到较高的浓度，适用于原材料含量低但要求提取液浓度高的植物提取，不适用于黏度高、流动性差的物料的提取。但渗滤法提取溶剂消耗多，提取时间长。室温较高的情况下，水渗滤时药物易发酵，可用氯仿饱和的水进行渗滤。

（三）煎煮法

将植物材料在水中加热煮沸，滤过去渣后提取目的产物的方法称为煎煮法。

煎煮法分为常压煎煮、加压煎煮、减压煎煮。常压煎煮法是最常用的方法，适合于在水中能够溶解、对热不敏感的目的产物的提取。

**1. 操作技术**

取药材饮片或粗粉，放置于适当煎器（勿使用铁器）中，加水浸没药材，加热煮沸，保持微沸，煎煮一定时间后，分离煎煮液，药渣继续用相同方法煎煮数次至煎煮液味淡薄，合并各次煎煮液，浓缩即得。一般以煎煮2～3次为宜，小量提取第1次煮沸20～30min，大量生产第1次约煎煮1～2h，第2、3次煎煮时间可酌减。

**2. 注意**

此法操作简单，提取效率高于冷浸法。适用于有效成分能溶解于水且不易被热破坏的天然药物的提取，不适宜于提取含挥发油成分及遇热易破坏的天然药物。含多糖类物质丰富的药材，因煎提液黏稠，难以滤过，同样不宜使用。

（四）回流提取法

在加热浸提工艺中，为了减少溶剂蒸发后的损失，常将溶剂蒸汽引入到冷凝器中冷凝成液体，并再次返回到容器中浸取目的产物，这种操作过程称为回流提取法（如图3-1-4所示）。

**1. 操作技术**

应用有机溶剂加热提取，需采用回流加热装置，以免溶剂挥发损失。小量操作时，可在圆底烧瓶上连接回流冷凝器。瓶内装药材为容量的1/3～1/2，溶剂浸过药材表面1～2cm。在水浴中加热回流，一般保持沸腾约1h。放冷过滤，再在药渣中加溶剂，第二、三次加热回流分别约半小时，或至基本提尽有效成分为止。此法提取效率较冷浸法高，大量生产中多采用提取罐连续提取。提取罐由罐体、上封头、出液门、夹套、气室等部件构成。常见提取罐的类型与构造如图3-1-5、图3-1-6所示。

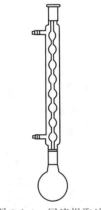

图3-1-4　回流提取法

图3-1-5　提取罐的类型
1—直筒式；2—蘑菇式；3—斜锥式；4—正锥式

**2. 注意**

回流提取法本质上是浸渍法，其工艺特点是溶剂循环使用，浸取更加完全彻底。缺点是由于加热时间长，故不适用于热敏性成分和挥发性成分的提取。

在生产过程中需要注意罐内的压力变化情况，按规定允许使用压力。罐体及出渣门夹套使用蒸汽压力≤0.3MPa；罐内压力为常压；气缸使用压缩空气压力0.7MPa。严禁罐内超压使用。

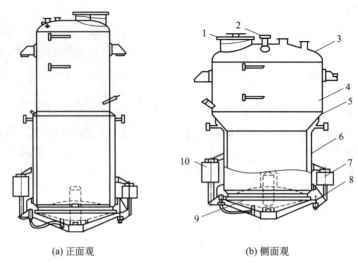

(a) 正面观　　　　　　　　　(b) 侧面观

图 3-1-6　提取罐的结构

1—投料门；2—清洗球；3—封头；4—蘑菇筒体；5—锥体；6—蒸汽夹套；
7—锁紧气缸；8—保险气缸；9—出渣门；10—启闭气缸

### （五）连续回流提取法

在回流提取法的基础上加以改进，用少量溶剂进行连续循环回流提取，充分将有效成分浸出完全的方法，称连续回流提取法。

**1. 操作技术**

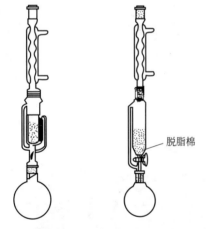

(a) 索氏提取器　(b) 恒压液滴漏斗代替索氏提取器

图 3-1-7　索氏提取器

实验室中常用索氏提取器（图 3-1-7）提取，操作时先在烧瓶内放入几粒沸石，然后将装好药材粉末的滤纸袋或筒放入提取器中，药粉高度应低于虹吸管顶部，自冷凝管加溶剂入烧瓶内，水浴加热。溶剂受热蒸发，遇冷后变为液体回滴入提取器中，接触药材开始进行浸提，待溶剂液面高于虹吸管上端时，在虹吸作用下，浸出液体流入烧瓶，溶剂在烧瓶内因受热继续气化蒸发，如此不断循环 4～10h，至有效成分充分被浸出，提取液回收有机溶剂即得。

**2. 注意**

该法提取效率高，溶剂用量少，但浸出液受热时间长，同样不适用于对热不稳定成分的提取；适用于脂溶性化合物，药量少时的提取。

### （六）其他提取方法

天然药物的提取方法很多，除了以上几种方法外，还有超声提取法、水蒸气蒸馏法、升华法以及超临界流体萃取技术等方法。

**1. 超声提取法**

超声提取法是一种利用超声波浸提有效成分的方法。其基本原理是利用超声波的空化作用，破坏植物药材的细胞，使溶剂易于渗入细胞内，同时超声波的强烈振动能传递巨大能量给浸提的药材和溶剂，使它们做高速运动，加强了胞内物质的释放、扩散和溶解，加速有效成分的浸出，极大地提高了提取效率。

（1）操作技术　将药材粉末置适宜容器内，加入定量溶剂，密闭后置超声提取器内，选择适当超声频率提取一段时间（一般只需数十分钟）后即得。

（2）注意　超声提取法与常规提取方法相比，具有提取时间短、提取效率高、无需加热等优点，能避免高温高压对欲提取成分的破坏，既适用于遇热不稳定成分的提取，也适用于各种溶剂的提取。但此法对容器壁的厚薄及放置位置要求较高，目前尚为实验室小规模使用，大规模生产还有待于解决设备问题。

**2. 水蒸气蒸馏法**

水蒸气蒸馏法的基本原理是利用水与其互不相溶的液体成分共存时，根据道尔顿分压定律，整个体系的总蒸气压等于两组分蒸气压之和，当总蒸气压等于外界大气压时，混合物开始沸腾并被蒸馏出来。水蒸气蒸馏装置由水蒸气发生器、蒸馏瓶、冷凝管和接受器四部分组成（如图 3-1-8 所示）。

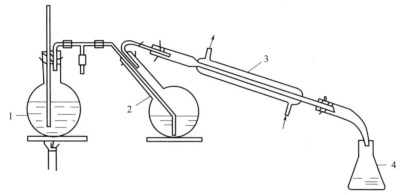

图 3-1-8　实验室水蒸气蒸馏装置
1—水蒸气发生器；2—蒸馏瓶；3—冷凝管；4—接受器

（1）操作技术　将药材粗粉装入蒸馏瓶内，加入水使药材充分浸润，体积不超过蒸馏瓶容积的 1/3，然后加热水蒸气发生器使水沸腾，产生的水蒸气通入蒸馏瓶内，药材中挥发性成分随水蒸气蒸馏被带出，经冷凝后，收集于接受瓶中。若馏出液由混浊变澄清透明，表示蒸馏基本完成，馏出物与水的分离可根据具体情况来决定。

（2）注意

① 需对蒸馏瓶采取保温措施，以免部分水蒸气冷凝后增加蒸馏瓶内体积。

② 蒸馏需中断或完成时，应先打开螺旋夹，使与大气压相通后，再关热源，以防液体倒吸。

③ 对于某些在水中溶解度稍大的挥发性成分，馏出液可再蒸馏一次，以提高纯度。此法适用于提取具有挥发性，能随水蒸气馏出而不被破坏，不溶或难溶于水，与水不发生化学反应的天然药物化学成分。如丹皮酚、丁香酚、挥发油、麻黄碱、白头翁素、杜鹃酮、桂皮醛等。

**3. 升华法**

利用某些固体物质具有在低于其熔点的温度下受热后，不经熔融就直接转化为蒸气，遇冷后又凝固为原来的固体的性质，使之从天然药物中提出的方法，称为升华法。

（1）操作技术

① 常压升华　预先粉碎待升华的天然药物，将粉末置于升华器皿中，铺均匀，上面放一冷凝器，加热升华器皿到一定温度，使被提取物质升华，升华物质冷凝于冷凝器表面即

得。图 3-1-9 为茶叶中咖啡因的常压升华提取装置。

② 减压升华　把待升华的天然药物粉末置于吸滤管中，塞紧带冷凝管的管口橡皮塞，以水泵或油泵减压，水浴或油浴加热吸滤管，升华物质冷凝于冷凝管表面即得。

（2）注意　升华法的加热方法一般以水浴、油浴等热浴较为稳妥。此法简单易行，但由于升华的温度较高，易使天然药物炭化，伴随产生的挥发性焦油状物常黏附在升华物上，难以去除；且升华不完全，产率低，有时还伴随有物质的分解现象，故在天然药物的提取时很少采用。本法适用于具有升华性的某些生物碱类、香豆素类、有机酸类的提取，如咖啡碱、苦马豆素、七叶内酯等。

**4. 超临界流体萃取法**

超临界流体萃取法是利用超临界状态下的流体为萃取剂，从液体或固体中萃取药材中的有效成分，并进行分离的方法。最常用的超临界流体是二氧化碳。

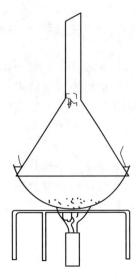

图 3-1-9　常压升华装置

 [ 学习小结 ]

**一、溶剂提取法**
浸渍法、渗滤法、煎煮法、回流法、连续回流法、超声提取法。
**二、其他提取法**
水蒸气蒸馏法、升华法、超临界流体萃取技术。

[ 知识检测 ]

**一、单项选择题**

1. 与水互溶的溶剂是（　　）。
   A. 乙醇　　　　　　B. 乙酸乙酯　　　　C. 正丁醇　　　　　　D. 三氯甲烷

2. 溶剂极性由小到大的是（　　）。
   A. 石油醚、乙醚、乙酸乙酯　　　　　　B. 石油醚、丙酮、乙酸乙酯
   C. 石油醚、乙酸乙酯、三氯甲烷　　　　D. 三氯甲烷、乙酸乙酯、乙醚

3. 不能以有机溶剂作为提取溶剂的提取方法是（　　）。
   A. 回流法　　　　　B. 煎煮法　　　　　C. 渗滤法　　　　　　D. 蒸馏法

4. 从天然药物中提取对热不稳定的成分宜选用（　　）。
   A. 回流提取法　　　B. 煎煮法　　　　　C. 渗滤法　　　　　　D. 蒸馏法

5. 连续回流提取法所用的仪器名称为（　　）。
   A. 水蒸气蒸馏　　　B. 薄膜蒸发器　　　C. 液滴逆流分配器　　D. 索氏提取器

**二、多项选择题**

1. 既属于水溶性成分，又属于醇溶性成分的是（　　）。
   A. 苷类　　　　　　B. 生物碱盐　　　　C. 挥发性
   D. 鞣质　　　　　　E. 蛋白质

2. 下列溶剂中属于极性大又能与水混溶者是（　　）。
   A. 甲醇　　　　　　B. 乙醇　　　　　　C. 丙酮

D. 乙醚　　　　　　E. 正丁醇

3. 用溶剂提取法从天然药物中提取化学成分的方法有（　　）。

A. 升华法　　　　　B. 渗漉法　　　　　C. 两相溶剂萃取法

D. 水蒸气蒸馏法　　E. 煎煮法

4. 用水蒸气蒸馏法提取天然药物化学成分，要求此类成分（　　）。

A. 能与水反应　　　B. 易溶于水　　　　C. 具挥发性

D. 热稳定性好　　　E. 极性较大

**三、问答题**

1. 天然药物有效成分的提取方法有几种？采用这些方法提取的依据是什么？

2. 常用溶剂的亲水性或者亲脂性的强弱顺序如何排列？哪些与水混溶？哪些与水不混溶？

# 第二章
# 天然药物的分离技术

【学习目标】

1. 知识目标

熟悉天然药物的常用分离方法，掌握其操作技术关键。

2. 技能目标

熟悉天然药物生产技术中的分离技术关键。

将天然药物的提取液经浓缩（或不浓缩）后，较长时间放置，就可析出沉淀，再经重结晶可得单体成分，这是个别现象，如从槐米中提取芦丁。如果要得到更多的成分，或者要系统地研究天然药物中的化学成分，则需经过比较复杂的过程，一般是经过初步分离纯化，得到某一类型的总成分（混合物），或者得到极性相近的混合物，再经过进一步分离得到单体成分。分离方法有系统溶剂分离法、两相溶剂萃取法、沉淀法、盐析法、分馏法、结晶法和色谱法等很多种。

## 一、分离基础知识

### （一）提取液的浓缩

天然药物采用各种方法提取后所得的提取液因体积较大，所含成分浓度低而给进一步的分离精制带来了困难。为了利于分离精制，需要对提取液进行浓缩，以提高所含成分的浓度。浓缩可以通过蒸发或蒸馏来完成，具体的方法有常压蒸发、薄膜蒸发、减压蒸馏、反渗透法、超滤法等。浓缩过程中应注意防止热敏性成分被破坏，尽量避免不必要的损失。

### （二）结晶溶剂的选择

选择合适的溶剂是结晶法的关键。

**1. 理想溶剂具备的条件**

① 不与结晶物质发生化学反应。

② 对结晶物质的溶解度随温度不同有显著差异，热时溶解度大，冷时溶解度小。

③ 对可能存在的杂质，溶解度非常大或非常小（即冷热均溶或均不溶），前一种情况可使杂质留在母液中，后一种情况可趁热滤过以除去。

④ 沸点适中，不宜过高或过低，过低易挥发损失，过高则不易去除。

⑤ 能得到较好的晶体。

**2. 常用溶剂**

常用的溶剂有水、冰醋酸、甲醇、乙醇、丙酮、乙酸乙酯、氯仿等；若在一般溶剂中不易形成结晶的成分，还可选用二氧六环、二甲基亚砜、乙腈、甲酰胺、二甲基甲酰胺等不常用的溶剂。具体进行选择时，一般化合物可先查阅有关的文献资料；或参考同类型化合物的性质及其所选结晶溶剂；或遵循"相似相溶"规律，结合被提纯物的极性来选择。若无资料可查，且不清楚被提纯物的溶解性能，则只能通过小量摸索试验来决定。取少量试样（约0.1g）置小试管中，用滴管逐滴加入溶剂，检验试样在冷热时的溶解度，若试样在1mL冷或温热的溶剂中已全部溶解，则此溶剂不适用；若加入溶剂已达4mL，试样尚不溶，则此溶剂也不适用；在1～4mL的沸腾溶剂中试样均能溶解，将试管冷却，促使析出结晶，若不能析晶，则此溶剂仍不适用，需改用其他溶剂。

**3. 混合溶剂**

当不能选择到一种合适的溶剂时，通常选用两种或两种以上溶剂组成的混合溶剂。一般常用的混合溶剂有乙醇-水、乙酸-水、丙酮-水、吡啶-水、乙醚-甲醇、乙醚-丙酮、乙醚-石油醚、苯-石油醚等，以两种能以任意比例互溶的溶剂组成，要求低沸点溶剂对被提纯物的溶解度大，而高沸点溶剂对被提纯物的溶解度小。选用混合溶剂进行结晶法操作，可先将试样在接近易溶溶剂的沸点时溶于易溶溶剂中，然后逐渐滴加混合溶剂中另一种溶剂（能与前一种溶剂混溶却对被提纯物溶解度小），至溶液略变混浊，微微加温或稍滴加易溶溶剂，使溶液澄清，放置，慢慢析出结晶。亦可将混合溶剂先行混合，操作与单一溶剂的操作相同。

**4. 重结晶选用的溶剂**

可参照结晶所选用的溶剂，但若形成粗结晶后溶解度有所改变，则所选溶剂也相应有所不同。

## 二、分离方法及技术

### （一）系统溶剂分离法

选用不同极性的溶剂组成溶剂系统，按极性由小到大的顺序依次提取分离提取液中各种溶解度有差异的成分，使各种成分获得分离的方法。

**1. 操作技术**

将总提取物适当浓缩，或拌入适量惰性吸附剂如硅胶、纤维粉及硅藻土等，低温或自然干燥后粉碎，然后依次用石油醚（或苯）、乙醚、氯仿、乙酸乙酯、丙酮、乙醇和水分步抽提，使溶解度不同的各种成分得到分段分离。也可以选择其中三四种不同极性的溶剂组成溶剂系统，如石油醚→苯→乙醚→氯仿→乙酸乙酯→正丁醇或戊醇，由低极性到高极性分步进行抽提，得各个部分。天然药物成分及其较适用的提取溶剂见表3-2-1。

表 3-2-1　天然药物成分及其较适用的提取溶剂

| 天然药物成分的极性 | | 天然药物成分的类型 | 适用的提取溶剂 |
| --- | --- | --- | --- |
| 强亲脂性（极性小） | | 挥发油、脂肪油、蜡、脂溶性色素、甾醇类、某些苷元 | 石油醚、己烷 |
| 亲脂性 | | 苷元、生物碱、树脂、醛、酮、醇、醌、有机酸、某些苷类 | 乙醚、氯仿 |
| 中等极性 | 小 | 某些苷类（如强心苷等） | 氯仿：乙醇（2:1） |
| | 中 | 某些苷类（如黄酮苷等） | 乙酸乙酯 |
| | 大 | 某些苷类（如皂苷、蒽醌苷等） | 正丁醇 |
| 亲水性 | | 极性很大的苷、糖类、氨基酸、某些生物碱盐 | 丙酮、乙醇、甲醇 |
| 强亲水性 | | 蛋白质、黏液质、果胶、糖类、氨基酸、无机盐类 | 水 |

**2. 注意**

此法是早年研究天然药物有效成分的一种最主要的方法，但这种方法的操作常凭经验摸索进行，手续烦琐，相同成分可能会分散在不同的抽提部位，不易于浓集，较大地限制了微量成分、结构性质相似成分的分离纯化。

### (二) 两相溶剂萃取法

两相溶剂萃取法是利用混合物中各成分在两种互不相溶的溶剂中分配系数的不同而达到分离的方法。其基本原理是利用混合物中各种成分在两相互不相溶的溶剂中分配系数的差异而获得分离。萃取时各成分在两相溶剂中分配系数相差越大，则分离效率越高。如果在水提取液中的有效成分是亲脂性的物质，一般多用亲脂性有机溶剂，如苯、氯仿或乙醚进行两相萃取；如果有效成分是偏于亲水性的物质，在亲脂性溶剂中难溶解，就需要改用弱亲脂性的溶剂，例如乙酸乙酯、丁醇等。还可以在氯仿、乙醚中加入适量乙醇或甲醇以增大其亲水性。提取黄酮类成分时，多用乙酸乙酯和水的两相萃取。提取亲水性强的皂苷则多选用正丁醇、异戊醇和水作两相萃取。不过，一般有机溶剂亲水性越大，与水作两相萃取的效果就越不好，因为能使较多的亲水性杂质伴随而出，对有效成分进一步精制影响很大。

**1. 简单萃取法**

(1) 先用小试管猛烈振摇约 1 分钟，观察萃取后二液层分层现象。如果容易产生乳化，大量提取时要避免猛烈振摇，可延长萃取时间。如碰到乳化现象，可将乳化层分出，再用新溶剂萃取；或将乳化层抽滤，或将乳化层稍稍加热；或较长时间放置并不时旋转，令其自然分层。乳化现象较严重时，可以采用二相溶剂逆流连续萃取装置。

(2) 水提取液的相对密度最好在 1.1~1.2 之间，过稀则溶剂用量太大，影响操作。

(3) 溶剂与水溶液应保持一定量的比例，第一次提取时，溶剂要多一些，一般为水提取液的 1/3，以后的用量可以少一些，一般 1/4~1/6。

(4) 一般萃取 3~4 次即可，但亲水性较大的成分不易转入有机溶剂层时，须增加萃取次数，或改变萃取溶剂。

萃取法所用设备，如为小量萃取，可在分液漏斗中进行；如系中量萃取，可在较大的适当的广口瓶中进行。在工业生产中大量萃取，多在密闭萃取罐内进行，用搅拌机搅拌一定时间，使二液充分混合，再放置令其分层；有时将两相溶液喷雾混合，以增大萃取接触面积，提高萃取效率；也可采用二相溶剂逆流连续萃取装置。分液漏斗萃取如图 3-2-1 所示。

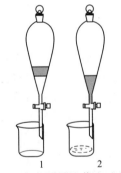

图 3-2-1　分液漏斗萃取示意图
1—萃取；2—分液

**2. 逆流连续萃取法**

这是一种连续的两相溶剂萃取法。其装置可具有一根、数根或更多的萃取管。管内用小瓷圈或小的不锈钢丝圈填充，以增加两相溶剂萃取时的接触面。例如用氯仿从川楝树皮的水浸液中萃取川楝素。将氯仿盛于萃取管内，而密度小于氯仿的水提取浓缩液贮于高位容器内，开启活塞，则水浸液在高位压力下流入萃取管，遇瓷圈撞击而分散成细粒，使与氯仿接触面增大，萃取就比较完全。如果一种中草药的水浸液需要用比水轻的苯、乙酸乙酯等进行萃取，则需将水提浓缩液装在萃取管内，而苯、乙酸乙酯贮于高位容器内。萃取是否完全，可取样品用薄层色谱、纸色谱及显色反应或沉淀反应进行检查。逆流连续萃取装置如图 3-2-2 所示。

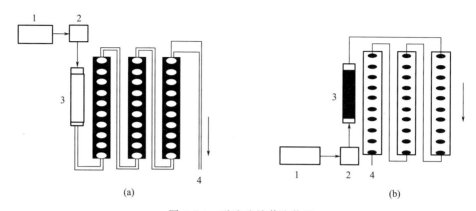

图 3-2-2　逆流连续萃取装置

（a）上行法：1—溶剂；2—泵；3—进样器；4—收集器

（b）下行法：1—溶剂；2—泵；3—进样器；4—收集器

### 3. 逆流分配法

逆流分配法（counter current distribution，CCD）又称逆流分溶法、逆流分布法或反流分布法。逆流分配法与两相溶剂逆流萃取法原理一致，但加样量一定，并不断在一定容量的两相溶剂中，经多次移位萃取分配而达到混合物的分离（如图 3-2-3 所示）。本法所采用的逆流分布仪是由若干乃至数百只管子组成。若无此仪器，小量萃取时可用分液漏斗代替。预先选择对混合物分离效果较好，即分配系数差异大的两种不相混溶的溶剂，并参考分配色谱的结果分析推断和选用溶剂系统，通过试验测知要经多少次的萃取移位而达到真正的分离。逆流分配法对于分离具有非常相似性质的混合物，往往可以取得良好的效果；但操作时间长，萃取管易因机械振荡而损坏，消耗溶剂亦多，应用上常受到一定限制。

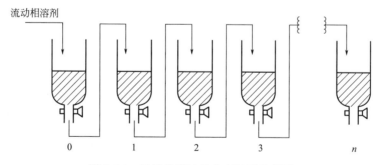

图 3-2-3　逆流分配法的分离过程示意图

### 4. 液滴逆流分配法

液滴逆流分配法又称液滴逆流色谱法，为近年来在逆流分配法基础上改进的两相溶剂萃取法，对溶剂系统的选择基本同逆流分配法，但要求能在短时间内分离成两相，并可生成有效的液滴（如图 3-2-4 所示）。由于移动相形成液滴，在细的分配萃取管中与固定相有效地接触、摩擦不断形成新的表面，促进溶质在两相溶剂中的分配，故其分离效果往往比逆流分配法好，且不会产生乳化现象，用氮气压驱动移动相，被分离物质不会因遇大气中氧气而氧化。本法必须选用能生成液滴的溶剂系统，且对高分子化合物的分离效果较差，处理样品量小（1 克以下），并要有一定设备。应用液滴逆流分配法曾有效地分离多种微量成分，如柴胡皂苷原小檗碱型季铵碱等。液滴逆流分配法的装置，近年来虽不断在改进，但操作较烦琐。目前，对适用于逆流分配法进行分离的成分，可采用两相溶剂逆流连续萃取装置或分配柱色谱法进行。

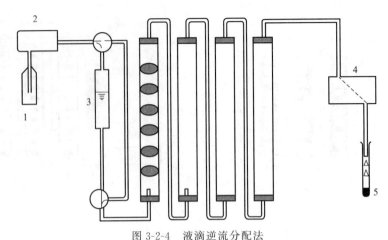

图 3-2-4 液滴逆流分配法
1—溶剂贮槽；2—微型泵；3—样品注入器；4—检出器；5—分步收集器

### （三）沉淀法

在天然药物的提取液中加入某些试剂，使欲分离成分或杂质产生沉淀，降低溶解性而从溶液中析出，从而获得有效成分或去除杂质的方法。

**1. 水提醇沉法**

将水提取液浓缩后，加入足量的乙醇，使杂质沉淀分离的方法称为水提醇沉分离法。乙醇沉淀的是蛋白质、淀粉、黏液质、树脂、果胶等生物大分子。

注意：在实际操作中加入的乙醇量要准确，当溶液中乙醇浓度为 50%～60% 时，可去除淀粉杂质；含醇量达 75% 时，可除去蛋白质等杂质；当含醇量为 80% 时，几乎可除去全部蛋白质、多糖和无机盐类。

**2. 醇提水沉法**

某些目的产物分子极性不高，在水中溶解度小甚至不溶，但在乙醇中有较大的溶解度，此时应采用乙醇作提取溶剂，将所得提取液浓缩后低温冷藏过夜，滤去沉淀除去杂质。这种纯化过程称为醇提水沉分离法。

用乙醇提取的优点是降低了提取液中蛋白质、淀粉、黏液质、树脂、果胶等生物大分子的含量，简化了后续纯化操作。本法操作工序少，提取液受热时间短，有效成分损失小。其缺点是不能将鞣质彻底除掉，由于脂溶性色素能溶于乙醇溶液中，故提取液颜色较水提醇沉法深，需要用硅藻土或活性炭脱色。

### （四）色谱分离法

如果天然药物的提取物中含有一些结构相似、性质相近的化学成分，用一般分离方法无法获得分离，那么，使用色谱分离法往往能获得较好的分离效果。色谱分离法具有试样用量少、分离效率高的特点，用它可以分离、精制和鉴定化合物。按色谱原理可将其分为吸附色谱、氢键缔合色谱、分配色谱、排阻（分子筛）色谱、离子交换色谱；按所用方法可将其分为柱色谱、纸色谱、薄层色谱等。

**1. 色谱分离法的基本原理**

色谱分离法的基本原理是利用混合物中各成分在固定相和移动相中吸附、分配及其亲和力的不同，当两相做相对运动时，这些成分在两相间进行反复多次的吸附或分配，从而得到分离。

（1）吸附色谱的原理  利用作为固定相的吸附剂对化合物中各种成分吸附能力的大小不

同，使各成分相互分离。常用的吸附剂有硅胶、氧化铝、聚酰胺和活性炭等。

（2）分配色谱的原理　利用混合物中各成分在互不相溶的两相溶剂中分配系数的不同而获得分离。两相溶剂中有一相需作为固定相，常以某种惰性固体吸住该相溶剂，使之固定，这种吸着了固定相溶剂的固体物质称为支持剂（也称载体或担体）；另一相溶剂则作为移动相。

（3）离子交换色谱的原理　利用离子交换树脂上的功能基能在水溶液中与溶液的其他离子进行可逆性交换的性质，以离子交换树脂作为固定相，使混合成分中离子型与非离子型物质或具有不同解离度的离子化合物得到分离。

（4）凝胶色谱的原理　以凝胶作为固定相，选择适当的溶剂作为移动相，随着移动相的流动，由于受凝胶颗粒中网孔半径的限制，被分离试样中比网孔小的化合物可自由进入凝胶颗粒内部，而比网孔大的化合物不能进入凝胶颗粒内部被排阻，只能通过凝胶颗粒外部的间隙，使混合物中分子量大小不同的化合物移动速率不同而得到分离。

**2. 色谱分离法的应用**

天然药物化学成分种类繁多，各有其特定的性质，可选择不同的色谱方法进行分离。一般而言，对于非极性成分常选用硅胶或氧化铝吸附色谱；对于极性较大的成分则选用分配色谱或弱吸附剂吸附色谱；对于酸性、碱性、两性成分可选用离子交换色谱，有时也可选用吸附色谱或分配色谱；对于相对分子质量大小有差异的成分则可选用凝胶色谱。

例如一般生物碱的分离用硅胶或氧化铝柱色谱，如图 3-2-5 所示；极性较大的生物碱则用分配色谱，季铵型水溶性生物碱可用分配色谱或离子交换色谱；皂苷、强心苷的分离可用分配色谱或硅胶吸附色谱；挥发油、甾体、萜类常首先选用硅胶及氧化铝色谱；黄酮类、鞣质等成分可用聚酰胺吸附色谱；有机酸、氨基酸可用离子交换色谱，有时也用分配色谱，或某些氨基酸类采用活性炭吸附色谱；而蛋白质、多肽、多糖等大分子化合物则常用凝胶色谱。

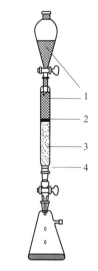

图 3-2-5　柱色谱示意图
1—溶剂；2—砂层；3—吸附剂；
4—砂心层

随着色谱理论的逐步发展，结合电子学、光学、计算机技术的发展和应用，色谱分离技术日趋仪器化、自动化和高速化，可快速分离复杂样品中的众多成分，现已逐渐成为一种重要的分离、分析工具，被广泛用于化工、医药、生化和环境保护等领域。

**3. 色谱分离法的操作**

色谱分离法的种类很多，现就薄层色谱法、纸色谱法的具体操作技术作简要介绍。

（1）薄层色谱法（thin layer chromatography，TLC）　是一种将适宜的固定相均匀涂布于平面载板上成一薄层，欲分离的试样于薄层板上点样，随着展开剂的移行，混合物中各成分根据吸附性能或分配系数的不同而获得分离的方法（如图 3-2-6 所示）。

薄层色谱的固定相有氧化铝、硅胶、聚酰胺等吸附剂和硅藻土、纤维素等支持剂。因硅胶、氧化铝的吸附性能好，适用于多种化合物的分离，故又最为常用。常见的商品规格有：硅胶 H（不含黏合剂），硅胶 G（含有 15%～35% 石膏作为黏合剂），硅胶 $HF_{254}$（不含石膏，含在波长 254nm 紫外光照射下有强吸收的荧光剂），硅胶 $HF_{254+365}$（除含无机荧光剂外，还含有一种在 365nm 波长紫外光下显紫外光照射下有强吸收的荧光剂，但此类荧光物质能被一些溶剂部分溶解），硅胶 60HR（不含黏合剂的纯品，用于定量或光谱测定），氧化铝 G，碱性氧化铝 H，碱性氧化铝 $HF_{254}$ 等。根据具体情况的需要，可在吸附剂中加入稀酸

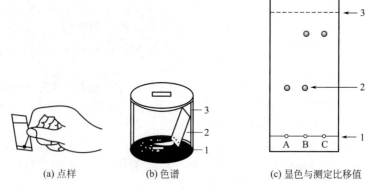

图 3-2-6　薄层色谱法示意图
1—展开剂；2—薄层板；3—展开槽
1—起始线；2—色斑；3—溶剂前沿线

或稀碱，或加入缓冲液，以改变吸附性能而达到分离的目的；还可制成特殊薄层，以提高分离效率，如分离糖类、醇类化合物或分离不饱和程度不同的化合物时，用硅胶-氧化铝（1∶1）为吸附剂或加入 10% 硝酸银溶液制板。若硅胶、氧化铝均不适合时，可选用其他的吸附剂或改用分配色谱、离子交换色谱等。如聚酰胺薄膜，可用于分离极性和非极性物质，已广泛应用于天然药物化学成分的分离和鉴定。

可根据被分离物质的溶解性、酸碱性、极性等性质及溶剂的极性，结合考虑所选吸附剂的吸附性能，选择单一溶剂或混合溶剂作为薄层色谱所用的展开剂。

① 薄层板制备　将 1 份固定相和 3 份水在研钵中向同一方向研磨混合，去除表面的泡后，倒入涂布器中，在玻璃板上平稳地移动涂布器进行涂布（厚度为 0.2～0.3mm），取下涂好薄层的玻璃板，置水平台上于室温下晾干，后在 110℃烘 30min，即置于有干燥剂的干燥箱中备用。使用前检查其均匀度。

铺板用的匀浆不宜过稠或过稀。过稠，板容易出现拖动或停顿造成的层纹；过稀，水蒸发后，板表面较粗糙。匀浆配比一般是硅胶 G∶水 =1∶（2～3），硅胶 G∶羧甲基纤维素钠水溶液 =1∶2。

② 点样　用点样器点样于薄层板上，一般为圆点，点样基线距底边 2.0cm，点样直径为 2～4mm，点间距离约为 1.5～2.0cm，点间距离可视斑点扩散情况以不影响检出为宜。点样时必须注意勿损伤薄层表面。点好样的薄层板用电吹风的热风吹干或放入干燥器里晾干。

③ 展开　薄层色谱展开需在密闭的展开槽内进行，可根据薄层板的大小选择不同式样的展开槽。展开的方式有上行、下行、近水平、环形、单向二次展开、双向或多次展开等，常用上行法。具体操作时，预先用展开剂将密闭的展开槽饱和片刻，然后将点样后的薄层板置槽内支架上，勿与展开剂接触，预饱和一定时间，使与槽内饱和的展开剂气体达到平衡。饱和后，将薄层板点有试样的一端浸入展开剂中约 0.5cm 深处（注意勿使展开剂浸泡点样斑点），开始展开。随着展开剂的上升，试样中不同成分因迁移速度不同而得到分离。待展开剂上行迁移到规定高度（一般距基线约 6～15cm）时取出，放置于通风处，使展开剂自然挥干，或用热风吹干和用红外线快速干燥箱烘干即可。

④ 显色　薄层色谱展开结束后，显色对于物质的鉴定十分重要。天然药物所含各种成分的显色条件各不相同，通常可先在日光下观察，标出色斑并确定其位置，然后在 254nm 或 365nm 波长紫外光下观察和标记，必要时再选择显色剂显色观察。若薄层板为硬板，则

采用喷雾法将显色剂直接喷洒于板上，立即可显色或稍加热后显色；若为软板，如果不能采用喷雾法，则可选用碘蒸气法、压板法或侧吮法。

⑤ 测定比移值（$R_f$）　试样经色谱分离并显色后，分离所得物质在薄层色谱上的斑点用比移值来表示。比移值的计算公式如下：

$$R_f = \frac{原点至色谱斑点中心的距离}{原点至溶剂前沿的距离}$$

⑥ 特点　薄层色谱法具有价廉、设备简单、操作容易、展开迅速、所得斑点扩散小、分离过程受温度影响小、可使用腐蚀性显色剂、试样负荷量较大、分辨率高等优点，已广泛应用于分析化学、药物化学、染料、农药等领域，尤其是用于天然药物化学成分的分离鉴定、定量分析、微量制备等；还可配合柱色谱做跟踪分离，了解分离的效果，指导选择溶剂系统。但也存在一些不足之处，如比移值重现性差、易出现边缘现象、色谱图难保存等。近年来，随着薄层色谱技术的不断发展，出现了烧结薄层色谱法、高效薄层色谱法、有浓缩区的薄层色谱法、双波长薄层色谱扫描定量法等新技术，大大提高了分离的效能。

⑦ 注意

a. 根据被分离物质的性质，选择合适的吸附剂和展开剂是薄层色谱分离的关键。

b. 所用玻璃板应洗净不挂水珠，光滑平整。

c. 软板由于无黏合剂，只能用倾斜上行的展开方法。

d. 铺板要均匀，厚度适宜，并于室温下晾干后在110℃活化30min，置于有干燥剂的干燥箱或干燥器中备用。

e. 点样点一般为圆点，不能太大。

f. 分离某些酸性或碱性成分，可在所选展开剂中加入少量的酸（如甲酸、乙酸）或碱（如氨水、二乙胺），或将一小杯挥发性酸或碱放置于展开槽内，以提高分离效率。

g. 在薄层色谱分离中能使各组分$R_f$值达到0.2～0.8的溶剂系统，可选为柱色谱的洗脱条件。

（2）纸色谱法　是一种以滤纸为支持剂，滤纸上吸着的水（或根据实际分离的需要，经适当处理后滤纸上吸附的溶液）为固定相，用一定的溶剂系统为移动相进行展开，而使试样中各组分得到分离的方法。

① 点样　纸色谱的点样方法与薄层色谱基本相似。点样量一般是几毫克至几十毫克，若点样量大，因试样在滤纸上先溶解再分配，则点样的原点也宜大些。

② 展开　一般纸色谱展开的器具有纸色谱管、市售的色谱圆缸或具盖的标本瓶等。常用上行法展开。

③ 显色　展开结束后，先在日光或紫外灯光下观察有无颜色或荧光斑点，标记其位置，然后再根据所需检查成分喷洒相应的显色剂，显色后定位。

④ 测定比移值　影响比移值的因素较多，一般采用在相同实验条件下与对照物质对比，以确定其异同。

⑤ 注意

a. 通常定性用较薄的滤纸，较厚的滤纸供制备用。

b. 所用滤纸应质地均匀平整，具有一定机械强度，必须不含影响色谱效果的杂质，也不应与所显色剂起作用，以免影响分离和鉴别效果，必要时可作特殊处理后再用。

c. 不宜太集中。若与标准品对照，点样量最好大致相当。

d. 展开可选择上行、下行、径向、单向二次展开、双向或多次展开等。

（五）其他分离方法

天然药物的分离除了以上几种方法外，还有盐析法、结晶与重结晶法、分馏法和透析法等。

**1. 盐析法**

盐析法是在药材提取液中加入无机盐至一定浓度，或达饱和状态，使某些成分在水中溶解度降低，从而与水溶性大的杂质分离。常用作盐析的无机盐有氯化钠、硫酸钠和硫酸铵等。例如，黄藤中提取掌叶防己碱，三颗针中提取小檗碱在生产上都是用氯化钠或硫酸铵通过盐析制备。有些成分如原白头翁素、麻黄碱，苦参碱等水溶性较大，在提取时，往往先在水提取液中加入一定量的食盐，再用有机溶剂提取。

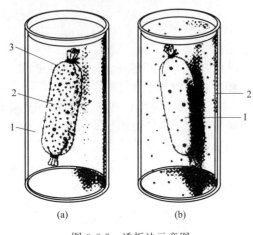

图 3-2-7　透析法示意图
（a）透析开始：1—缓冲液；2—浓溶液；3—透析袋
（b）透析平衡：1—大分子；2—小分子

**2. 透析法**

透析法是利用小分子物质在溶液中可通过半透膜，而大分子物质不能通过半透膜的性质来达到分离的一种纯化方法（如图 3-2-7 所示）。在分离纯化蛋白质、多肽、多糖、皂苷等分子量较大的物质时，常采用本法除去无机盐、单糖、双糖等杂质，反之也可用于上述化合物的精制。

透析膜有多种规格，透析的成功与否与透析膜的规格关系极大，可根据情况选择。透析时要不断更换透析膜外的溶剂，始终保持膜内外的浓度差，以加快透析。有时为加快速度，可以采用电透析法。

［案例分析］

**实例**　临床上，常采用血液透析的方法治疗尿毒症。

**分析**　透析过程就是溶质进行弥散和滤过过程。血液透析包括溶质的移动和水的移动，即血液和透析液在透析器（人工肾）内借半透膜接触和浓度梯度进行物质交换，使血液中的代谢废物和过多的电解质向透析液移动，透析液中的钙离子、碱基等向血液中移动，从而清除患者血液中的代谢废物和毒物，调整水和电解质平衡，调整酸碱平衡。

**3. 结晶法**

结晶法是分离和精制固体成分的重要方法之一，是利用混合物中各成分在溶剂中的溶解度随温度变化的不同来达到分离的方法。具体操作是选用合适的溶剂，将化合物加热溶解，形成有效成分的饱和溶液，趁热滤去不溶的杂质，滤液低温放置或蒸去部分溶剂后再低温放置，从而使有效成分大部分结晶析出（相当于结晶溶于溶剂的逆过程）。由于初析出的结晶总会带一些杂质，因此需要通过反复结晶即所谓的重结晶方法，才能得到高纯度的晶体。其过程如图 3-2-8 所示。

结晶法所用的样品必须是已经用其他方法制得的比较纯的制品。如果粗提取物的纯度很差，则很难得到结晶，因结晶是同类分子的自相排列，如果杂质过多，则阻碍分子的排列。

有些结晶含有两种以上的成分，就可用分步结晶法使之分离。分步结晶法是将粗品溶于适宜的溶剂中，经处理使先析出的结晶Ⅰ滤出，滤出结晶后的母液经浓缩后再析出结晶Ⅱ，母液再浓缩后可析出结晶Ⅲ……如此一步一步结晶，可达到分离的目的。分步结晶法各部分所得结晶，其纯度往往有较大的差异，且常常可获得一种以上的结晶成分，在未加检查前不要贸然混在一起。

结晶的纯度可由化合物的晶形、色泽、熔点和熔距、薄层色谱或纸色谱等作初步鉴定。

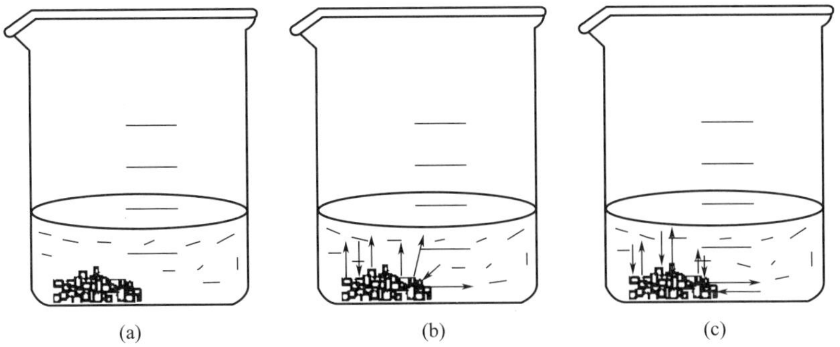

图 3-2-8　结晶法原理

（a）将结晶物质加入溶剂中，结晶开始，慢慢溶解于溶剂形成溶液；

（b）溶液呈未饱和状态，以物质的溶解为主要方向；

（c）溶液呈饱和状态，溶解与结晶达到平衡，如果溶剂不断蒸发，则不断有结晶析出

一个单体纯化合物一般都有一定的熔点和较小的熔距，同时在薄层色谱或纸色谱中经展开剂系统进行鉴定时，应为一个斑点。

### ［学习小结］

　　天然药物常见的分离方法有：系统溶剂分离法、两相溶剂萃取法、沉淀法与色谱法等。

　　系统溶剂分离法是选用不同极性的溶剂组成溶剂系统，按极性由小到大的顺序依次提取分离提取液中各种溶解度有差异的成分，使各种成分获得分离的方法。

　　两相溶剂萃取法是利用混合物中各成分在两种互不相溶的溶剂中分配系数的不同而达到分离的方法。其基本原理是利用混合物中各种成分在两相互不相溶的溶剂中分配系数的差异而获得分离。

　　沉淀法是在天然药物的提取液中加入某些试剂，使欲分离成分或杂质产生沉淀，降低溶解性而从溶液中析出，从而获得有效成分或去除杂质的方法。

　　色谱法是针对天然药物的提取物中含有一些结构相似、性质相近的化学成分，用一般分离方法无法获得分离而采用的一种分离方法。色谱分离法具有试样用量少、分离效率高的特点，用它可以分离、精制和鉴定化合物。按色谱原理可将其分为吸附色谱、氢键缔合色谱、分配色谱、排阻（分子筛）色谱、离子交换色谱；按所用方法可将其分为柱色谱、纸色谱、薄层色谱等。

### ［知识检测］

**一、单项选择题**

1. 两相溶剂萃取法的原理是利用混合物中各成分在两相溶剂中的（　　）不同。

A. 密度　　　　　　B. 分配系数　　　C. 分离系数　　　　D. 介电常数

2. 结晶法成败的关键步骤是（　　）。

A. 控制好温度　　　B. 除净杂质　　　C. 选择合适溶剂　　D. 制成过饱和溶液

3. 薄层色谱的主要用途为（　　）。

A. 分离化合物　　　B. 鉴定化合物　　C. 制备化合物　　　D. 分离和鉴定化合物

## 二、多项选择题

1. 应用两相溶剂萃取法对物质进行分离，要求（　　）。

A. 两种溶剂可任意互溶　　　　　　　B. 两种溶剂不能任意互溶

C. 物质在两相溶剂中的分配系数不同　D. 加入一种溶剂可使物质沉淀析出

E. 温度不同物质溶解度发生改变

2. 乙醇沉淀法加入的乙醇含量达80%以上时，可使（　　）等物质从溶液中析出。

A. 淀粉　　　　B. 蛋白质　　　　　　C. 黏液质　　　D. 树胶　　　　E. 脂肪

3. 吸附色谱法常选用的吸附剂有（　　）。

A. 硅胶　　　　B. 氧化铝　　　　　　C. 活性炭　　　D. 硅藻土　　　E. 聚酰胺

4. 聚酰胺吸附色谱法的原理氢键吸附，适用于分离（　　）等化合物。

A. 酚类　　　　B. 羧酸类　　　　　　C. 醌类　　　　D. 挥发油类　　E. 生物碱类

## 三、问答题

1. 两相溶剂萃取法是根据什么原理进行？在实际工作中如何选择溶剂？

2. 色谱法的基本原理是什么？

# 第三章
# 生物碱药物的提取

【学习目标】

1. 知识目标

(1) 掌握生物碱的理化性质、提取和分离方法。

(2) 了解生物碱的结构和鉴定方法。

(3) 了解生物碱的生理活性。

2. 技能目标

(1) 会用溶剂提取法的操作技术对黄连中黄连素进行提取。

(2) 学会对黄连素进行检识的操作技术。

## 第一节　生物碱药物基本知识

### 一、概述

生物碱是一类含氮有机化合物，大多数具有较复杂的氮杂环结构，呈碱性，与酸结合成盐，并有较强的生物活性。但生物体内还有一些具有生物活性的含氮有机化合物，如氨基酸、肽类、蛋白质和 B 族维生素等，它们不属于生物碱的范围。

生物碱主要分布在高等植物中，低等植物中较少见。如双子叶植物中的毛茛科、防己科、茄科和罂粟科等植物；单子叶植物中的百合科和石蒜科等；裸子植物中麻黄科等都含有生物碱；而低等植物中极个别植物存在，如麦角含有生物碱；少数动物体内也含有生物碱，如蟾酥毒汁中的蟾酥碱。

在植物体内，生物碱的存在方式多样。大多数生物碱常与共存的有机酸（如酒石酸和草酸等）结合成生物碱盐；少数生物碱也与无机酸成盐；还有的生物碱呈游离状态，它们主要是一些碱性极弱的生物碱，如酰胺类生物碱；极少数生物碱以酯、苷和氮氧化物的形式存在，如乌头碱、氧化苦参碱等。

[知识链接]

生物碱是研究得最早的一类有生物活性的天然有机化合物。我国 17 世纪初的《白猿经》即记述了从乌头中提取出砂糖样毒物作箭毒用，用现代的经验分析推测它应该是乌头碱。此外，1806 年德国科学家 Serturner 从鸦片中分离得到吗啡、1810 年西班牙医生

Gomes 从金鸡纳树皮中分得结晶 Cinchonino（奎宁与辛可宁的混合物）。1819 年 Weissner 把这类植物中的碱性化合物统称为类碱（alkali-like）或生物碱，后者一直沿用至今。

## 二、结构与类型

已知生物碱种类很多，约有 10000 种左右，有一些结构式还没有完全确定。它们结构比较复杂，可分为 59 种类型。随着新的生物碱被发现，分类也随之而更新；主要按氮原子是否结合在环上可分为两大类，即有机胺类和氮杂环类。

### （一）有机胺类生物碱

结构特征：氮原子不结合在环状结构内，此类生物碱数目不多，如麻黄碱（图 3-3-1）。

### （二）氮杂环类生物碱

结构特征：氮原子结合在环状结构内。其中大多为五元、六元氮杂环衍生物。

#### 1. 五元氮杂环类生物碱

基本结构为吡咯和四氢吡咯，其结构如图 3-3-2、图 3-3-3 所示。

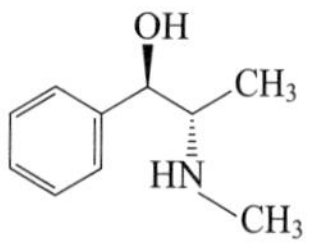

图 3-3-1　麻黄碱 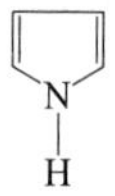　　　　图 3-3-2　吡咯 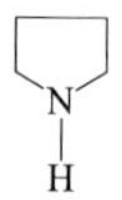　　　　图 3-3-3　四氢吡咯

（1）简单吡咯类　该类生物碱结构简单，数目较少。如益母草中具有祛痰止咳作用的水苏碱（图 3-3-4）。

（2）吡咯里西啶类　结构特征为两分子吡咯共用一个氮原子的稠环化合物，多与有机酸以双内酯形式缩合，其结构如图 3-3-5 所示。如具有阿托品样活性的阔叶千里光碱（图 3-3-6）。

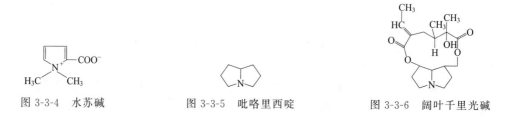

图 3-3-4　水苏碱　　　　图 3-3-5　吡咯里西啶　　　　图 3-3-6　阔叶千里光碱

（3）吲哚类（图 3-3-7）　结构特征为苯并吡咯。如具有兴奋子宫作用的麦角新碱（图 3-3-8）。

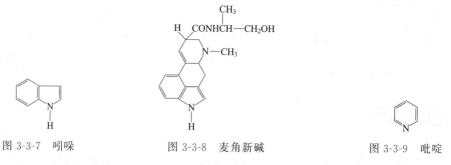

图 3-3-7　吲哚　　　　图 3-3-8　麦角新碱　　　　图 3-3-9　吡啶

#### 2. 六元氮杂环类生物碱

基本结构为吡啶（图 3-3-9）和六氢吡啶（哌啶，图 3-3-10）。此类生物碱衍生物数量较多。

图 3-3-10　哌啶　　　　　　　　图 3-3-11　槟榔碱　　　　　　　　图 3-3-12　烟碱

（1）简单吡啶类　如具有驱绦虫作用的槟榔碱（图 3-3-11）、烟草中的杀虫成分烟碱（图 3-3-12）。

（2）喹诺里西啶类　结构特征为两个哌啶共用一个氮原子的稠环化合物（图 3-3-13）。如苦参中的苦参碱（图 3-3-14）和氧化苦参碱（图 3-3-15）。

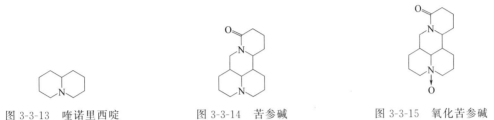

图 3-3-13　喹诺里西啶　　　　　　图 3-3-14　苦参碱　　　　　　　图 3-3-15　氧化苦参碱

（3）喹啉类　结构特征为苯并吡啶（氮原子在 $\alpha$-位，图 3-3-16）。如抗疟药奎宁（图 3-3-17）。

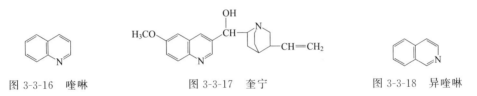

图 3-3-16　喹啉　　　　　　　　　图 3-3-17　奎宁　　　　　　　　图 3-3-18　异喹啉

（4）异喹啉类　结构特征为苯并吡啶（氮原子在 $\beta$-位，图 3-3-18）。本类衍生物结构较多，又可分为：

① 简单异喹啉　如存在于鹿尾中的降压成分萨苏林（图 3-3-19）。

② 苄基异喹啉　有单或双苄基异喹啉衍生物。如具有解痉作用的罂粟碱（图 3-3-20）。

③ 原小檗碱型　结构特征为两分子异喹啉共用一个氮原子的稠环化合物（图 3-3-21）。如抗菌药物小檗碱（图 3-3-22）。

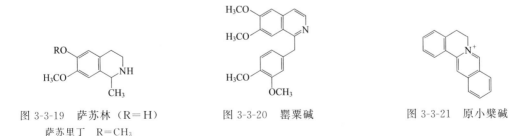

图 3-3-19　萨苏林（R＝H）　　　　图 3-3-20　罂粟碱　　　　　　图 3-3-21　原小檗碱
　　　　萨苏里丁　R＝CH₃

④ 莨菪烷类　结构特征为莨菪烷衍生物莨菪醇与有机酸缩合的酯（图 3-3-23）。如茄科植物中具有解痉作用的莨菪碱（图 3-3-24）、东莨菪碱（图 3-3-25）。

⑤ 吗啡烷类　结构特征为哌啶环垂直与多氢菲稠合（图 3-3-26）。如吗啡（图 3-3-27）与可待因。

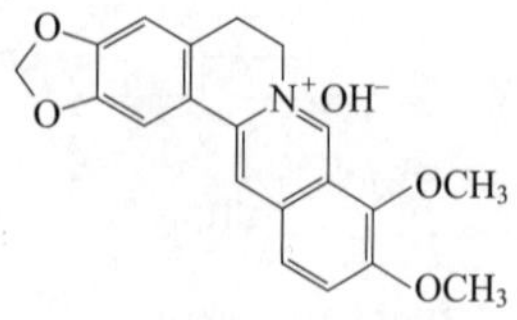

图 3-3-22　小檗碱

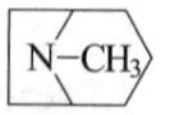

图 3-3-23　莨菪烷

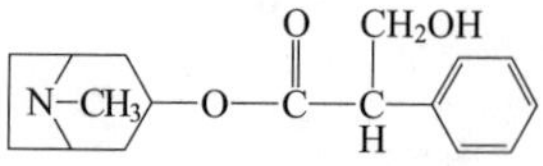

图 3-3-24　莨菪碱（阿托品）

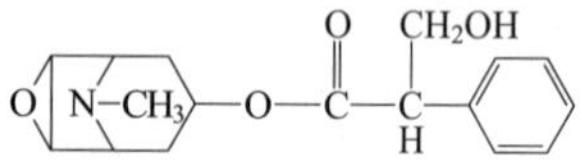

图 3-3-25　东莨菪碱

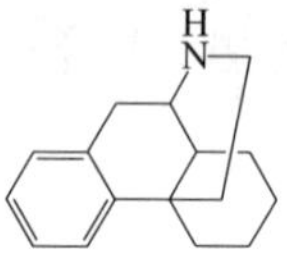

图 3-3-26　吗啡烷

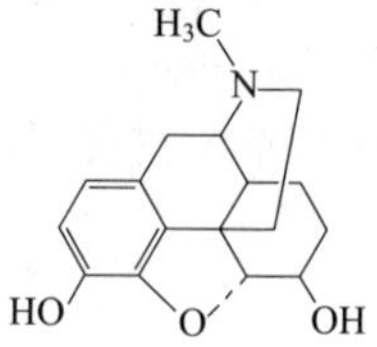

图 3-3-27　吗啡

**3. 其他结构类型生物碱**

常见的结构类型有嘌呤（咖啡碱）、喹唑啉（常山碱）、咪唑（毛果芸香碱）、吡嗪（川芎嗪）、萜类（乌头碱）、大环类（美登木碱）、异甾类（贝母碱）等。

## 三、性质

### （一）性状

大多数生物碱为结晶形固体或非结晶形粉末，少数在常温下为液体，液体生物碱分子中大多数不含氧或氧原子结合成酯键（如烟碱和槟榔碱）。液体生物碱在常压下可以蒸馏，个别固体生物碱具有挥发性（如麻黄碱），可利用水蒸气蒸馏法提取。极少数生物碱具有升华性（如咖啡因）。

生物碱绝大多数为无色或白色，少数有色（如小檗碱为黄色）。

多数生物碱具苦味，少数生物碱有其他味道（如甜菜碱味甜）。

### （二）旋光性

生物碱大多为左旋光性。

生物碱的旋光性易受 pH 和溶剂等因素影响，条件改变有的产生变旋现象。如：烟碱在中性条件下呈现左旋光性，在酸性条件下为右旋光性。麻黄碱在氯仿溶液中呈左旋光性，在水溶液中则为右旋光性。

生物碱的生理活性和旋光性密切相关。通常多数左旋体呈显著生理活性，如左旋莨菪碱的散瞳作用大于右旋莨菪碱的 100 倍。但也有少数右旋体生理活性强于左旋体，如右旋古柯碱的局部麻醉作用强于左旋古柯碱。

### （三）溶解性

生物碱按照溶解性可分为脂溶性生物碱和水溶性生物碱。其有如下特点：

① 绝大多数仲胺和叔胺生物碱的游离碱具亲脂性；

② 季铵生物碱具亲水性；

③ 具酚羟基、羧基等酸性基团的生物碱具酸碱两性；

④ 具内酯基的生物碱遇碱水开环成盐而溶解，遇酸又闭环而析出；

⑤ 绝大多数生物碱盐具亲水性。

生物碱成盐后多易溶于水，不溶或难溶于有机溶剂。其溶解性因成盐的种类不同而有差异：一般无机酸盐水溶性大于有机酸盐，而无机酸盐中含氧酸盐的水溶性往往较大；有机酸盐中与大分子有机酸所形成的盐水溶性差，与小分子有机酸成盐水溶性较好。

但有些生物碱盐也具有特殊的溶解性质，如高石蒜碱的盐酸盐不溶于水，而溶于氯仿；盐酸小檗碱难溶于水等。

### （四）碱性

生物碱分子中含有氮原子，氮原子最外层电子结构中有一对 $2s^2$ 电子，能与酸中的质子（$H^+$）以配位键的形式结合成盐，所以具有碱性。

**1. 碱性强弱表示方法**

生物碱的碱性强弱可以用其共轭酸盐的 $pK_a$ 值表示。一般情况下，$pK_a < 2$ 为极弱碱，$pK_a\ 2 \sim 7$ 为弱碱，$pK_a\ 7 \sim 11$ 为中强碱，$pK_a > 11$ 为强碱。

生物碱的碱性强度可用酸式解离常数 $pK_a$ 和碱式解离常数 $pK_b$ 表示。它们之间的关系是：

$$pK_a = pK_w - pK_b = 14 - pK_b$$

碱性越强，$K_b$ 越大，$pK_b$ 越小，其共轭酸 $pK_a$ 越大。

**2. 生物碱的碱性与分子结构的关系**

生物碱的碱性强弱主要取决于分子结构中氮原子的电子云密度，若电子云密度升高，则碱性增强，反之碱性下降。

（1）氮原子的杂化方式　杂化轨道中 p 轨道的成分增多，能量升高，成对电子的能量也随之升高，易接受质子，碱性增强。故碱性为 $sp^3 > sp^2 > sp$。季铵碱分子中的氮原子最外层有 9 个电子，极易给出 1 个电子达到稳定结构，所以碱性强（$pK_a > 11$）。

（2）诱导效应　氮原子连接供电子基如烷烃时，碱性增强；而氮原子附近有吸电子基时，则碱性下降。

（3）共轭效应　吸电子共轭效应使氮原子上的电子云密度降低，造成碱性减弱；供电子共轭效应使碱性增强，如含胍基生物碱呈强碱性。

（4）空间效应　如果氮原子周围的取代基分子较大，对氮原子构成屏蔽作用，使氮原子难于接受质子，造成碱性降低。

（5）氢键效应　生物碱的共轭酸盐若能生成稳定的分子内氢键（与含氧基团），则共轭酸的酸性较弱，其共轭碱的碱性较强。

综上所述，生物碱结构中的碱性基团与碱性强弱之间的关系为：胍基＞季铵碱＞脂肪胺和脂杂环＞芳胺和吡啶环＞多氮同环芳杂环＞酰氨基和吡咯环。

### （五）沉淀反应

在酸性水溶液或稀醇溶液中，大多数生物碱能和某些试剂生成难溶解于水的复盐或分子络合物，这种反应称为生物碱沉淀反应，这些试剂被称为生物碱沉淀试剂。

利用生物碱沉淀反应可预示生物碱的存在，检查提取分离是否完全，也可用于生物碱和生物碱的精制和鉴定（试管定性反应和平面色谱的显色剂）。

生物碱的沉淀反应通常在酸性水溶液或稀醇溶液中进行。若在碱性条件下则试剂本身将产生沉淀；在稀醇或脂溶性溶液中时，含水量大于 50％，而当醇含量大于 50％ 时可使沉淀溶解；另外，沉淀试剂不宜加入多量，如过量的碘化汞钾可使产生的沉淀溶解。生物碱沉淀试剂的种类很多，常用的如表 3-3-1 所示。

当然，有少数生物碱与某些沉淀试剂并不能产生沉淀，如麻黄碱。

表 3-3-1　常用的生物碱沉淀试剂

| 试　剂 | 组　成 | 反应产物 |
|---|---|---|
| 碘-碘化钾（Wagner） | KI-I$_2$ | 棕褐色沉淀 |
| 碘化铋钾（Dragendoff） | BiI$_3$·KI | 红棕色沉淀 |
| 碘化汞钾（Mayer 试剂） | HgI$_2$·2KI | 类白色沉淀，若加过量试剂,沉淀又被溶解 |
| 硅钨酸（Bertrand 试剂） | SiO$_2$·12WO$_3$ | 淡黄色或灰白色沉淀 |
| 苦味酸（Hager 试剂） | 2,4,6-三硝基苯酚 | 晶形沉淀（反应必须在中性溶液中） |
| 雷氏铵盐（硫氰酸铬铵试剂）（Ammoniumreineckate） | NH$_4$[Cr(NH$_3$)$_2$(SCN)$_4$] | 生成难溶性复盐　紫红色 |

### （六）显色反应

一些生物碱单体能与某些试剂反应，生成具有特殊颜色的产物，不同结构的生物碱产生不同的颜色，这种试剂称为生物碱的显色试剂。显色反应对生物碱的纯度要求较高，所以显色反应主要用于检识个别生物碱，不是很常用。如麻黄碱和伪麻黄碱加入硫酸铜和氢氧化钠会发生蓝紫色反应。

**1. 含少量甲醛的浓硫酸溶液**

吗啡显紫红色；可待因显蓝色。

**2. 1%钒酸铵的浓硫酸溶液**

莨菪碱显红色；吗啡显棕色；马钱子碱显血红色；奎宁显淡橙色；士的宁显蓝紫色。

**3. 1%钼酸钠（或钼酸铵）的浓硫酸溶液**

吗啡显紫色渐转为棕绿色；小檗碱显棕绿色；利血平显黄色，2分钟后转为蓝色；秋水仙碱显黄色；阿托品显无色。

## 四、生物活性

生物碱类成分非常常见，香烟中的尼古丁、槟榔中的槟榔碱、香菇中的嘌呤等都是生物碱。它们大多具有特殊而显著的生理活性，往往是很多药用植物，包括许多中草药的有效成分。例如，阿片中的镇痛成分吗啡、止咳成分可待因、麻黄的抗哮喘成分黄麻碱、颠茄的解痉成分阿托品、长春花的抗癌成分长春新碱等。

[ 案例分析 ]

　**实例**　吸食香烟会使人上瘾。

　**分析**　香烟中含有的烟碱（尼古丁）是一种生物碱，其在空气中极易氧化成暗灰色，可与尼古丁乙酰胆碱接受器结合，增加神经传递物的量，使脑中的多巴胺增加，产生幸福感和放松感，最后可能会因吸食而有成瘾的现象。

## 第二节　黄连的炮制

### 一、黄连概述

黄连为毛茛科黄连属植物黄连 *Coptis chinensis* Eraneh、三角叶黄连 *Coptis deltoidca* C. Ycheng et Hsiao 或云连 *Coptis teeta* Wall. 的干燥根茎，具有清热燥湿、清心除烦、泻火解毒的功效。

### （一）黄连形态特征

黄连属多年生草本。根茎黄色，常分枝，密生多数须根。叶全部基生；叶柄长 5 ～

12cm；片坚纸质，卵状三角形，宽达 10cm，3 全裂；中央裂片有细柄，卵状菱形，长 3～8cm，宽 2～4cm，顶端急尖，羽状深裂，边缘有锐锯齿，侧生裂片不等 2 深裂，表面沿脉被短柔毛。花葶 1～2，高 12～25cm，二歧或多歧聚伞花序，有花 3～8 朵；总苞片通常 3，披针形，羽状深裂，小苞片圆形，稍小；萼片 5，黄绿色，窄卵形，长 9～12.5mm；花瓣线形或线状披针形，长 5～7mm，中央有蜜槽；雄蕊多数，外轮雄蕊比花瓣略短或近等长；心皮 8～12，离生，有短柄。蓇葖果 6～12，长 6～8mm，具细柄。种子 7～8 粒，长椭圆形，长约 2mm，宽约 0.8mm，褐色。花期 2～4 月，果期 3～6 月。

三角叶黄连，根茎黄色，不分枝或少分枝，节间明显，密生多数细根，匍匐茎横走。叶片卵形，宽达 15cm，3 全裂；中央裂片三角状卵形，长 3～12cm，宽 3～10cm，羽状深裂，深裂片多少彼此密接。花瓣近披针形，雄蕊短，仅为花瓣的 1/2 左右。

云南黄连，根茎黄色，节间密，较少分枝，生多数须根。叶片卵状三角形，长 6～12cm，宽 5～9cm，三全裂，中央裂片卵状菱形，先端长渐尖至渐尖，羽状深裂，深裂片彼此疏离，相距最宽处可达 1.5cm。花瓣匙形至卵状匙形，先端钝。

（二）黄连有效成分

黄连的有效成分主要是生物碱，已分离出的主要生物碱有黄连素，俗称小檗碱（berberine）、掌叶防己碱（palmatine）、黄连碱（coptisine）等。其中小檗碱含量最高，可达 10% 左右，以盐酸盐的状态存在于黄连中。小檗碱有很强的抗菌、消炎、止泻的功效。对急性菌痢、急性肠炎、百日咳、猩红热等各种急性化脓性感染和各种急性外眼炎症都有效。掌叶防己碱也作药用，其抗菌性能和小檗碱相似。

黄连素在自然界多以季铵碱的形式存在，结构如图 3-3-28 所示。

掌叶防己碱又称巴马丁，为黄色结晶，溶于水、乙醇，几乎不溶于三氯甲烷、乙醚等有机溶剂。盐酸掌叶防己碱为黄色针状结晶，并有强烈的黄色荧光。易溶于热水或热乙醇，在冷水中的溶解度也比盐酸小檗碱大。巴马丁结构如图 3-3-29 所示。

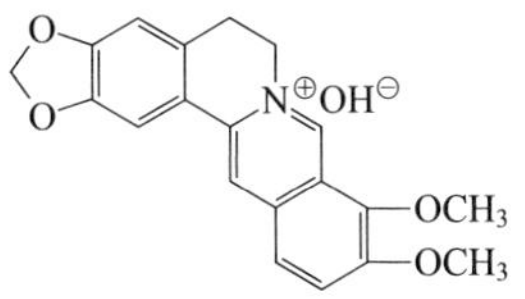

图 3-3-28 小檗碱（黄连素） 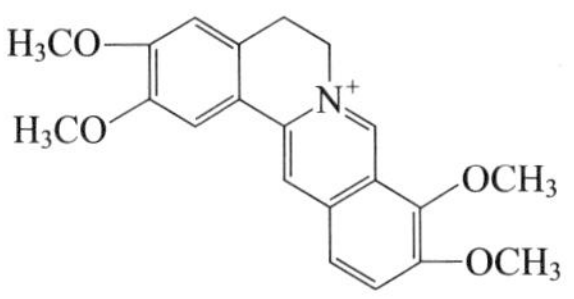　　　　　　图 3-3-29 掌叶防己碱（巴马丁）

## 二、黄连采集

黄连栽后 5～6 年收获产量较高。采收适期应在立冬前后至地冻之前。挖取过早，根茎含水量大，不充实，折干降低；过迟，植株抽薹开花后根茎中空，产量低，质量差。采挖前，先拆除围篱、边棚，小心挖起全株，敲落泥沙，剪去须根和叶片，即成鲜黄连。切忌水洗。黄连移栽后 2 年就可开花结实，但以栽后 3～4 年生的植株所结种子质量为好，数量也多。一般于 5 月中旬，当蓇葖果由绿变黄绿色、种子变为黄绿色时，应及时采收。采种宜选晴天或阴天无雨露时进行，将果穗从茎部摘下，盛入细密容器内，置室内或阴凉地方，经 2～3 天后熟后，搓出种子，再用 2 倍于种子的腐殖细土或细沙与种子拌匀后层积保藏。秋季采挖，除去须根及泥沙，干燥，撞去残留须根。

## 三、黄连炮制方法

现行有酒洗拌、姜汁拌、吴茱萸拌、酒炒、醋炒、水炒等炮制方法。

（一）原药材炮制

取原药材，除去杂质，润透后切薄片，晾干。

（二）饮片炮制

（1）酒黄连　取净黄连，用酒拌匀，闷透，置锅内用文火炒干，取出，放凉。黄连100kg，用黄酒 12.5kg。

（2）姜黄连　取净黄连，加姜汁拌匀，置锅内用文火炒干，取出，放凉。黄连 100kg，用生姜 12.5kg。

（3）吴萸连　取吴茱萸加适量水煎煮，煎液与净黄连拌匀，待液吸尽，炒干，取出，放凉。黄连 100kg，用吴茱萸 10kg。

（4）炒制　取黄连置热锅中，用微火炒至老黄色为度。

（5）制炭　取黄连用武火炒至外面呈黑色，喷水灭尽火星，晒干。

（6）醋制　取黄连加水浸透后切片，或直接用整货加醋拌匀，至醋渗入后，晒干，再微炒。黄连 500g，用醋 93g。

（7）盐制　取黄连加盐水润透，用微火炒干，至色稍深，取出，放凉，黄连 500g，用盐 6g，水适量。或取黄连炒至微变色，喷入盐水即可，黄连 500g，用盐 15g，水适量。

（8）胆汁制　取猪胆剪碎，取汁去渣，加黄连片炒干为度。黄连 500g，用猪胆 5 只。

（三）炮制作用

酒黄连能引药上行，缓其寒性，善清头目之火。如用于治目赤肿痛、口舌生疮的黄连天花粉丸。姜黄连缓和其过于苦寒之性，并增强其止呕作用，以治胃热呕吐为主。如用于治湿热中阻，胃失和降，恶心呕吐。吴萸连抑制其苦寒之性，使黄连寒而不滞，以清气分湿热、散肝胆郁火为主。如用于治湿热郁滞肝胆，呕吐吞酸，积滞内阻，生湿蕴热，胸脘痞满，泄泻或下痢。

## 第三节　黄连素的提取分离

### 一、提取分离基础知识

（一）提取方法

生物碱在生物体内以多种形式存在，在提取生物碱时，要考虑生物碱的性质和存在形式，选择适宜的提取溶剂和方法。除个别具有挥发性的生物碱（如麻黄碱）可用水蒸气蒸馏法外，大多数采用溶剂提取法。

**1. 酸水提取法**

大多数生物碱的盐易溶于水，因此可以考虑用酸水将生物碱转化成盐后提取出来。提取时一般选用 1% 浓度以下的酸水（乙酸、硫酸、盐酸或酒石酸等）冷浸或渗滤药材粗粉，收集提取液即得。

此方法简便易行，无毒，价格低廉；但水溶性杂质较多，提取液体积较大，浓缩困难，不适合淀粉或蛋白质含量高的植物材料。

**2. 亲水性有机溶剂提取法**

部分生物碱及其盐能溶于甲醇或乙醇，因此可以醇为溶剂采用浸渍、渗滤或回流的方法提取，提取液回收溶剂后即得粗总生物碱。此方法往往带有很多脂溶性杂质。

**3. 亲脂性有机溶剂提取法**

游离生物碱一般易于在亲脂性有机溶剂中溶解。中强碱可以预先采用碱水（氨水、碳酸钠或石灰乳）碱化药材使之游离出来，然后用亲脂性有机溶剂进行回流提取。此方法同样会带有大量脂溶性杂质，一般不适合于含脂类较高的药材。

### （二）分离方法

#### 1. 利用生物碱碱性的差异分离

工艺如图 3-3-30 所示。

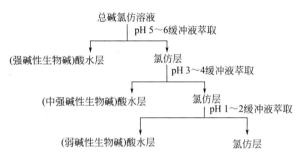

图 3-3-30 利用碱性差异分离生物碱工艺

#### 2. 利用生物碱及其盐的溶解度不同分离

见表 3-3-2、表 3-3-3。

表 3-3-2 苦参碱与氧化苦参碱的分离

| 化合物 | $CHCl_3$ | $Et_2O$ | 分离方法 |
|---|---|---|---|
| 苦参碱 | + | + | 总碱溶于少量 $CHCl_3$，逐 |
| 氧化苦参碱 | + | − | 滴加入至 $Et_2O$ 中，过滤 |

表 3-3-3 麻黄碱与伪麻黄碱的分离

| 化合物 | 甲苯 | 草酸 | $H_2O$ | 分离方法 |
|---|---|---|---|---|
| 麻黄碱 | + | 麻黄碱草酸盐 | − | 总碱溶于甲苯，用草酸溶液萃取，浓缩 |
| 伪麻黄碱 | + | 伪麻黄碱草酸盐 | + | 萃取液，麻黄碱草酸盐析出 |

注：利用麻黄碱和伪麻黄碱既能溶于水，又能溶于亲脂性有机溶剂的性质，以及麻黄碱草酸盐比伪麻黄碱草酸盐在水中溶解度小的差异，使两者得以分离。方法为：麻黄用水提取，水提取液碱化后用甲苯萃取，甲苯萃取液流经草酸溶液，由于麻黄碱草酸盐在水中溶解度较小而结晶析出，而伪麻黄碱草酸盐留在母液中。

#### 3. 利用生物碱的特殊官能团分离

某些生物碱特殊功能团（羟基、内酯键和内酰胺键等）能发生可逆性化学反应，导致其溶解性改变，从而与其他成分分离。

（1）酚性碱的分离　利用酚性碱溶于氯仿等，而酚盐溶于水的性质进行分离。

（2）内酯类和内酰胺类生物碱的分离　利用内酯类生物碱溶于氯仿等、内酰胺类生物碱溶于水的性质进行分离。

#### 4. 利用色谱法分离

（1）吸附柱色谱（常用）　常用氧化铝或硅胶作为吸附剂，以氯仿、苯等为底剂的溶剂系统作为洗脱剂，其中加少量碱性试剂，可改善分离效果。

（2）分配柱色谱　例如三尖杉酯碱和高三尖杉酯碱的分离。

（3）高效液相色谱法（HPLC）　这是一种现代高效的分离分析方法。常用 $C_{18}$ 反相色谱柱，流动相以甲醇-水、乙腈-水为底剂。

## 二、黄连素的提取分离

黄连素是黄色针状体，微溶于水和乙醇，较易溶于热水和热乙醇中，几乎不溶于乙醚。

黄连素的盐酸盐、氢碘酸盐、硫酸盐、硝酸盐均难溶于冷水，易溶于热水，故可用水对其进行重结晶，从而达到纯化目的。

小檗碱为黄色针状结晶，熔点为145℃，游离的小檗碱能缓缓溶于水（1∶20）及乙醇中（1∶100），易溶于热水及热醇，难溶于乙醚、石油醚、苯、三氯甲烷等有机溶剂，其盐在水中溶解度很小，尤其是盐酸盐。盐酸盐为1∶500，枸橼酸盐1∶125，酸性硫酸盐1∶100，硫酸盐1∶30，但在热水中都比较容易溶解。

巴马丁，为黄色结晶，溶于水、乙醇、几乎不溶于三氯甲烷、乙醚等有机溶剂。

盐酸掌叶防己碱为黄色针状结晶，并有强烈的黄色荧光。易溶于热水或热乙醇，在冷水中的溶解度也比盐酸小檗碱大。

从黄连中提取黄连素，往往采用适当的溶剂（如乙醇、水、硫酸等）。在脂肪提取器中连续抽提，然后浓缩，再加酸进行酸化，得到相应的盐。粗产品可以采取重结晶等方法进一步提纯。工艺流程见图3-3-31、图3-3-32。

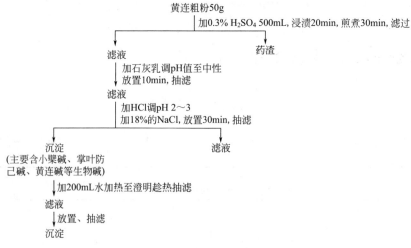

图 3-3-31　硫酸提取黄连素工艺流程

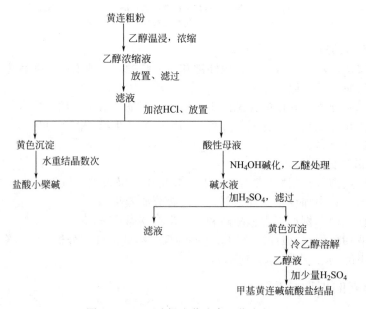

图 3-3-32　乙醇提取黄连素工艺流程

　　石柱黄连以品质优良而闻名于世，俗称"鸡爪连"，药材名为"味连"，是常用名贵中药。1958 和 1962 年，朝鲜、越南从石柱引种试栽黄连。1989 年在全国道地药材学术研讨会上，石柱黄连被确认为道地黄连。但因缺乏认证标识和品牌运作，价格一直涨不起来，因此，收益不高，农民种植积极性不强。

　　为加快石柱黄连的品牌运作，石柱县工商局积极向国家工商总局申报地理标志商标。于 2009 年 1 月获得国家地理标志商标注册证，是继涪陵榨菜、奉节脐橙后，重庆市第三个获国家工商总局地理标志商标注册证的产品。

　　请查阅资料熟悉石柱黄连的质量技术要求。

## 第四节　黄连素的成型与黄连素的检验

### 一、黄连素的成型

　　首先将纯化分离的黄连素沉淀水洗，直至 pH 值为 4 时甩干，再置于 $60 \sim 80℃$ 的恒温箱内干燥后备用。具体工艺过程为：

沉淀水洗→调 pH→甩干→烘箱干燥→成型

### 二、黄连素的检验

　　黄连素的检验可以采取以下的方法：

**（一）丙酮加成反应**

　　取样品溶于热水中，加入 $10\% \sim 20\%$ NaOH 溶液，混合均匀后，于水浴中加热至 $50℃$。冷却后过滤，滤液加丙酮，即发生混浊。放置后生成黄色的丙酮黄连素沉淀，即有柠檬黄色结晶析出。此反应可用于原小檗碱型季铵生物碱的鉴别。

**（二）漂白粉显色反应**

　　小檗碱酸性水溶液中加漂白粉（或通入氯气），溶液即变樱红色。

**【学习内容】**

　　1. 生物碱类化合物结构。

　　2. 生物碱的理化性质：包括性状、溶解性、旋光性、碱性。

　　3. 黄连素的提取分离。

　　4. 黄连素的检识反应。

**【学习重点】**

　　生物碱的学习，应遵循"共性→个性"的认知规律，通过分析生物碱类化合物的结构特点，总结出该类成分的理化性质，进而分析每一种生物碱类成分独特的提取分离方法和技术。

[ 知识检测 ]

## 一、单项选择题

1. 从药材中提取季铵碱一般采用的方法是 ( )。
A. 碱溶酸沉法　　　　　　　　B. pH 梯度萃取法
C. 醇-酸水-碱化-氯仿提取法　　D. 醇-酸水-碱化-雷氏铵盐沉淀法

2. 酸水液中可直接被氯仿提取出来的生物碱是 ( )。
A. 强碱　　　B. 中强碱　　　C. 弱碱　　　D. 酚性碱

3. 分离含有不同碱性生物碱的总碱可选用 ( )。
A. 简单萃取法　B. pH 梯度萃取法　C. 分馏法　　　D. 酸提碱沉法

4. 在生物碱酸水提取液中，加碱调 pH 由低到高，每调一次用氯仿萃取一次，首先得到的是 ( )。
A. 强碱性生物碱　B. 弱碱性生物碱　C. 中强碱性生物碱　D. 季铵型生物碱

5. 将总碱溶于氯仿中，用 pH 由高到低的不同缓冲液依次萃取，最后萃取出的生物碱是 ( ) 生物碱。
A. 最强碱性的　　B. 中强碱性的　　C. 弱碱性的　　　D. 强碱性的

6. 生物碱沉淀反应是利用大多数生物碱在 ( ) 条件下，与某些沉淀试剂反应生成不溶性复盐或络合物沉淀。
A. 酸性水溶液　　B. 碱性水溶液　　C. 中性水溶液　　D. 亲脂性有机溶剂

7. 从水溶液中萃取游离的亲脂性生物碱时常用的溶剂为 ( )。
A. 石油醚　　B. 氯仿　　　C. 乙酸乙酯　　D. 丙酮

8. 生物碱的碱性强弱可与下列 ( ) 情况有关。
A. 生物碱中 N 原子具有各种杂化状态　B. 生物碱中 N 原子处于不同的化学环境
C. 以上两者均有关　　　　　　　　　D. 以上两者均无关

9. 鉴别麻黄碱和 *N*-甲基麻黄碱可用 ( )。
A. 碘化铋钾反应　　　　　　　B. 茚三酮反应
C. 碘化汞钾反应　　　　　　　D. 二硫化碳-碱性硫酸铜反应

10. 下列生物碱右旋体的生物活性强于左旋体的是 ( )。
A. 莨菪碱　　　B. 麻黄碱　　　C. 古柯碱　　　D. 去甲乌药碱

## 二、多项选择题

1. 用酸水提取生物碱可采用的方法是 ( )。
A. 煎煮法　　B. 渗滤法　　　C. 回流法　　　D. 浸渍法
E. 连续回流法

2. 酸水提取生物碱采用的步骤是 ( )。
A. 用稀酸水提取　　　　　　　B. 提取液用氯仿萃取
C. 提取液通过大孔吸附树脂柱　D. 提取液通过强酸型阳离子交换树脂柱
E. 提取液通过强酸型阴离子交换树脂柱

3. 影响生物碱碱性强弱的因素有 ( )。
A. 杂化方式　　B. 电子效应　　C. 立体因素　　D. 分子内氢键
E. 分子内互变异构

## 实训三 黄柏中盐酸小檗碱的提取分离及鉴定

### 一、实训目的

（1）学会运用渗滤法、盐析法、结晶法等对黄柏中盐酸小檗碱进行提取和精制；会用显色反应、色谱法进行小檗碱的检识。

（2）完成黄柏中盐酸小檗碱的提取分离及鉴定指标。

### 二、实训器材

黄柏粗粉，石灰乳，NaCl，HCl，NaOH，$H_2SO_4$，丙酮，氯仿，甲醇，漂白粉，中性氧化铝，盐酸小檗碱对照品。烧杯，渗滤筒，紫外灯，展开槽。

### 三、实训原理

利用小檗碱可溶解于水、盐酸小檗碱几乎不溶于水的性质，先将药材用石灰乳润湿，使药材吸水膨胀，小檗碱便游离出来，黄柏中的黏液质沉淀。然后用水渗滤提取小檗碱，再将其转化成盐酸盐沉淀析出得到盐酸小檗碱。

### 四、操作流程

1. 提取与精制

按照图 3-3-33 流程进行盐酸小檗碱的提取与精制操作。

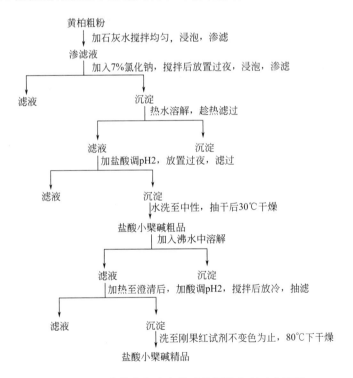

图 3-3-33　黄柏中盐酸小檗碱的提取分离工艺流程

2. 盐酸小檗碱的鉴定

（1）显色反应

① 取精制后的盐酸小檗碱约 50mg，加纯化水 5mL，加热溶解，加 10％NaOH 2 滴，显橙色，溶液放冷后，滤过，滤液加丙酮数滴即产生黄色丙酮小檗碱的沉淀。

② 取精制后的盐酸小檗碱少许，加稀 $H_2SO_4$ 2mL 溶解，加漂白粉少许，显樱红色。

（2）薄层色谱鉴定

① 吸附剂　中性氧化铝（软板）。

② 展开剂　氯仿-甲醇（9：1）。

③ 显色剂　紫外灯下观察荧光或自然光下观察黄色斑点。

④ 试样　0.1％盐酸小檗碱乙醇液（提取精制）。

⑤ 对照品　0.1％盐酸小檗碱乙醇液。

## 五、操作提示

1. 实验原料尽可能选用小檗碱含量较高的川黄柏。

2. 药材装入渗滤筒时，渗滤筒底部放一块脱脂棉，然后将浸湿的药材分次均匀加入，顶部盖一张滤纸并用一定重量的干净物体压上。

3. 加入 NaCl 的目的是将小檗碱转化成盐酸盐，降低盐酸小檗碱在水中的溶解度。NaCl（尽量选择杂质少、纯度高者）的用量不宜超过 10％，否则会使盐酸小檗碱结晶呈悬浮状态而难以沉淀，使滤过困难。

4. 精制盐酸小檗碱时，水浴加热溶解后要趁热滤过，防止盐酸小檗碱在滤过时析出结晶，使滤过困难，得率降低。

## 六、实训报告

填写实训报告单。

**实训报告单**

| 实训名称 | | |
|---|---|---|
| 设备器材 | 玻璃器皿 | |
| | 仪器设备 | |
| 溶剂与试剂 | 溶剂 | |
| | 试剂 | |
| 操作步骤 | | |
| 质量检验 | 检验方法 | |
| | 检验记录 | |
| 讨论与总结 | | |
| 文明操作 | 环境卫生 | |
| | 仪器使用 | |
| 学习能力 | 教师评价 | |

# 第四章

# 醌类药物的提取

【学习目标】

1. 知识目标

(1) 掌握蒽醌的结构、性质及提取分离方法。

(2) 理解大黄中游离蒽醌成分。

2. 技能目标

(1) 能根据蒽醌成分的性质进行大黄素的提取和分离。

(2) 能对大黄素进行定性鉴定。

## 第一节 醌类药物基本知识

### 一、概述

醌类化合物是指分子内具有不饱和环二酮结构及容易转变为具有醌式结构的化合物，以及在生物合成方面与醌类有密切联系的化合物。主要分为苯醌、萘醌、菲醌和蒽醌等类型。在天然药物中以蒽醌及其衍生物尤为重要。

醌类化合物在植物界分布较广泛，高等植物中大约有 50 多个科 100 余属的植物中含有醌类，集中分布于蓼科、茜草科、豆科、鼠李科、百合科、紫草科等植物中，如大黄、虎杖、何首乌、丹参、决明子、芦荟、紫草等中均含有醌类成分，低等植物地衣类、菌类的代谢产物中也含有醌类化合物。

醌类化合物有多方面的生物活性。如番泻中的番泻苷具有较强的泻下作用；大黄中的蒽醌，尤其是对金黄色葡萄球菌有明显的抑制作用；紫草中的萘醌类成分紫草素具有止血、抗炎、抗病毒等作用；丹参醌类具有扩张冠状动脉的作用，用于治疗冠心病、心肌梗死等病症。

### 二、结构

**1. 苯醌类** (benzoquinones)

分为邻苯醌和对苯醌两种，其结构如图 3-4-1 所示。天然的多为对苯醌的衍生物，如信筒子醌和辅酶 Q 等。常见的取代基为—OH、—OMe、—Me 和烷基等。

苯醌多为黄色或橙黄色结晶，能随水蒸气蒸馏，常有令人不适的臭味，对皮肤和黏膜有刺激性，易被还原成相应的对苯二酚。

信筒子醌 (embellin) 是具有驱除肠内寄生虫作用的对苯醌衍生物，它也是白花酸藤果

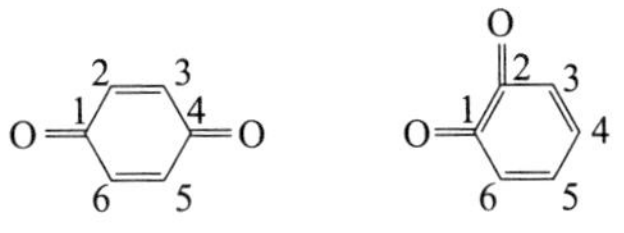

图 3-4-1　(a) 对苯醌　(b) 邻苯醌　苯醌的结构

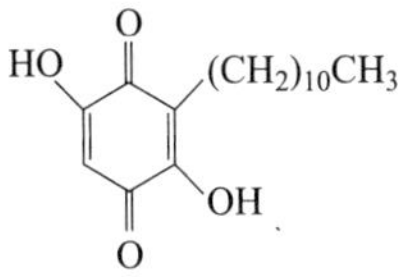

图 3-4-2　信筒子醌结构

和木桂花果实的驱绦虫有效成分，其结构如图 3-4-2 所示。

辅酶 Q（coenzymes Q）又称为泛醌（ubiquinones），广泛存在于自然界中，是细胞生物氧化反应中的一种辅酶，它可治疗某些血液疾病、肌肉疾病、心脏病、高血压和癌症。

**2. 萘醌**（naphthoquinones）

有三种结构类型，其结构如图 3-4-3 所示。但天然的萘醌仅有 $\alpha$-萘醌类衍生物。

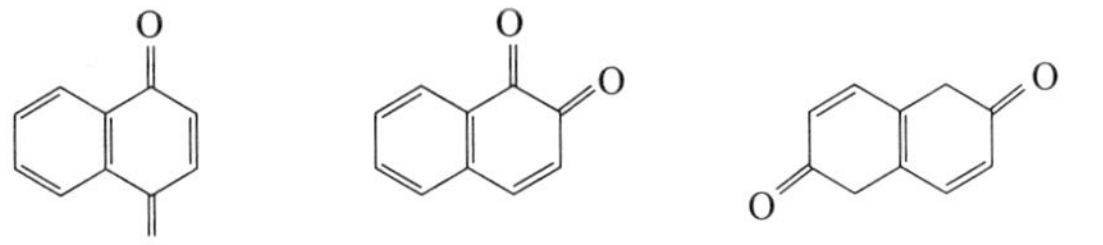

(a) $\alpha$ -(1, 4)-萘醌　(b) $\beta$ -(1, 2)-萘醌　(c) amphi(2, 6)-萘醌

图 3-4-3　萘醌的结构

萘醌类衍生物多带有羟基，多呈橙色至黄色，少数呈紫色。一些化合物具有较强的生理活性，如：胡桃醌（juglon），其结构如图 3-4-4 所示，有抗菌、抗癌及中枢神经镇静作用；蓝雪醌具有抗菌止咳及祛痰作用；拉帕醌具有抗癌作用，其结构如图 3-4-5 所示。也有不含羟基的萘醌衍生物，维生素 K 类即是一例，维生素 $K_1$ 结构如图 3-4-6 所示。

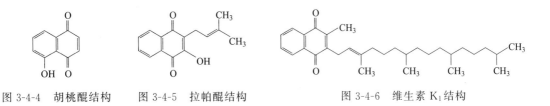

图 3-4-4　胡桃醌结构　　图 3-4-5　拉帕醌结构　　图 3-4-6　维生素 $K_1$ 结构

**3. 菲醌类**（phenanthraquinone）

有两种类型，即邻菲醌和对菲醌，其结构如图 3-4-7 所示。

菲醌类化合物也有许多衍生物，如中药丹参根中所含多种化合物都是菲醌的衍生物，包括邻菲醌和对菲醌两种。丹参中的醌类化合物多为橙色、红色至棕红色的结晶，少数为黄色，其结构如图 3-4-8 所示。丹参中的醌类化合物具有抗菌及扩张冠状动脉的作用，是中药丹参的主要有效成分。总丹参酮可用于治疗金黄色葡萄球菌等引起的疖、痈、蜂窝组织炎、痤疮等疾病；由丹参酮ⅡA制得的丹参酮ⅡA磺酸钠注射液可增加冠脉流量，临床上治疗冠心病、心肌梗死有效。

**4. 蒽醌**（anthraquinones）

蒽醌是许多中药如大黄、何首乌、虎杖等的有效成分。目前已发现的蒽醌类化合物近 200 种，主要分布于高等植物中，其他则主要存在于真菌及地衣类中，在动物及细菌中也偶有发现，而且在真菌、地衣和动物中存在的蒽醌类化合物的结构也往往比较特殊，这类化合物具有多方面的生理活性，是醌类化合物中最重要的一类物质。

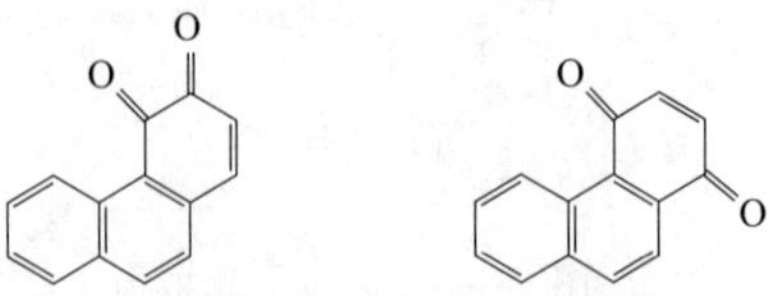

(a) 邻菲醌　　　　　　(b) 对菲醌

图 3-4-7　菲醌类结构

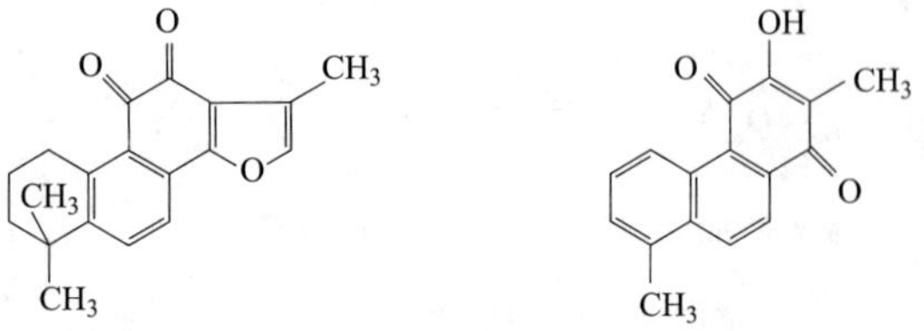

(a) 丹参酮ⅡA　　　　　(b) 丹参新醌丙

图 3-4-8　丹参中的醌类化合物

在植物中的蒽醌衍生物主要分布于根、皮、叶及心材，也可在茎、种子、果实中。多和糖结合成苷，或以游离态存在。蒽醌的结构类型见表 3-4-1。

表 3-4-1　蒽醌的结构类型

| 结构类型 | 活性成分 | 主要来源 | 作用与用途 |
|---|---|---|---|
| 1. 蒽醌<br> 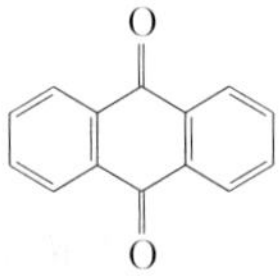 | (1) 大黄素<br> 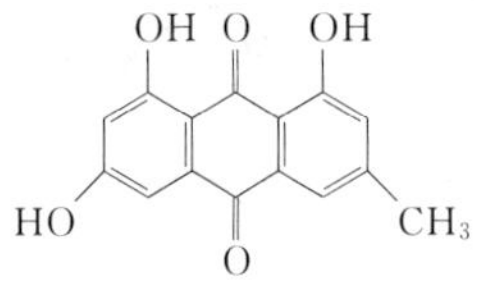 | 蓼科多年生草本植物掌叶大黄、唐古特大黄、药用大黄的干燥根及根茎 | 具有清热泻下、活血化瘀等多种作用 |
| | (2) 茜草素<br> 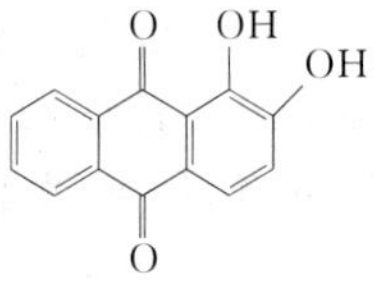 | 茜草科植物茜草的干燥根及根茎 | 凉血、止血，祛瘀，通经 |
| 2. 蒽酮与蒽酚<br>(贮存两年以上会被氧化成蒽醌) 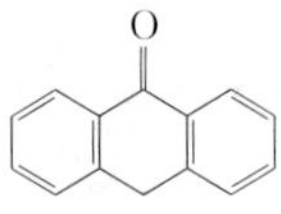 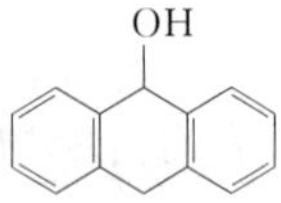<br> | (1) 大黄酚蒽酮 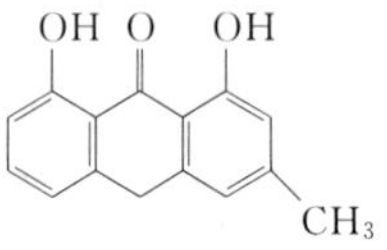<br> | 蓼科多年生草本植物掌叶大黄、唐古特大黄、药用大黄的干燥根及根茎 | 具有清热泻下、活血化瘀等多种作用 |
| | (2) 柯桠素<br> 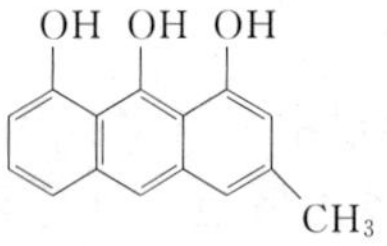 | 鼠李科植物长叶冻绿的根或根皮 | 清热解毒，杀虫利湿 |
| 3. 二蒽酮<br> 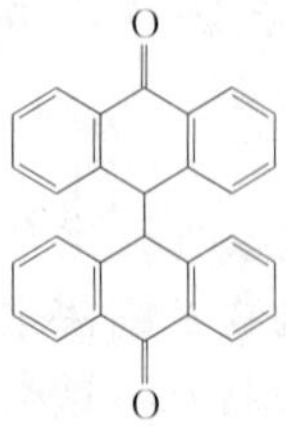 | 番泻苷 A<br> 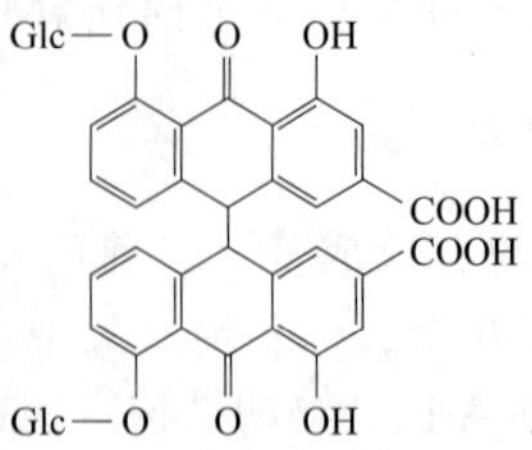 | 豆科植物狭叶番泻或尖叶番泻的干燥小叶 | 泻热行滞，通便，利水 |

### 三、性质

#### (一) 性状

天然醌类衍生物多为有色结晶，少数苯醌为黄色油状物。醌类的颜色随分子中酚羟基等助色团数量的增多而加深，一般呈黄、橙、棕红、紫红等颜色。

苯醌、萘醌、菲醌多以游离状态存在，蒽醌一般以苷的状态存在。蒽醌类化合物多有荧光，且在不同的 pH 下荧光的颜色也不同。

#### (二) 升华性

游离醌类化合物一般具有升华性，常用于鉴别。小分子的苯醌和萘醌具有挥发性，能随水蒸气蒸馏。此性质常用于对该类成分的提取和精制。

#### (三) 溶解性

游离醌类化合物极性较小，一般溶于乙醇、丙酮、乙醚、苯、氯仿等有机溶剂，不溶或难溶于水。与糖结合成氧苷，极性增大，易溶于甲醇、乙醇等极性较大的有机溶剂，也可溶解于热水，但冷水中溶解度较小，不溶或难溶于乙醚、苯、氯仿等亲脂性有机溶剂。

蒽醌的碳苷在水中溶解度很小，也难溶于亲脂性有机溶剂，易溶于吡啶中。

#### (四) 酸碱性

**1. 酸性**

醌类化合物结构中多具有酚羟基、羧基而显酸性，其酸性的强弱与分子中羧基、酚羟基的数目和位置有关。一般的酸性强弱顺序为：

$$-COOH > 两个以上 \beta\text{-}OH > 一个 \beta\text{-}OH > 两个 \alpha\text{-}OH > 一个 \alpha\text{-}OH$$

可溶于：5％ $NaHCO_3$ 水溶液，5％ $Na_2CO_3$ 水溶液，1％ NaOH 水溶液，5％ NaOH 水溶液。

---

🖑 **[课堂互动]**

试比较以下化合物的酸性强弱：①1,3-二羟基蒽醌；②1,8-二羟基蒽醌；③1,4-二羟基蒽醌。

---

**2. 碱性**

醌类结构中羰基上的氧原子有微弱的碱性，可与强酸形成锌盐。如蒽醌类能溶解于浓硫酸中，形成锌盐再转变成阳碳离子，同时伴有颜色的显著改变。如大黄酚为暗红色，溶于浓硫酸中转变为红色；大黄素由橙红色变为红色；其他羟基蒽醌在浓硫酸中一般呈红至红紫色。

#### (五) 显色反应

**1. 碱显色反应**

具蒽醌母核、酚羟基的蒽醌在碱性溶液（氢氧化钠、碳酸钠、氢氧化铵等）中显红色或紫红色。反应式如下：

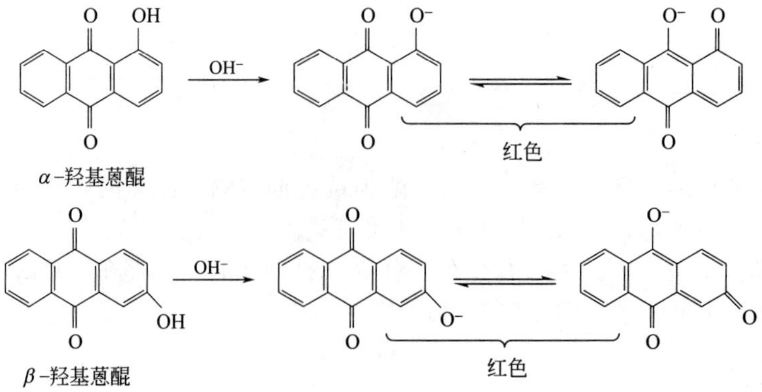

### 2. 醋酸镁反应

具蒽醌母核、酚羟基的蒽醌能与 0.5％醋酸镁的甲醇或乙醇溶液反应生成橙红、紫红或蓝紫色络合物。羟基的位置和数量不同，与醋酸镁反应的颜色不同。如只含有一个 $\alpha$-OH，显橙色；对二酚羟基显红色至紫红色；邻二酚羟基显蓝色至蓝紫色；每个苯环上各有一个 $\alpha$-OH 或间位酚羟橙红色至红色。操作时将样品的醇溶液滴于滤纸上，干燥后喷 0.5％醋酸镁甲醇溶液，于 90℃加热 5min 即可显色。醋酸镁显色反应产物的蒽醌镁络合物如图 3-4-9 所示。

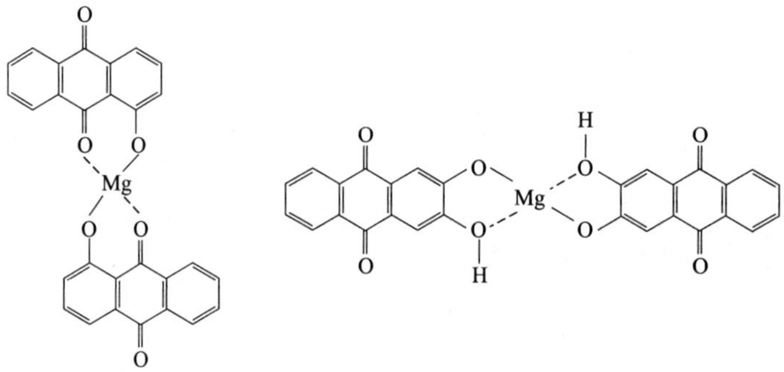

图 3-4-9　蒽醌镁络合物

### 3. 对亚硝基-二甲苯胺显色反应

具蒽酮母核、酚羟基的蒽醌与对亚硝基-二甲苯胺吡啶溶液反应，会呈现紫色、绿色、蓝色等，随结构不同而异。1,8-二羟基者均为绿色，反应式如下：

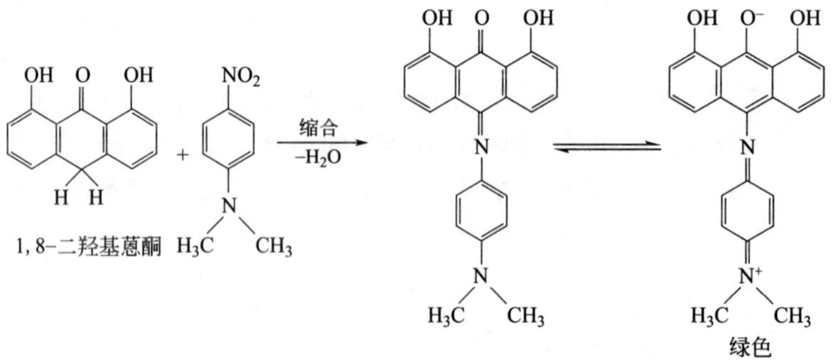

## 四、生物活性

蒽醌类化合物的生物活性有：泻下作用、抗菌抗炎作用、抗肿瘤作用、抗氧化作用和雌激素样作用等。

[案例分析]

　　**实例**　何首乌可改善老年人的衰老征象，如白发、齿落、老年斑等，能促进人体免疫力的提高，抑制能让人衰老的"脂褐素"在身体器官内的沉积，防止老年人便秘。

　　**分析**　何首乌主要含三类有效成分：二苯乙烯苷类化合物、蒽醌类化合物及聚合原花青素。此外，还含有卵磷脂和多种微量元素等。二苯乙烯苷是何首乌中特有的生物活性成分，它具有抗氧化、清除自由基的功能，可抗衰老；蒽醌类有效成分主要为大黄素、大黄酚、大黄素甲醚、大黄酸、芦荟大黄素等，大黄酚可促进动物肠管运动，具有润肠通便作用。

## 第二节　大黄的炮制

### 一、大黄概述

　　大黄为蓼科植物掌叶大黄 *Rheum palmatum* L.、药用大黄 *Rheum officinale* Baill 及唐古特大黄 *Rheum tanguticum* Maxim. ex Balf. 的根和根茎，具有泻热通便、凉血解毒、逐瘀通经的作用。

　　（一）大黄形态特征

**1. 掌叶大黄**

　　掌叶大黄又名葵叶大黄、北大黄、天水大黄。多年生高大草本。根茎粗壮。茎直立，高 2m 左右，中空，光滑无毛。基生叶大，有粗壮的肉质长柄，约与叶片等长；叶片宽心形或近圆形，径达 40cm 以上，3～7 掌状深裂，每裂片常再羽状分裂，上面流生乳头状小突起，下面有柔毛；茎生叶较小，有短柄；托叶鞘筒状，密生短柔毛。花序大圆锥状，顶生；花梗纤细，中下部有关节。花紫红色或带红紫色；花被片 6，长约 1.5mm，成 2 轮；雄蕊 9；花柱 3。瘦果有 3 棱，沿棱生翅，顶端微凹陷，基部近心形，暗褐色。花期 6～7 月，果期 7～8 月。

**2. 唐古特大黄**

　　唐古特大黄，又名鸡爪大黄。多年生高大草本，高 2m 左右。茎无毛或有毛。根生叶略呈圆形或宽心形，直径 40～70cm，3～7 掌状深裂，裂片狭长，常再作羽状浅裂，先端锐尖，基部心形；茎生叶较小，柄亦较短。圆锥花序大形，幼时多呈浓紫色，亦有绿白色者，分枝紧密，小枝挺直向上；花小，具较长花梗；花被 6，2 轮；雄蕊一般 9 枚；子房三角形，花柱 3。瘦果三角形，有翅，顶端圆或微凹，基部心形。花期 6～7 月，果期 7～9 月。本种与掌叶大黄极相似，主要区别为：叶片深裂，裂片常呈三角状披针形或狭线形，裂片窄长。花序分枝紧密，向上直，紧贴干茎。

**3. 药用大黄**

　　药用大黄又名南大黄。多年生高大草本，高 1.5m 左右。茎直立，疏被短柔毛，节处较密。根生叶有长柄，叶片圆形至卵圆形，直径 40～70cm，掌状浅裂，或仅有缺刻及粗锯齿，前端锐尖，基部心形，主脉通常 5 条，基出，上面无毛，或近主脉处具稀疏，的小乳突，下面被毛，多分布于叶脉及叶缘；茎生叶较小，柄亦短；叶鞘筒状，疏被短毛，分裂至基部。圆锥花序，大形，分枝开展，花小，径 3～4mm，4～10 朵成簇；花被 6，淡绿色或黄白色，2 轮，内轮者长圆形，长约 2 毫米，先端圆，边缘不甚整齐，外轮者稍短小；雄蕊 9，不外露；子房三角形，花柱 3。瘦果三角形，有翅，长约 8～10mm，宽约 6～9mm，顶端下凹，红色。花果期 6～7 月。

**4. 土大黄**

土大黄别名牛大黄，多年生草本。根肥厚且大，黄色。茎粗壮直立，高约 1m。根生叶大，有长柄；托叶膜质；叶片卵形或卵状长椭圆形；茎生叶互生，卵状披针形或卵状长椭圆形，茎上部叶渐小，变为苞叶圆锥花序，花小，紫绿色至绿色，两性，轮生而作疏总状排列；花被片 6，淡绿色，2 轮，宿存，外轮 3 片披针形，内轮 3 片，随果增大为果被，缘有牙齿，背中肋上有瘤状突起；雄蕊 6；子房 1 室，具棱，花柱 3，柱头毛状。瘦果卵形，具 3棱，茶褐色。种子 1 粒。花果期 5～7 月。生于原野山坡边，分布于江苏、安徽、浙江、江西、河南、湖南、广西、广东、四川、云南等地。

**（二）大黄有效成分**

大黄中化学成分复杂，主要以蒽醌衍生物为主，其中有游离蒽醌、蒽醌苷、二蒽酮苷，此外还含鞣质等。游离蒽醌主要有大黄酚、大黄素、大黄素甲醚、芦荟大黄素、大黄酸。

这些游离羟基蒽醌都为亲脂性成分，难溶于水，易溶于苯、乙醚、氯仿等亲脂性有机溶剂，有升华性，且都具有蒽醌的显色反应。蒽醌苷是上述游离蒽醌的葡萄糖苷。大黄中的二蒽酮苷主要是番泻苷 A、B、C、D，其中番泻苷 A 的含量最多。大黄的结构如图 3-4-10 所示。

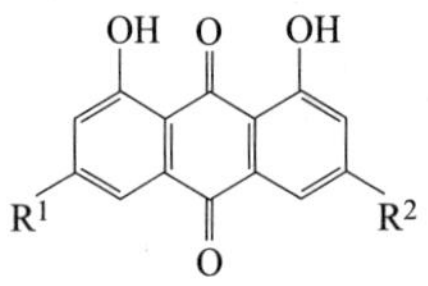

| 化合物 | $R^1$ | $R^2$ |
|---|---|---|
| 大黄酚 | $CH_3$ | $H$ |
| 大黄素 | $CH_3$ | $OH$ |
| 大黄素甲醚 | $CH_3$ | $OCH_3$ |
| 芦荟大黄素 | $H$ | $CH_2OH$ |
| 大黄酸 | $H$ | $COOH$ |

图 3-4-10 大黄结构

## 二、大黄的采集

大黄移栽后，一般于第 3～4 年 7 月种子成熟后采挖，先把地上部分割去，挖开四周泥土，把根从根茎上割下，分别加工。北大黄挖起后不用水洗，将外皮刮去，大的开成对半，小团型的修成蛋形。可自然阴干或用火熏干。南大黄先洗净根茎泥沙，晒干，刮去粗皮，横切成 7～10cm 厚的大块，然后炕干或晒干。由于根茎中心干后收缩陷成马蹄形，故称"马蹄大黄"。粗根刮皮后，切成 10～13cm 长的小段，晒或炕即成。土大黄 9～10 月采挖其根，除去泥土及杂质，洗净切片，晾干或鲜用。

**［知识链接］**

提起宫廷用药，人们总会想到人参、鹿茸、燕窝等高级补品，其实泻下药——大黄也常用。大黄在宫廷中的使用历史可追溯到南北朝时期。当时有一位叫姚僧坦的名医，用单味大黄治好了梁元帝的心腹疾。在清宫医案中，大黄应用之广泛、炮制之讲究、剂量之斟酌、用法之多样、配伍之精当，堪称之最。从宫廷处方的档案证实，宫中上至皇帝、太后，下至宫女、太监，不论是花甲老人还是垂髫小儿，凡有里滞内存（积食）或实火血热或瘀滞经闭等症状，御医在开药方时常将大黄作为重要的药物。据统计，大黄在清宫用药中列第 8～10 位，仅次于蜂蜜、灯心草、麦冬、神曲、山楂、麦芽、薄荷等药，成为一味"出将入相"的良药。

### 三、大黄的炮制

#### （一）生大黄（又名生军）

原药拣净杂质，大小分档，闷润至内外湿度均匀，切片或切成小块，晒干。

酒大黄：取大黄片用黄酒均匀喷淋，微闷，置锅内用文火微炒，取出晾干。大黄片50kg用黄酒7kg。

#### （二）熟大黄（又名熟军、制军）

取切成小块的生大黄，用黄酒拌匀，放蒸笼内蒸制，或置罐内密封，坐水锅中，隔水蒸透，取出晒干（大黄块50kg用黄酒15～25kg）。亦有按上法反复蒸制2～3次者。

#### （三）大黄炭

取大黄片置锅内，用武火炒至外面呈焦褐色，略喷清水，取出晒干。《雷公炮炙论》中写道："凡使大黄，锉蒸，从未至亥，如此蒸七度，晒干。却洒薄蜜水，再蒸一伏时，其大黄劈如乌膏样，于日中晒干用之。"

## 第三节　大黄的提取分离

### 一、提取分离基础知识

#### （一）提取方法

**1. 有机溶剂提取法**

简单醌类多以游离方式存在于植物中，其水溶度差，故而多采用有机溶剂提取，常用的有机溶剂为乙醇。有些醌类经提取后浓缩即可析出晶体，如信筒子醌，其方法是：取白花酸藤果，粉碎后置于索氏提取器中，加乙醚回流提取一天，浓缩提取液即有橙黄色结晶体析出，滤集结晶体，用石油醚洗去黏附的杂质，再用95％乙醇反复重结晶，并经脱色精制后即得到信筒子醌。

**2. 碱提取-酸沉淀法**

具有酚羟基的醌类衍生物可溶解于碱性水溶液中，加酸酸化后有沉淀析出。尤其是在醌核上具有羟基结构时酸性更强，故可用碱提取-酸沉淀的方法提取含酚羟基的醌类成分。这种方法也可用于分离过程中，如丹参醌类的分离。

**3. 水蒸气蒸馏法**

分子量较小的游离醌类衍生物具有挥发性，故可用水蒸气蒸馏法提取。如蓝雪醌的提取：将七星剑根用水浸泡使皮层组织吸水变软后，进行水蒸气蒸馏。收集蒸馏液，液中有极少量黄色结晶析出。蒸馏液用氯仿萃取，所得氯仿提取液用无水硫酸钠脱水干燥，回收氯仿即得红黄色结晶体。用石油醚重结晶，将所得结晶体再进行硅胶色谱，用苯洗脱，收集黄色苯洗脱液，蒸去溶剂，用乙醇重结晶得到的黄色针状结晶体为蓝雪醌。蓝雪醌具有升华性，熔点为75～76℃。

新提取技术也在醌类提取中得到应用，如采用超临界二氧化碳提取技术提取丹参醌类；采取超声波和微波提取技术加速提取过程中有效成分的溶出，可缩短操作时间。

#### （二）分离方法

**1. 萃取法**

利用醌核上取代羟基的酸性，采用碱水萃取，可将此类物质与其他类型的醌类分离。

**2. 色谱法**

醌类成分的分离目前多采用色谱方法，特别是对那些亲脂性较强的化合物色谱法分离效果较为理想。例如从丹参中分离各种菲醌类衍生物时即采用了柱色谱及制备型薄层色谱技术。

**3. 大孔吸附树脂法**

大孔吸附树脂法是一种新的分离技术，可用于提取物中醌类物质的富集，能简化萃取过程。

## 二、大黄的提取分离

从大黄中提取分离羟基蒽醌类是根据大黄中的羟基蒽醌苷经酸水解成游离蒽醌苷元，苷元可溶于氯仿而被提出的原理，再利用各羟基蒽醌类化合物酸性不同，采用 pH 梯度萃取法分离而得各单体苷元。

### （一）原理

大黄中羟基蒽醌类化合物多数以苷的形式存在，故先用稀硫酸溶液把蒽醌苷水解成苷元，利用游离蒽醌可溶于热氯仿的性质，用氯仿将它们提取出来。由于各羟基蒽醌结构上的不同所表现的酸性不同，用 pH 梯度萃取法将其分离；大黄酚和大黄素甲醚酸性相近，利用其极性的差别，用柱色谱分离之。

### （二）提取分离流程

**1. 酸水解**

取炮制后的大黄粉碎，加 20％硫酸水溶液，在水浴上加热 3～4h，抽滤，滤饼水洗后于 70℃左右干燥。

**2. 总羟基蒽醌苷元的提取**

滤饼经干燥后，置索氏提取器中，加入乙醚，回流提取 3～4h，得乙醚提取液。

**3. pH 梯度萃取分离**

（1）游离蒽醌衍生物的分离　常采用 pH 梯度萃取法。

① 由于蒽醌羟基位置、数目及羧基的有无，其酸度大小是有区别的，可分别溶于不同碱性的水液，故可采用梯度 pH 萃取法。此法为分离游离蒽醌衍生物的经典方法，也为常用方法。

5％$NaHCO_3$液：含—COOH 及 2 个以上 $\beta$-酚 OH

5％$Na_2CO_3$液：含 1 个 $\beta$-酚 OH 蒽醌类

1％NaOH 液：含 2 个 $\alpha$-酚 OH 蒽醌类

5％NaOH 液：含 1 个 $\alpha$-酚 OH 蒽醌类

② pH 梯度萃取法对蒽醌衍生物进行初步分离，对性质相似、酸性强弱相差不大的羟基蒽醌类则不能很好地分离，故初分后再结合色谱法进一步分离。

以硅胶、磷酸氢钙、聚酰胺粉为吸附剂，柱色谱不宜用氧化铝，尤其是碱性氧化铝，因为羟基蒽醌能与氧化铝形成牢固螯合物，难以洗脱。

（2）蒽醌苷类与蒽衍生物苷元的分离　根据它们的溶解性不同分离。

苷元：极性小，难溶于水，易溶于乙醚、氯仿等有机溶剂。

苷：极性大，溶于水，难溶于乙醚、氯仿等有机溶剂。

（3）蒽醌苷类的分离　常用色谱法。

这类成分水溶性强，分离及精制工作都较为困难，色谱分离前用铅盐法或溶剂法处理，得较纯总苷后再进一步分离。

溶剂法常采用中等极性的有机溶剂如乙酸乙酯、正丁醇等，从除去游离蒽醌衍生物的水溶液中，将蒽醌苷萃取出来，再作进一步分离。蒽醌苷的提取工艺如图 3-4-11 所示。

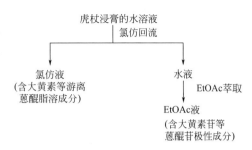

图 3-4-11　溶剂法提取蒽醌苷工艺流程

### （三）大黄的提取分离方法

#### 1. 大黄的提取

大黄的提取方法很多，常见的有以下几种：

（1）用 80％乙醇室温渗漉提取，回收溶剂，得浸膏后依次以石油醚、三氯甲烷、乙酸乙酯萃取，得到的石油醚部分和三氯甲烷部分再分别上硅胶色谱柱以石油醚-乙酸乙酯（95∶5）和（90∶10）洗脱，分离得到大黄素甲醚、大黄酚及大黄素、芦荟大黄素单体。工艺流程如图 3-4-12 所示。

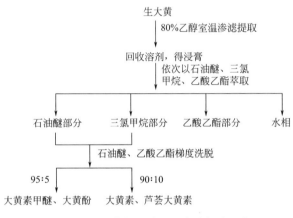

图 3-4-12　大黄的乙醇室温渗滤提取工艺

（2）从大黄中提取分离总蒽醌类还可采用下列方法：
① 煎煮提取（图 3-4-13）；
② 乙醇微波辅助提取（图 3-4-14）。

图 3-4-13　大黄的煎煮提取工艺　　　　　图 3-4-14　大黄的乙醇微波辅助提取工艺

#### 2. 用硅胶柱色谱分离精制大黄素

（1）装柱　取 100～200 目的硅胶约 10g，按干法装柱（柱床 1.5cm×8.5cm）。

（2）加样　将样品溶解于 5mL 石油醚（沸程 60～90℃）-乙酸乙酯（7∶3）中，用吸管吸取样品溶液于色谱柱柱床顶端。

（3）洗脱　用石油醚（沸程 60～90℃）-乙酸乙酯（7：3）为洗脱剂洗脱，分段收集。合并大黄素部分，适当浓缩，放置析出晶体，过滤，即得大黄素精品。

（四）鉴定

**1. 蒽醌类成分化学鉴定**

（1）碱液试验　分别取各蒽醌结晶数毫克置于小试管中，加 2％氢氧化钠溶液 1mL，观察颜色变化。凡有互成邻位或对位羟基的蒽醌呈蓝紫至蓝色，其他羟基蒽醌呈红色。

（2）醋酸镁试验　分别取蒽醌结晶数毫克，置于小试管中，各加乙醇 1mL 使溶解，滴加 0.5％醋酸镁乙醇溶液，观察颜色变化。

**2. 色谱检识**

（1）薄层板　硅胶 G-CMC-Na 板。

（2）点样　提取的大黄酸、大黄素、芦荟大黄素、大黄酚、大黄素甲醚的氯仿溶液及各对照品氯仿溶液。

（3）展开剂　石油醚-乙酸乙酯-甲酸（15：5：1）上层溶液。

（4）展开方式　上行展开。

（5）显色　在可见光下观察，记录黄色斑点出现的位置，然后用浓氨水熏或喷 5％醋酸镁甲醇溶液，斑点显红色。

---

**［学习小结］**

**【学习内容】**

1. 结构：分子内具有不饱和环二酮结构及容易转变为具有醌式结构的化合物
2. 类型：苯醌、蒽醌、萘醌和菲醌
3. 醌类化合物的理化性质包括：性状、溶解性、升华性、显色反应、酸碱性。
4. 大黄中游离蒽醌的提取分离。
5. 大黄中游离蒽醌的检识反应。

**【学习重点】**

进行本章的学习时应遵循"结构→性质"的认知规律，通过分析蒽醌类化合物的结构特点，总结出该类成分的理化性质，进而分析其提取分离过程。

---

 **［知识检测］**

**一、单项选择题**

1. 大黄素型蒽醌母核上的羟基分布情况是（　　）。

A. 在 1 个苯环的 $\beta$ 位　　　　　　B. 在 2 个苯环的 $\beta$ 位

C. 在 1 个苯环的 $\alpha$ 或 $\beta$ 位　　　D. 在 2 个苯环的 $\alpha$ 或 $\beta$ 位

2. 下列蒽醌类化合物中，酸性强弱顺序是（　　）。

A. 大黄酸＞大黄素＞芦荟大黄素＞大黄酚

B. 大黄酸＞芦荟大黄素＞大黄素＞大黄酚

C. 大黄素＞大黄酸＞芦荟大黄素＞大黄酚

D. 大黄酚＞芦荟大黄素＞大黄素＞大黄酸

3. 蒽醌类化合物在何种条件下最不稳定？（　　　）

A. 溶于有机溶剂中露光放置　　　　　B. 溶于碱液中避光保存

C. 溶于碱液中露光放置　　　　　　　D. 溶于有机溶剂中避光保存

4. 具有升华性的化合物是（　　　）。

A. 蒽醌苷　　　　B. 蒽酚苷　　　　　C. 游离蒽醌　　　　D. 香豆精苷

5. 在总游离蒽醌的乙醚液中，用 5％$Na_2CO_3$ 水溶液可萃取到（　　　）蒽醌。

A. 带 1 个 $\alpha$-酚羟基的　　　　　　B. 带 1 个 $\beta$-酚羟基的

C. 带 2 个 $\alpha$-酚羟基的　　　　　　D. 不带酚羟基的

## 二、问答题

1. 简述醌类化合物的结构与种类。

2. 大黄中 5 种游离羟基蒽醌化合物的酸性与结构有何关系？

3. pH 梯度萃取法的原理是什么？如何利用该方法分离大黄中的 5 种游离羟基蒽醌化合物？

# 实训四　大黄中游离蒽醌的提取分离及鉴定

## 一、实训目的

（1）学会运用回流提取法、pH 梯度萃取法、柱色谱法等对大黄中游离蒽醌进行提取和精制；会用显色反应、色谱法进行大黄中游离蒽醌成分的检识。

（2）完成大黄中游离蒽醌的提取分离及鉴定指标。

## 二、实训器材

500mL 圆底烧瓶、烧杯、滴管、橡皮管、球形冷凝管（30cm）、展开槽、标本瓶、索氏提取器一套、250mL 分液漏斗、布氏漏斗、抽滤瓶、普通滤纸、薄层板、喷雾器、广泛 pH 试纸。

大黄粗粉 100～200g、5％$NaHCO_3$、5％$Na_2CO_3$、10％$NaOH$、硫酸、氨水、盐酸、乙醚、石油醚、乙酸乙酯、醋酸镁、硝酸、乙醇。

## 三、实训原理

大黄中含大黄素型游离蒽醌及其苷类，利用酸水解将苷类水解成游离蒽醌，再利用其具有亲脂性，用有机溶剂提取。游离蒽醌的分离则根据酸性不同，采用 pH 梯度萃取。

## 四、操作流程

（一）游离蒽醌的提取与精制操作

1. 游离蒽醌的提取

称取大黄粗粉 50g，加 20％$H_2SO_4$ 水溶液 150mL，在水浴上加热 3～4h，放冷，抽滤，滤饼水洗至近中性，抽滤，于 70℃干燥后，研碎，置索氏提取器中，加入乙醚 150mL 回流提取 3～4h，得到乙醚提取液。

2. pH 梯度萃取分离

（1）将乙醚提取液加入 250mL 分液漏斗中，以 40mL 2.5％$NaHCO_3$ 水溶液萃取三次，合并三次 $NaHCO_3$ 萃取液，用浓盐酸酸化，可得大黄酸沉淀。

（2）经 2.5％$NaHCO_3$ 水溶液萃取后的乙醚层，继以 2.5％$NaHCO_3$ 水溶液萃取三次，每次 40mL，合并三次 $Na_2CO_3$ 萃取液，并酸化（酸化操作同前），得大黄素沉淀。经 2.5％$Na_2CO_3$ 水溶液提取后的乙醚液，再以 2.5％$Na_2CO_3$ 水溶液提取约四次，每次 30mL，合并四次萃取液，酸化（酸化时同前）得芦荟大黄素沉淀。

（3）将上述萃取之后的乙醚层以 2.5％$NaOH$ 水溶液再萃取至碱水层无色为止（约四

次），每次 50mL，合并 NaOH 萃取液，酸化得沉淀。过滤、水洗至洗出液呈中性。低温干燥后溶于小体积石油醚中，作为柱色谱的样品溶液待检测。

3. 用纤维素粉柱色谱法分离大黄酚和大黄素甲醚。

（1）纤维素粉的制备　将新华滤纸（或其边角纸屑）剪成小片，称取 15g，加入稀硝酸（每 100mL 水中加 65%～68%的硝酸 5mL）300mL，加热水解（约 2h），抽滤（G3 耐酸漏斗），滤瓶用蒸馏水洗至中性，再加少量乙醇、乙醚依次各洗涤一次，待挥发掉残存的乙醚后，低温烘干，粉碎，过 120 目筛备用。

（2）装柱　将纤维素粉约 8g，用水泡和石油醚（沸点 60～90℃）湿法装柱。

（3）样品上柱　将样品溶液用移液管小心加入色谱柱柱床顶端。

（4）洗脱　用水泡和石油醚（沸点 60～90℃）洗脱，分段收集，每份 10mL，分别浓缩，经纸色谱检查（纸色谱条件同上），相同者合并，分别收集大黄酚和大黄素甲醚。大黄酚用乙酸乙酯重结晶后测熔点。

（二）鉴定

1. 显色反应

将分离得到的各成分取少许，加 1mL 乙醇溶解，观察颜色变化。

（1）碱液反应　加数滴 10%NaOH 溶液，羟基蒽醌显红色。

（2）醋酸镁反应　滴加 0.5%醋酸镁乙醇溶液，羟基蒽醌显橙红色。

2. 薄层色谱鉴定

（1）乙醚提取液经薄层色谱检查有大黄酸、芦荟大黄素、大黄素、大黄素甲醚和大黄酚。薄层板为硅胶-CMC 黏合板，展开剂为石油醚（60～90℃）-乙酸乙酯（7：3）近水平或直立展开，在可见光下，可看到四个斑点。其中 $R_f=0.9$ 的黄色斑点为大黄酚和大黄素甲醚的混合物，在此条件下不能分开，其余 3 个斑点依 $R_f$ 值（由大到小）的顺序是大黄素（橙色斑点）、芦荟大黄素（黄色斑点）、大黄酸（黄色斑点）。

（2）用纸色谱检查样品溶液中的黄色斑点（大黄酚和大黄素甲醚混合物的斑点）

纸色谱条件：新华滤纸 7cm×20cm

展开剂：水饱和的石油醚（沸点 60～90℃）

展开方式：上行法

显色剂：4%NaOH 乙醇溶液

五、操作提示

1. 加酸和乙醚回流的时间一定要足够充分，保证苷类的水解。

2. 加酸时应缓慢加入，以防酸液溢出。

3. 萃取所得的碱水液加酸后要放置一会儿，使游离出的蒽醌充分沉淀再抽滤。

六、实训报告

根据实训内容，填写实训报告单。

**实训报告单**

| 实训名称 | | |
|---|---|---|
| 设备器材 | 玻璃器皿 | |
| | 仪器设备 | |
| 溶剂与试剂 | 溶剂 | |
| | 试剂 | |
| 操作步骤 | | |
| 质量检验 | 检验方法 | |
| | 检验记录 | |
| 讨论与总结 | | |
| 文明操作 | 环境卫生 | |
| | 仪器使用 | |
| 学习能力 | 教师评价 | |

# 第五章

# 香豆素药物的提取

【学习目标】

1. 知识目标

(1) 掌握香豆素的基本结构、性质、颜色反应。

(2) 理解香豆素的提取、分离原理及在秦皮中的应用。

2. 技能目标

(1) 能根据香豆素成分的性质进行秦皮七叶内酯的提取和分离。

(2) 能对秦皮七叶内酯进行定性鉴别。

## 第一节 香豆素药物基本知识

### 一、概述

香豆素（Coumarin）是具有苯并 $\alpha$-吡喃酮（结构如图 3-5-1 所示）母核的一类化合物的总称，属于苯丙素类衍生物，又称邻羟桂皮酸内酯，具芳香气味，因最早从豆科植物香豆中提出而得名。苯丙素类是指由苯丙烷（$C_6$-$C_3$）为基本组成单元所构成的天然产物类群，因其苯环多有羟基取代，故也称苯丙素酚类。它们广泛分布于植物界，在植物体内发挥着植物生长调节及抗御病害侵袭的作用。在植物体内，香豆素往往以游离状态或与糖结合成苷的形式存在。尤其多见于芸香科、伞形科、豆科、木犀科中，迄今已发现近 2000 种。天然药物茵陈、秦皮、蛇床子、补骨脂、白芷、前胡等均含有香豆素。

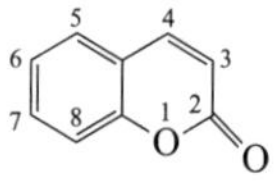

图 3-5-1 苯并 $\alpha$-吡喃酮

[知识链接]

　　香豆素发现于 1820 年，以与葡萄糖结合的形式存在于圭亚那黑香豆中，也存在于甜苜蓿和其他植物中。它可用于制造香料，也是制造多种其他化学品的基本原料。它和香兰素一起可用于糖果、糕点之类的调味；加入烟草中可以增加天然香味，但 20 世纪 50 年代后已较少使用。在镀锌（或镉、镍）的电镀液中加入香豆素，可减少镀层起孔，增加光亮度。

## 二、结构

根据香豆素的基本母核上的取代基不同，将其分为四类：

### 1. 简单香豆素

苯环上有取代基的香豆素类，如伞形花内酯（图 3-5-2）。

### 2. 呋喃香豆素

（1）线型（6,7-呋喃香豆素），如补骨脂内酯（图 3-5-3）。

（2）角形（7,8-呋喃香豆素），如白芷内酯（图 3-5-4）。

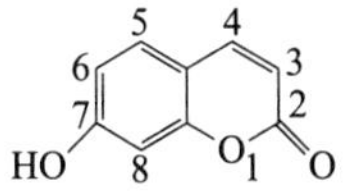

图 3-5-2　伞形花内酯

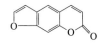

图 3-5-3　补骨脂内酯

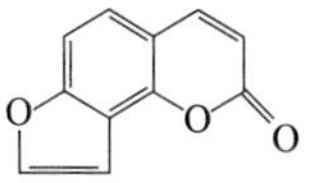

图 3-5-4　白芷内酯（异补骨内酯）

### 3. 吡喃香豆素（pyranocoumarins）

香豆素母核上 C-6 位或 C-8 位的异戊烯基与邻酚羟基环合而成 2,2-二甲基-$\alpha$-吡喃环结构的香豆素类。有以下两种类型：

（1）线型（6,7-吡喃香豆素），如黄曲霉素（图 3-5-5）。

（2）角型（7,8-吡喃香豆素），如邪蒿内酯（图 3-5-6）。

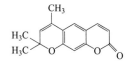

图 3-5-5　黄曲霉素

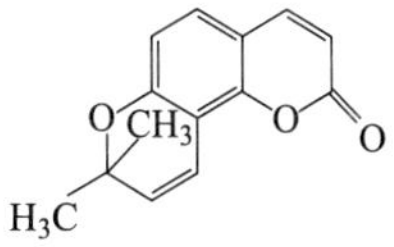

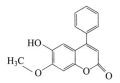

图 3-5-6　邪蒿内酯

### 4. 其他香豆素

包括 $\alpha$-吡喃酮环上有取代基的香豆素类。C-3、C-4 位常有苯基、羟基、异戊烯基等的取代。如黄檀内酯（图 3-5-7）、蟛蜞菊内酯（图 3-5-8）。

图 3-5-7　黄檀内酯

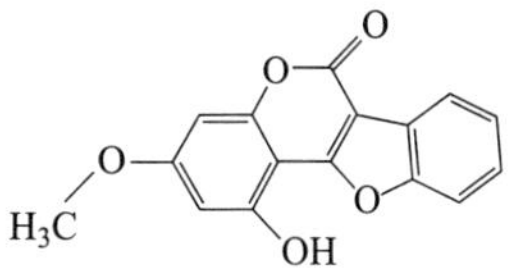

图 3-5-8　蟛蜞菊内酯

## 三、性质

### （一）性状

游离的香豆素多为结晶性固体，具有一定的熔点。相对分子质量较小的游离的香豆素具有香气、挥发性和升华性，能随水蒸气蒸馏。与糖结合成苷后则无香味和挥发性，也不能升华。

香豆素类在可见光下，一般为无色或淡黄色，紫外光下多显蓝色或紫色荧光。此性质常用于鉴别香豆素。

## （二）溶解性

游离香豆素为亲脂性化合物，不溶或难溶于冷水，易溶于甲醇、乙醇、氯仿、乙醚、苯等有机溶剂。相对分子质量较小，极性基团较多的游离香豆素可溶于沸水。香豆素苷能溶于水、甲醇、乙醇，难溶于氯仿、乙醚、苯等极性较小的有机溶剂。

## （三）与碱的作用

香豆素分子中具有 $\alpha,\beta$-不饱和内酯结构，在稀碱溶液中可水解开环，形成可溶于水的顺式邻羟基桂皮酸盐，加酸酸化又环合成难溶于水的内酯。此性质常用于提取分离香豆素类及其他内酯类成分。但若长时间在碱液中放置或紫外光照射，则可转变为稳定的反式邻羟基桂皮酸盐，酸化后不再环合成内酯。

如果香豆素类成分与浓碱一起煮沸，可导致内酯环破坏，裂解为酚类或酚酸类。所以在用碱液提取香豆素类成分时，必须注意碱液的浓度和加热时间，防止内酯环的破坏。

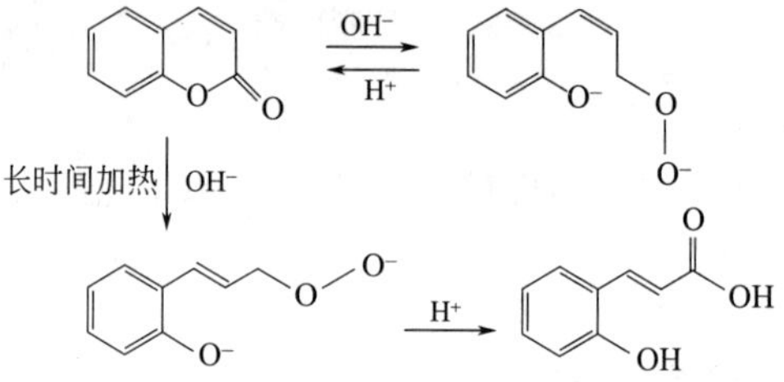

## （四）与酸的作用

香豆素类成分对酸也不稳定，容易发生异戊烯基环合、双键开裂等反应。如芹菜糖在甲酸条件下形成二氢吡喃香豆素。

## （五）显色反应

**1. 三氯化铁试剂反应**

有酚羟基的香豆素，在酸性条件下可与三氯化铁产生颜色反应。颜色的深浅与香豆素结构中酚羟基的数目和位置有关，酚羟基数目越多，颜色越深，一般为污绿色至蓝绿色。

**2. 异羟肟酸铁反应**

香豆素及其苷类的内酯结构在碱性条件下可开环，与盐酸羟胺缩合成异羟肟酸，再在酸性条件下与三价铁离子络合生成异羟肟酸铁而显红色。

## 四、生物活性

香豆素类成分多种生物活性：

## （一）抗菌、抗病毒作用

秦皮中的香豆素七叶内酯、七叶苷对痢疾杆菌有较强的抑制作用。祖师麻中分离的瑞香素有抗炎和止痛作用，瑞香内酯对大肠杆菌、金黄色葡萄球菌的生长有抑制作用。蛇床子中分离出的蛇床子素能治疗脚癣、湿疹等病。

## （二）抗凝血作用

某些双香豆素具有抗凝血作用，用于治疗血栓。如海棠内酯、瑞香苷等。

## （三）光敏作用

呋喃香豆素能增强皮肤对紫外线的敏感性，抑制表皮中的巯基，增加酪氨酸酶活性，刺激黑色素细胞的形成，用于治疗白癜风。如花椒内酯、补骨脂内酯等。

（四）松弛平滑肌作用

某些香豆素具有平滑肌松弛作用。如茵陈蒿中的滨蒿内酯有解痉利胆的作用。

（五）其他作用

白当归素具有抗癌活性。胡桐中的香豆素是 HIV-1 逆转录酶抑制剂，具有抗艾滋病作用。岩白菜、矮地茶等所含的矮茶素对慢性支气管炎有较好的疗效。有些香豆素类成分对鱼和昆虫有显著毒性而对人体无害，故可作捕鱼和杀虫药物。

## 第二节 秦皮的炮制

### 一、秦皮概述

秦皮为木犀科植物苦枥白蜡树 *Fraxinus rhynchophylla* Hance. 、白蜡树 *F. chinensis* Roxb. 、尖叶白蜡树 *F. chinensis* Roxb. var. *acuminate* Lingelsh. 、宿柱白蜡树 *F. stylosa* Lingelsh. 的干燥枝皮或干皮，具有清热燥湿、收涩、明目等功效。临床主治慢性菌痢，对慢性支气管炎亦有一定疗效。秦皮的有效成分为香豆素类化合物，含有七叶内酯、七叶苷、秦皮素以及秦皮苷等化合物，此外还有鞣质、皂苷、树脂和脂溶性色素等成分。七叶内酯和七叶苷为其主要成分，具有抗炎、镇痛、止咳、祛痰与平喘等功效。大叶白蜡树皮中主要含有七叶内酯和七叶苷，白蜡树皮中主要含白蜡素和七叶内酯及白蜡树苷。

（一）秦皮形态

**1. 苦枥白蜡树**

苦枥白蜡树又名桦木、苦枥木、石檀、苦树、盆桂、樊鸡木、秦木、秤星树、大叶栲、大叶白蜡树、花曲柳。落叶乔木，高 10m 左右。树皮灰褐色，较平滑，老时浅裂；小枝亦平滑，皮孔稀疏，阔椭圆形；芽短阔，密被褐色绒毛。单数羽状复叶，对生；叶轴光滑无毛；小叶通常 5 片，罕有 3 或 7 片，小叶柄长 5～15mm，光滑无毛；叶片卵形，罕有长卵形或阔卵形，顶端 1 片最大，长 8～11cm，宽 4.5～6.5cm，基部一对最小，长 4～6cm，宽 3～4.5cm，先端渐尖，基部阔楔形或略呈圆形，边缘有浅粗锯齿，上面光滑，下面沿中脉下部之两侧有棕色柔毛。花与叶同时开放，或稍迟于叶，圆锥花序生于当年小枝顶端及叶腋；花小，花萼杯状，4 裂；无花冠；雄蕊 2，外露；雌蕊 2，心皮合生，柱头 2 裂。翅果倒长披针形，窄或稍宽，长约 3cm，先端窄圆或窄尖。花期 5～6 月，果期 8～9 月。生于阳坡或阔叶林山坡。分布于吉林、辽宁、河北、河南等地。

**2. 小叶白蜡树**

形态与上种相近。小叶小，卵形或圆卵形，长 2～4cm，宽 1.5～2.5cm，最下一对小叶不较其他小叶小，或微小；叶两面光滑无毛。有花冠，花瓣线形，淡绿色。花期 5 月，果期 9 月。生长于山坡、疏林、沟旁。分布于辽宁、吉林、河北、河南、内蒙古、陕西、山西、四川等地。

**3. 秦岭白蜡树**

落叶乔木，高达 20m。冬芽具锈色绒毛。单数羽状复叶，小叶 7～9 枚，叶柄极短；叶片卵形或长圆状披针形，长 8～18cm，先端渐尖，基部圆形或宽楔形，边缘有浅波状锯齿，下面中部或其基部具锈色绒毛。圆锥花序长大，顶生；花白色，萼大，4 裂；花瓣基部线状，渐向先端扩大为匙形；雄蕊与花瓣等高。翅果线状匙形，长 2.5～3cm。花期 6 月。生于山坡或沟岸。分布于四川、湖北、陕西等地。

### （二）秦皮中主要成分的结构及性质

**1. 七叶苷**（esculin）

七叶苷又叫马栗树皮苷，结构如图 3-5-9 所示。白色粉末状结晶，熔点 205～206℃。易溶于热水（1：15），可溶于乙醇（1：24），微溶于冷水（1：610），难溶于乙酸乙酯，不溶于乙醚、氯仿。在稀酸中可水解。水溶液中有蓝色荧光。

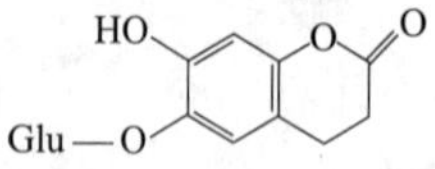

图 3-5-9　七叶苷结构 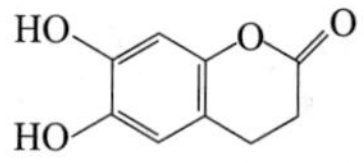　　　　　　　　　　　图 3-5-10　七叶内酯结构

**2. 七叶内酯**（esculetin）

结构如图 3-5-10 所示。黄色针状结晶，熔点 276℃。易溶于沸乙醇及氢氧化钠溶液，可溶于乙酸乙酯，稍溶于沸水，几乎不溶于乙醚、氯仿。

**3. 秦皮苷**（fraxin）**与秦皮素**（fraxetin）

秦皮苷熔点 205℃，结构如图 3-5-11 所示；秦皮素熔点 227～228℃，结构如图 3-5-12 所示。

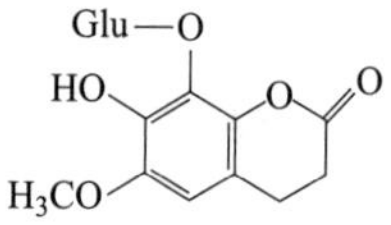

图 3-5-11　秦皮苷结构 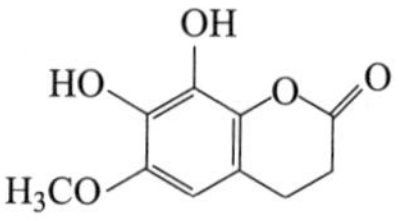　　　　　　　　　　图 3-5-12　秦皮素结构

## 二、秦皮的采收

秦皮通常在栽后 5～8 年，树干直径达 15cm 以上时，于春秋两季剥取树皮采收。

### ［案例分析］

**实例**　秦皮具有消炎、镇痛作用。

**分析**　秦皮的主要成分有马栗树皮苷、七叶内酯、秦皮苷与秦皮素等，其消炎、镇痛的有效成分主要是马栗树皮苷。大鼠腹腔注射马栗树皮苷 10mg/kg，对角叉菜胶性、右旋糖酐性、5-羟色胺性及组织胺性关节炎有抑制作用；也有报告，马栗树皮苷对甲醛性关节炎亦有抑制作用，但弱于对角叉菜胶性者，而对右旋糖酐性关节炎的抑制不明显。马栗树皮苷还有微弱的镇痛作用（小鼠热板法），如以吗啡皮下注射 5mg/kg 的效力作为100％，则马栗树皮苷口服 10mg/kg 之效价为 14.8U。

## 三、炮制方法

用清水洗去灰土，捞起滤干水分，稍润片刻，切成 30～60cm 长的短节，晒干。

或除去杂质，入水略浸，洗净，润透，展平，切成 2～3cm 长条，顶头切 0.5cm 厚片，晒干，筛去灰屑。

## 第三节 秦皮七叶内酯的提取分离

### 一、提取分离基础知识

#### （一）提取分离原理

由香豆素的理化性质可知游离香豆素大多是低极性和亲脂性的，与糖结合的香豆素苷则极性较高，故我们常采用系统溶剂法将其分为几个部分。香豆素内酯遇碱皂化、加酸还原的性质及其小分子香豆素的挥发性和升华性的性质也常用于其分离纯化中。只是由于其性质的不稳定性，在酸、碱、热的作用中要注意条件的控制，以免引起结构的破坏，得到次生产物。

#### （二）提取方法

根据香豆素的结构与性质，提取分离香豆素的常见方法有以下几种：

**1. 水蒸气蒸馏法**

小分子的香豆素类因具有挥发性，因此，可采用水蒸气蒸馏法进行提取。例如：橘子油橙皮油素的分离，分离流程如图 3-5-13 所示。橙皮油素的结构如图 3-5-14 所示。

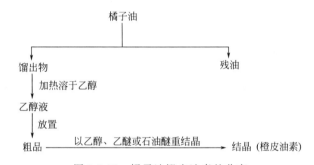

图 3-5-13　橘子油橙皮油素的分离

**2. 碱溶酸沉法**

香豆素类具有内酯结构，能溶于稀碱液，与脂溶性杂质分离，再经酸化使内酯环合，香豆素类成分即可析出，也可用乙醚等有机溶剂萃取得到。但在碱水中加热的时间不可过长，以防香豆素开环后发生异构化。故可用 0.5％氢氧化钠水溶液（或醇溶液）加热提取，提取液冷却后再用乙醚除去杂质，然后加酸调节 pH 至中性，适当浓缩，再酸化，则香豆素类或其苷即可析出。

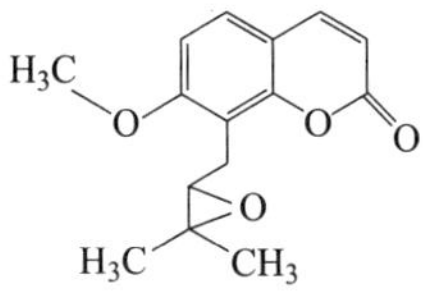

图 3-5-14　橙皮油素结构

**3. 系统溶剂法**

香豆素类成分的极性不同，各种溶剂都有提出该成分的可能。当利用极性由小到大的溶剂顺次萃取时，各萃取液浓缩后都有可能获得结晶，再结合其他分离方法进行分离。

从天然药物中提取香豆素类化合物时，可采用系统溶剂提取法，提取工艺如图 3-5-15 所示。常用石油醚、乙醚、乙酸乙酯、丙酮和甲醇顺次萃取。石油醚对香豆素的溶解度并不大，其萃取液浓缩后即可得结晶。乙醚是多数香豆素的良好溶剂，但亦能溶出其他可溶性成分，如叶绿素、蜡质等。其他极性较大的香豆素和香豆素苷，则存在于甲醇或水中。

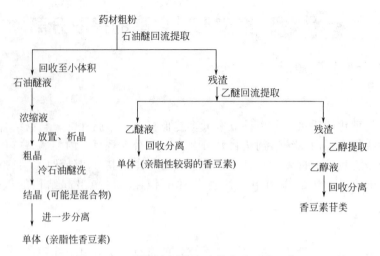

图 3-5-15　系统溶剂提取法提取香豆素工艺

### （三）分离方法

**1. 酸碱分离法**

弱酸性和中性香豆素的混合物，可利用碱水酸沉法分离。

**2. 分步结晶法**

该方法适用于含量较高的香豆素。可利用含氧香豆素在石油醚中溶解度小的特点，在含香豆素的乙醚提取液中逐步加入石油醚，使香豆素逐渐析出。

**3. 真空升华或蒸馏法**

香豆素类成分易升华的性质使之与不挥发性成分分开。对于热稳定性好的香豆素，此法是非常方便实用的，但对于热不稳定的香豆素往往会因此引起重排或降解。

**4. 色谱方法**

柱色谱分离中多采用硅胶吸附剂，慎用氧化铝，否则会使香豆素结构发生变化。此外，还可用葡聚糖凝胶色谱进行分离。

（1）吸附剂—硅胶、中性氧化铝

（2）洗脱剂—己烷和乙醚、乙醚和乙酸乙酯等混合溶剂。

（3）显色—可观察荧光。

## 二、秦皮七叶内酯的提取分离

### （一）提取分离依据

① 根据秦皮中七叶苷和七叶内酯均溶于热乙醇的性质，用乙醇为溶剂进行回流提取。

② 利用七叶苷和七叶内酯均不溶于氯仿的性质除去亲脂性杂质。利用在乙酸乙酯中的溶解度差异将二者分离。

### （二）提取分离方法

**1. 溶剂提取法**

取秦皮粗粉于索氏提取器中，加乙醇回流 10～12h，得乙醇提取液，减压回收溶剂至浸膏状，即得总提取物。

在上述浸膏中加水加热溶之。移于分液漏斗中，以等体积氯仿萃取两次，将氯仿萃取过的水层蒸去残留氯仿后加等体积乙酸乙酯萃取二次，合并乙酸乙酯液，以无水硫酸钠脱水，减压回收溶剂至干，残留物溶于温热甲醇中，浓缩至适量，放置析晶，即有黄色针状结晶析出。滤出结晶。甲醇、水反复重结晶，即得七叶内酯。

将乙酸乙酯萃取过的水层浓缩至适量，放置析晶，即有微黄色晶体析出。滤出结晶，以甲醇、水反复重结晶，即得七叶苷。工艺流程如图 3-5-16 所示。

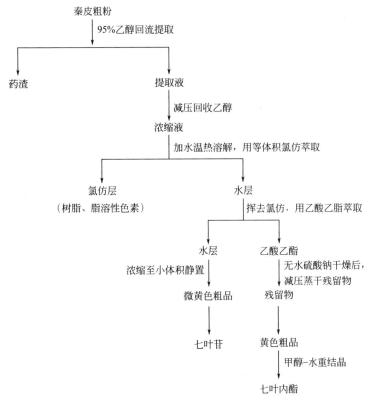

图 3-5-16　秦皮的溶剂提取法工艺

操作提示：

（1）秦皮中的成分除了香豆素以外，还含有树脂、脂溶性色素等杂质，加水温热溶解，用氯仿洗涤，可以将脂溶性的杂质转移至氯仿层而与香豆素分离。

（2）水层的主要成分为七叶内酯和七叶苷，用乙酸乙酯与水萃取，因七叶内酯为苷元，极性小而溶于乙酸乙酯层，七叶苷极性大而溶于水使二者分离。

**2. 碱溶酸沉法提取**

取秦皮粗粉于渗滤器中，加一定浓度 NaOH 渗滤；将渗滤液用浓 $H_2SO_4$ 调节好 pH 后静置过滤。然后上清液用乙酸乙酯萃取，活性炭脱色萃取液；热乙醇将沉淀溶解，放冷，过滤，再用活性炭脱色乙醇液过滤，减压蒸馏浓缩乙醇用水温热溶解，乙酸乙酯萃取。合并乙酸乙酯萃取液，即得总提取物。

合并乙酸乙酯液之后，乙酸乙酯层以无水硫酸钠脱水，减压回收溶剂至干，残留物溶于温热甲醇中，浓缩至适量，放置析晶，即有黄色针状结晶析出。滤出结晶，甲醇、水反复重结晶，即得七叶内酯。

将乙酸乙酯萃取过的水层浓缩至适量，放置析晶，即有黄色晶体析出。滤出结晶，以甲醇、水反复重结晶，即得七叶苷。工艺流程如图 3-5-17 所示。

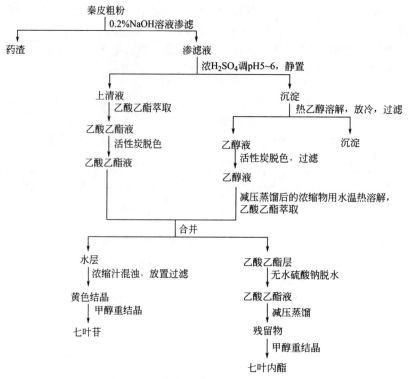

图 3-5-17　秦皮的碱溶酸沉法提取工艺

## 第四节　秦皮七叶内酯的成型与鉴别

### 一、秦皮七叶内酯的成型

通过提取、分离、浓缩之后的黄色针状晶体，甲醇、水反复重结晶，自然干燥，即得七叶内酯。

### 二、秦皮七叶内酯的鉴别

#### （一）化学检识

**1. 三氯化铁反应**

取七叶苷、七叶内酯各少许分别置试管中，加乙醇 1mL 溶解。加 1％ $FeCl_3$ 溶液 2～3 滴，显暗绿色；再滴加浓氨水 3 滴，加水 6mL，日光下观察显深红色。

**2. 内酯的颜色反应**

取样品少量，加 0.5mL 乙醇溶解，加 10％盐酸羟胺甲醇溶液数滴、10％氢氧化钠 5～6 滴，水浴加热 2 分钟放冷后加 5％盐酸数滴（pH3～4），加 5％三氯化铁 2～3 滴，观察颜色变化。

[ 课堂互动 ]

　　取七叶苷、七叶内酯各少许分别置试管中，加乙醇 1mL 溶解。加 1％ $FeCl_3$ 溶液 2～3 滴，观察颜色变化。

（二）色谱检识

吸附剂：硅胶 GF$_{254}$ 薄层板。

样品：秦皮提取物 1‰甲醇溶液。

对照品：2‰秦皮甲素标准品甲醇液；2‰秦皮乙素标准品甲醇液。

展开剂：三氯甲烷-甲醇-甲酸（6∶1∶0.5）。

显色：三氯化铁-铁氰化钾试液（1∶1）。

[学习小结]

【学习内容】

1. 结构—苯并 α-吡喃酮

2. 类型—简单香豆素、呋喃香豆素、吡喃香豆素、其他香豆素

3. 香豆素的理化性质包括：性状、溶解性、荧光反应、内酯环的碱水解

（1）内酯的性质和碱水作用

（2）显色反应

① 内酯反应—异羟肟酸铁反应

② 酚羟基反应

a. FeCl$_3$ 反应

b. 酚羟基对位无取代的反应

重氮化试剂：紫红

Gibbs 反应：蓝色

Emerson 反应：红色

4. 秦皮七叶内酯的提取分离

5. 秦皮七叶内酯的检识反应

【学习重点】

　　香豆素类化合物由于结构特殊，既具有酯类化合物的某些特性，也具有苷类化合物的特性。在学习过程中要重点掌握香豆素的结构特点和理化性质，以及提取分离和鉴定方法。通过理论学习和实际操作达到能灵活运用掌握的知识分析提取分离工艺流程的原理。具有用化学方法鉴别香豆素类化合物的能力，能设计简单的提取分离流程。

[知识检测]

**一、单项选择题**

1. 下列化合物具有强烈天蓝色荧光的是（　　　）。

A. 七叶内酯　　　　B. 大黄素　　　　　　C. 大豆皂苷　　　　　D. 甘草酸

2. 香豆素与异羟肟酸铁反应的现象是（　　　）。

A. 绿色　　　　　　B. 蓝色　　　　　　　C. 红色　　　　　　　D. 黑色

3. FeCl$_3$ 试剂反应的条件是（　　　）结构的香豆素。

A. 内酯环　　　　　B. 酚羟基　　　　　　C. 芳环　　　　　　　D. 甲氧基

4. 异羟肟酸铁反应作用的基团是（　　　）。

A. 酚羟基　　　　　B. 芳环　　　　　　　C. 甲氧基　　　　　　D. 内酯环

5. 秦皮中的七叶内酯属于下列哪类香豆素成分？（　　　）
A. 异香豆素　　　B. 简单香豆素　　　C. 吡喃香豆素　　　D. 呋喃香豆素

6. 香豆素的基本母核是（　　　）。
A. 苯丙素　　　　　　　　　　B. 顺式邻羟基桂皮酸
C. 苯并 $\alpha$-吡喃酮　　　　　　　D. 桂皮酸衍生物

7. 下列化合物脱水后能生成香豆素的是（　　　）。
A. 桂皮酸衍生物　　　　　　　B. 苯并 $\alpha$-吡喃酮
C. 顺式邻羟基桂皮酸　　　　　D. 苯丙素

8. 游离香豆素可溶于热的氢氧化钠水溶液是由于其结构中存在（　　　）。
A. 酚羟基对位的活泼氢　　　　B. 酮基
C. 甲氧基　　　　　　　　　　D. 内酯环

9. 异补骨酯素属于（　　　）。
A. 呋喃香豆素　　B. 简单香豆素　　　C. 吡喃香豆素　　　D. 异香豆素

10. 七叶内酯具有（　　　）。
A. 升华性　　　　B. 香味　　　　　　C. 两者均无　　　　D. 两者均有

## 二、多项选择题

1. 含有香豆素的中药有（　　　）。
A. 秦皮　　　　B. 厚朴　　　　C. 五味子　　　　D. 补骨脂　　　　E. 大黄

2. 游离的小分子香豆素提取可用（　　　）。
A. 碱溶酸沉淀法　B. 水蒸气蒸馏法　C. 色谱法
D. 升华法　　　　E. 有机溶剂法

3. 提取游离香豆素的方法有（　　　）。
A. 酸溶碱沉法　　B. 乙醚提取法　　C. 碱溶酸沉淀法
D. 热水提取法　　E. 乙醇提取法

4. 蛇床子中主要含有的化学成分有（　　　）。
A. 槲皮素　　　　B. 蛇床子素　　　C. 欧前胡素
D. 佛手柑内酯　　E. 大黄素

5. 前胡中主要含有的化学成分有（　　　）。
A. 白花前胡甲素　B. 白花前胡戊素　C. 白花前胡丙素
D. 欧前胡素　　　E. 花色素

## 三、问答题

香豆素类化合物具有哪些理化性质？

## 实训五　秦皮中七叶内酯和七叶苷的提取分离及鉴定

### 一、实训目的

（1）学会运用回流和连续回流法、减压浓缩法对秦皮中七叶苷和七叶内酯进行提取和精制；会用显色反应、色谱法进行香豆素类成分的检识。

（2）完成秦皮中七叶内酯和七叶苷的提取分离及鉴定指标。

### 二、实训器材

秦皮粗粉、95％乙醇、HCl、氯仿、甲醇、乙酸乙酯、1％NaOH 溶液、7％盐酸羟胺甲醇溶液、1％KOH 甲醇溶液、1％三氯化铁溶液、硅胶 H-CMC-Na 板、无水硫酸钠、重氮化对硝基苯胺。

回流装置、分液漏斗、常压蒸馏装置、抽滤装置。

### 三、原理

秦皮中的主要成分七叶内酯和七叶苷均可溶于乙醇，用乙醇提取；利用它们在乙酸乙酯中溶解度的不同进行分离；利用显色反应、荧光性和色谱方法进行鉴别。

### 四、操作流程

（一）提取与精制

按照图 3-5-18 流程进行七叶内酯和七叶苷的提取与精制操作。

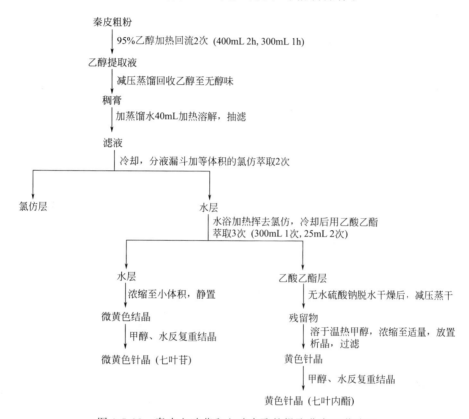

图 3-5-18　秦皮七叶苷和七叶内酯的提取分离工艺流程

（二）鉴定

1. 显色反应

取精制后的七叶内酯和七叶苷各少许，分别加甲醇 1mL 溶解，观察颜色变化。

（1）分别取上述溶液各 1 滴于滤纸上，在 254nm 的紫外灯下观察荧光，然后在原斑点上滴加 1 滴 10％NaOH 溶液，观察荧光颜色变化。

（2）分别取上述溶液加入 7％盐酸羟胺甲醇溶液 2～3 滴，再加 1％KOH 甲醇溶液 2～3 滴，水浴加热数分钟，至反应完全，冷却，再用盐酸调 pH3～4，加 1％三氯化铁 1～2 滴，溶液呈红色至紫红色。

2. 薄层色谱鉴定

薄层板：硅胶 H-CMC-Na 板。

展开剂：甲苯-乙酸乙酯-甲酸（5∶4∶1）。

显色剂：紫外灯下观察，记录斑点的位置，或用重氮化对硝基苯胺喷雾显色。

试样：七叶内酯和七叶苷分别用甲醇溶解（提取精制）。

对照品：七叶内酯和七叶苷的甲醇液。

**五、操作提示**

（1）乙酸乙酯萃取前，一定要挥净氯仿。

（2）盛放乙酸乙酯的萃取层的容器要干燥，以免影响无水硫酸钠的脱水效果。

（3）残留物用温热甲醇溶解时，要在通风橱中进行。

（4）使用分液漏斗萃取氯仿与水时，分液漏斗下口旋塞要用甘油-淀粉为润滑剂；萃取乙酸乙酯与水时，用凡士林作润滑剂。

**六、实训报告**

填写实训报告单。

**实训报告单**

| 实训名称 | | |
|---|---|---|
| 设备器材 | 玻璃器皿 | |
| | 仪器设备 | |
| 溶剂与试剂 | 溶剂 | |
| | 试剂 | |
| 操作步骤 | | |
| 质量检验 | 检验方法 | |
| | 检验记录 | |
| 讨论与总结 | | |
| 文明操作 | 环境卫生 | |
| | 仪器使用 | |
| 学习能力 | 教师评价 | |

# 第六章

# 木脂素类药物的提取

【学习目标】

1. 知识目标

了解木脂素的结构分类和常见的成分。

2. 技能目标

(1) 能根据木脂素成分的性质对厚朴中厚朴酚进行提取和分离。

(2) 能对厚朴酚进行定性鉴别。

## 第一节 木脂素类药物基本知识

### 一、概述

木脂素（lignans）是一类由两分子苯丙素衍生物（即 $C_6$-$C_3$ 单体）聚合而成的天然化合物。多数呈游离状态，少数与糖结合成苷而存在于植物的木质部和树脂中，故而得名。通常所指其二聚体，少数可见三聚体、四聚体。常见的木脂素类化合物主要有木脂素与新木脂素类化合物两大类，以前者为多见。组成木脂素的单体有桂皮酸、桂皮醇、丙烯苯、烯丙苯等。它们可脱氢，形成不同的游离基，各游离基相互缩合，即形成各种不同类型的木脂素，结合位置多在 $\beta$ 位，也有在其他位置结合的。

木脂素在自然界分布较广，主要分布在被子植物与裸子植物中，伞形科、小檗科、菊科、木兰科、木犀科、马兜铃科等植物中均有分布，常见的含木脂素的药材有五味子、厚朴、细辛、连翘、牛蒡子等。

[知识链接]

五味子，俗称山花椒、五梅子等，唐等《新修本草》载"五味皮肉甘酸，核中辛苦，都有咸味"，故有五味子之名。古医书称它为荎蕏、玄及、会及，最早于《神农本草经》中列为上品，中药功效在于滋补强壮之力，价值极高。主要有效成分为木脂素类，如五味子甲素、五味子乙素等，具有清除自由基、抗衰老、消炎、抗过敏和防辐射损伤的作用。

### 二、结构

木脂素根据其基本碳架及缩合情况不同，可分为如图 3-6-1 所示几种类型。

（1）简单木脂素　基本碳架见图 3-6-1。

（2）单环氧木脂素　两分子 $C_6$-$C_3$ 单元，除 8-8′相连外，还有 7-O-7′、9-O-9′、7-O-9′等形成的环氧结构（形成呋喃或四氢呋喃环）。其代表物有毕澄茄脂素和橄榄脂素。

（3）木脂内酯（二芳基丁内酯类）　该类化合物是木脂素侧链形成内酯结构的基本类型。常见的有 9,9′-位环氧，C-9 为 C＝O 等。

（4）环木脂素（芳基萘类）　在简单木脂素基础上，通过一个苯丙素单位中苯环的 6 位与另一个苯丙素单位的 7 位环合而成的环木脂素。有芳基萘、芳基二氢萘和芳基四氢萘三种结构。

（5）环木脂内酯　芳基萘类环木脂内酯是环木脂素 C-9，C-9′环合成的内酯环木脂素常以氧化的 γ 碳原子缩合形成内酯，依内酯环合方式不同分上向和下向两种。

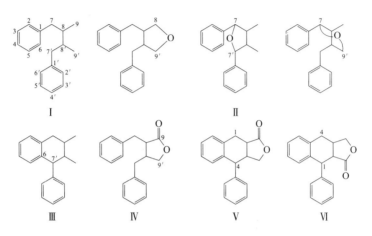

图 3-6-1　木脂素的结构与类型

Ⅰ—简单木脂素；Ⅱ—单环氧木脂素；Ⅲ—环木脂素；Ⅳ—木脂内酯；

Ⅴ—4-苯代萘内酯；Ⅵ—1-苯代萘内酯（Ⅴ、Ⅵ属于环木脂内酯）

## 三、性质

### （一）性状

木脂素多数呈无色或白色结晶，无挥发性，少数可升华。多数以游离状态存在。

### （二）溶解性

木脂素亲脂性较强，能溶解于苯、氯仿、乙酸乙酯、乙醚、乙醇等溶剂，难溶于水。木脂素的苷，水溶性增强。具有酚羟基的木脂素可溶于碱水。

### （三）光学活性

木脂素分子中常有多个不对称碳原子，大多数具有光学活性，遇酸或碱易发生异构化，从而改变其光学活性和生物活性。

另外，有些木脂素在酸性条件下，也可导致旋光性改变，有的还能发生结构变化。因此，在提取木脂素过程中应特别注意操作条件，尽量避免与酸、碱接触，防止旋光性、构型改变所导致的活性丧失或减弱。

### （四）显色反应

木脂素分子结构中含有的酚羟基、醇羟基、亚甲二氧基和内酯环等，可发生下列相应的颜色反应：

（1）酚羟基的反应　可发生三氯化铁、重氮化试剂反应。

（2）没食子酸硫酸试剂反应　具有亚甲二氧基的木脂素，加浓硫酸后，再加没食子酸，可产生蓝紫色。

（3）异羟肟酸铁反应　含有内酯环的木脂素可发生异羟肟酸铁反应，溶液变为紫红色。

### 四、生物活性

木脂素类有多方面的生物活性，主要表现在以下几个方面：

#### （一）抗肿瘤作用

小檗科鬼臼属及其近缘植物中普遍存在的各种鬼臼素类木脂素，均显示强的细胞毒活性，能显著抑制癌细胞的增殖。但其毒性较大，经过结构改造后可得到效果好、毒性低的半合成产物，如 VP-16 和 VM-26 已作为抗癌药物用于临床。

#### （二）保肝

五味子果实中的各种联苯环辛烯类木脂素，均有保肝和降低血清谷丙转氨酶活性的作用。如五味子酯甲、合成品联苯双酯及其类似物已成为我国治疗肝炎的药物。

#### （三）抗氧化作用

有些木脂素具有显著的抗脂质过氧化和清除氧自由基作用，酚羟基的存在可使其抗氧化活性大为增加。五味子属植物中所含的联苯环辛烯类木脂素具有显著的抗脂质过氧化和清除氧自由基活性，作用强过维生素 E。

#### （四）中枢神经系统作用

一些木脂素对中枢神经系统有显著的作用。五味子素木脂素类具有明显的中枢镇静作用。厚朴的镇静和肌肉松弛作用也与其含有的木脂素（厚朴酚、和厚朴酚）有关。

#### （五）抗病毒作用

鬼臼毒素类木脂素对麻疹和Ⅰ型单纯疱疹有对抗作用。从南五味子中得到的戈米辛等数种木脂素对艾滋病病毒的增殖有明显的抑制作用。

#### （六）毒鱼与杀虫作用

某些木脂素还有毒鱼与杀虫作用。如透骨草中乙酰透骨草脂素具有杀虫作用。

## 第二节　厚朴酚的炮制

### 一、厚朴概述

厚朴为木兰科厚朴（*Magnolia officinalis* Rehd. et Wils.）的干燥根皮、干皮及枝皮。主产于陕西、甘肃、四川、贵州、湖北、湖南（桑植）、广西。厚朴有燥湿消痰、下气除满的功效。

#### （一）厚朴形态

落叶乔木，高达 20m；树皮厚，褐色，不开裂；小枝粗壮，淡黄色或灰黄色，幼时有绢毛；顶芽大，狭卵状圆锥形，无毛。叶大，近革质，7～9 片聚生于枝端，长圆状倒卵形，长 22～45cm，宽 10～24cm，先端具短急尖或圆钝，基部楔形，全缘而微波状，上面绿色，无毛，下面灰绿色，被灰色柔毛，有白粉；叶柄粗壮，长 2.5～4cm，托叶痕长为叶柄的 2/3。花白色，径 10～15cm，芳香；花梗粗短，被长柔毛，离花被片下 1cm 处具包片脱落

痕，花被片 9～12 (17)，厚肉质，外轮 3 片淡绿色，长圆状倒卵形，长 8～10cm，宽 4～
5cm，盛开时常向外反卷，内两轮白色，倒卵状匙形，长 8～8.5cm，宽 3～4.5cm，基部具
爪，最内轮 7～8.5cm，花盛开时中内轮直立；雄蕊约 72 枚，长 2～3cm，花药长 1.2～
1.5cm，内向开裂，花丝长 4～12mm，红色；雌蕊群椭圆状卵圆形，长 2.5～3cm。聚合果
长圆状卵圆形，长 9～15cm；蓇葖具长 3～4mm 的喙；种子三角状倒卵形，长约 1cm。花期
5～6 月，果期 8～10 月。

产于陕西南部、甘肃东南部、河南东南部（商城、新县）、湖北西部、湖南西南部、四
川（中部、东部）、贵州东北部。生于海拔 300～1500m 的山地林间。广西北部、江西庐山
及浙江有栽培。

树皮、根皮、花、种子及芽皆可入药，以树皮为主，为著名中药，有化湿导滞、行气平
喘、化食消痰、驱风镇痛之效；种子有明目益气功效；芽亦作药用。籽可榨油，含油量
35%，出油率 25%，可制肥皂。木材供建筑、板料、家具、雕刻、乐器、细木工等用。叶
大荫浓，花大美丽，可作绿化观赏树种。

## （二）厚朴有效成分

厚朴树皮含厚朴酚、四氢厚朴酚、和厚朴酚和挥发
油等，具有较强的肌肉松弛、中枢抑制作用，对革兰氏
阳性菌、耐酸性菌和丝状真菌有明显的抗菌活性，还有
较强的抗龋齿菌活性。

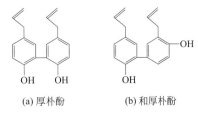

(a) 厚朴酚　　　　(b) 和厚朴酚

图 3-6-2　厚朴酚与和厚朴酚的结构图

厚朴酚为无色针状结晶（水），熔点 100～102℃。
溶于苯、乙醚、氯仿、丙酮及常用的有机溶剂，难溶于
水，易溶于苛性碱稀溶液，得到钠盐。

和厚朴酚为无色鳞片状晶体，熔点 87.5℃。可溶于一般的有机溶剂，易溶于苯、乙醚、
氯仿、乙醇等，难溶于水。厚朴酚与和厚朴酚的结构如图 3-6-2 所示。

---

**[课堂互动]**

厚朴是木兰科厚朴的干燥根皮、干皮及枝皮，请问其主要成分与作用如何？

---

## 二、厚朴的炮制

### （一）采集时期

厚朴定植 20 年以上即可砍树剥皮，宜在 4～8 月生长盛期进行。根皮和枝皮直接阴干或
卷筒后干燥，称根朴和枝朴。干皮可环剥或条剥后，卷筒置沸水中烫软后，埋置阴湿处发
汗。待皮内侧或横断面都变成紫褐色或棕褐色，并现油润或光泽时，将每段树皮卷成双筒，
用竹篾扎紧，削齐两端，暴晒干燥即成。

### （二）炮制方法

取原药材，刮去粗皮，洗净，润透，切丝，晒干。

姜厚朴：取厚朴丝，加姜汁拌匀，闷润至姜汁被吸尽，置炒制容器内，用文火炒干，取
出，晾凉。每 100kg 厚朴丝用生姜 10kg。

《雷公炮炙论》中提到："凡使厚朴，要用紫色味辛为好，或丸散，便去粗皮，用酥炙
过。每修一斤，用酥四两，炙了细锉用；若汤饮中使，用自然姜汁八两炙，一升为度。"

## 第三节 厚朴酚的提取分离

### 一、提取分离基础知识

#### （一）木脂素类药物提取原理

游离的木脂素是亲脂性的，能溶于乙醚等低极性溶剂，可用低极性有机溶剂直接提取，或用乙醇（或丙酮）提取，提取液浓缩后，用石油醚或乙醚溶解，经过多次溶出，即可得到纯品。

木脂素苷亲水性强，可以按苷类的提取方法进行，由于苷元分子相对较大，应采用中低极性的溶剂。具内酯结构的木脂素也可利用其溶于碱液的性质，而与其他非皂化的亲脂性成分分离，但要注意木脂素的异构化，尤其不适用于有旋光活性的木脂素。

#### （二）分离原理与方法

木脂素的分离可因被提取的木脂素的性质不同而采用溶剂萃取法、分级沉淀法、重结晶等方法，进一步分离还需要依靠色谱分离法。吸附柱色谱、分配柱色谱在木脂素的分离中都有广泛的应用。

**1. 系统溶剂法**

用石油醚、乙醚、乙酸乙酯等依次萃取，按极性大小分离。

**2. 碱溶酸沉法**

主要用于酚性、内酯结构的木脂素的分离纯化。

**3. 色谱法**

用于难分离木脂素的分离。

（1）吸附色谱为主要方法，硅胶为吸附剂，石油醚-乙酸乙酯、石油醚-乙醚、氯仿-甲醇等为洗脱剂。

（2）分配色谱常用纸色谱法，滤纸浸以甲酰胺作为固定相，苯为流动相，用盐酸重氮盐、$SbCl_3$、$SbCl_5$ 等显色。

> **[案例分析]**
>
> **实例** 临床上厚朴主要用于消除胸腹满闷、镇静中枢神经、运动员肌肉松弛、抗真菌、抗溃疡等。
>
> **分析** 厚朴的提取物厚朴酚为棕褐色至白色精细粉末，是中药厚朴皮中抗菌作用的有效成分。具有特殊的、持久的肌肉松弛作用及强的抗菌作用，可抑制血小板聚集，临床上主要用作抗菌、抗真菌药。

### 二、厚朴酚的提取与分离

#### （一）提取分离原理

厚朴酚溶于苯、乙醚、氯仿、丙酮及常用的有机溶剂，难溶于水，易溶于苛性碱稀溶液；和厚朴酚可溶于一般的有机溶剂，易溶于苯，乙醚，氯仿，乙醇等，难溶于水。因此，对于厚朴中厚朴酚和和厚朴酚的提取通常采用乙醇、丙酮等有机溶剂提取浓缩，然后用系统溶剂萃取法、分级沉淀法、重结晶、色谱等方法分离。

**（二）提取过程**

将厚朴粗粉甲醇回流→过滤，回收甲醇→加水，正己烷提取→乙醚萃取水层→回收乙醚制备浸膏

**（三）分离过程**

硅胶柱色谱分离→氯仿-甲醇洗脱，回收溶剂→氯仿洗脱→洗脱液减压浓缩→母液结晶→重结晶

**（四）厚朴酚的提取分离工艺**

如图 3-6-3 所示。

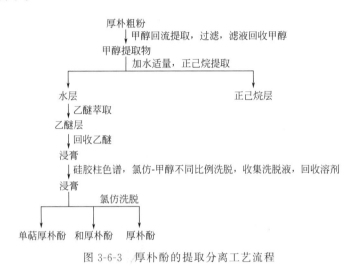

图 3-6-3 厚朴酚的提取分离工艺流程

## 第四节 厚朴酚的成型与鉴别

### 一、厚朴酚的成型

通过提取分离纯化后的晶体，进行阴凉干燥，避光、避高温贮存备用。

### 二、厚朴酚的鉴别

**（一）理化鉴别**

**1. 三氯化铁反应**

各取结晶少许置小试管内，加 2mL 乙醇使溶解，加入三氯化铁 1 滴，观察颜色变化，溶液变成蓝黑色。

**2. 间苯三酚反应**

各取结晶少许置小试管内，加 2mL 乙醇使溶解，加入间苯三酚盐酸溶液（取 10% 间苯三酚醇溶液 1mL，加入盐酸 9mL 制成）5 滴，观察颜色变化，溶液变成粉红色。

**（二）色谱鉴别**

**1. 薄层色谱法**

木脂素类成分一般具有较强的亲脂性，在色谱检识中多采用吸附色谱法，可获得较好的分离效果。

（1）常用的展开剂　常用硅胶薄层色谱，展开剂一般用亲脂性的溶剂如苯、氯仿、氯仿-甲醇（9∶1）、氯仿-二氯甲烷（1∶1）、氯仿-乙酸乙酯（9∶1）和乙酸乙酯-甲醇（95∶5）等。

（2）常用的显色剂

① 茴香醛浓硫酸试剂　110℃加热5min。

② 5%或10%磷钼酸乙醇溶液　120℃加热至斑点明显出现。

③ 10%硫酸　110℃加热5min。

④ 三氯化锑试剂　100℃加热10min，在紫外光下观察。

⑤ 碘蒸气　熏后观察应呈黄棕色，或置紫外灯下观察荧光。

厚朴粉末的甲醇提取液作供试品溶液，厚朴酚与和厚朴酚为对照品，分别点于同一硅胶G板上，以苯-甲醇（27∶1）展开，喷以1%香草醛硫酸溶液显色，应在对照品色谱相应的位置上显相同颜色的斑点。

**2. 纸色谱法**

与薄层色谱法原理、操作差不多。

---

[ 学习小结 ]

**【学习内容】**

1. 结构：两分子苯丙素衍生物（即 $C_6$-$C_3$ 单体）聚合而成。

2. 类型：简单木脂素、单环氧木脂素、木脂内酯、环木脂素和环木脂内酯等。

3. 木脂素的理化性质包括：性状、溶解性、光学活性等。

4. 厚朴中厚朴酚与和厚朴酚的提取分离。

5. 厚朴中厚朴酚与和厚朴酚的检识反应。

**【学习重点】**

通过理论学习和实际操作达到能灵活运用掌握的知识分析提取分离工艺流程的原理。具有用化学方法鉴别木脂素类化合物的能力，能设计简单的提取分离流程。

---

[ 知识检测 ]

**一、单项选择题**

1. 由两个 $C_6$-$C_3$ 单体聚合而成的化合物称（　　）。

A. 木质素　　　　B. 香豆素　　　　　C. 黄酮　　　　　D. 木脂素

2. 下列化合物属于（　　）。

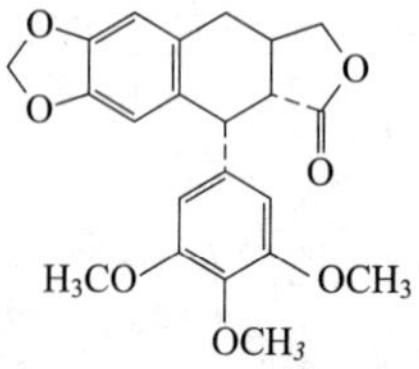

A. 木脂内酯　　B. 双环氧木脂素　　C. 环木脂素　　　D. 环木脂内酯

3. 下列化合物结构应属于（　　）。

A. 木脂内酯　　B. 双环氧木脂素　　C. 环木脂素　　　D. 环木脂内酯

4. 组成苯丙素酚类的单位是（　　）。

A. $C_6$-$C_3$-$C_6$　　　　B. $C_6$-$C_3$　　　　　　C. $C_6H_{11}O_6$　　　　D. $(C_5H_8)_n$

5. 厚朴酚的结构类型为（　　）。

A. 简单木脂素　　B. 单环氧木脂素　　C. 木脂内酯　　　　D. 联苯木脂素

6. 丹参素甲属于（　　）。

A. 香豆素类　　　B. 木脂素类　　　　C. 苯丙酸类　　　　D. 黄酮类

## 二、多项选择题

1. 下列化合物属于苯丙素类的有（　　　　）。

A. 苯丙醇　　　　B. 鞣质　　　　　　C. 香豆素　　　　D. 木脂素　　　E. 黄酮类

2. 游离木脂素可溶于（　　　　）。

A. 乙醇　　　　　B. 水　　　　　　　C. 氯仿　　　　　D. 乙醚　　　　E. 苯

## 三、问答题

请问木脂素是一类什么样的化合物？组成它的单体有哪几种？

# 第七章
# 黄酮类药物的提取

【学习目标】

1. 知识目标

(1) 掌握银杏叶黄酮提取、分离方法的基本原理。

(2) 了解黄酮类化合物的结构特征、分类及理化性质。

2. 技能目标

(1) 能运用黄酮类化合物的性质进行银杏叶黄酮的提取分离。

(2) 能对银杏叶黄酮进行鉴定。

## 第一节 黄酮类药物基本知识

### 一、概述

黄酮类化合物是广泛存在于自然界的一类重要的天然有机化合物，具有 $C_6$-$C_3$-$C_6$ 的基本骨架。因大多为具有颜色的羰基化合物，故名黄酮。

黄酮类化合物在双子叶植物中分布广泛。如豆科、唇形科、菊科等；其次为裸子植物，如银杏科；而在菌藻类和地衣类低等植物中较少见。许多天然药物如槐花、黄芩、葛根、补骨脂、芫花、忍冬等都含有此类成分。该类化合物在植物体内部分与糖结合成苷存在，部分以游离形式存在。已经分离出的黄酮类化合物总数超过 4000 多个。

> [知识链接]
>
> 异黄酮是黄酮类化合物中的一种，主要存在于豆科植物中，大豆是人类获得异黄酮的唯一有效来源。大豆异黄酮是一种具有多种重要生理活性的天然营养因子，是纯天然的植物雌激素，容易被人体吸收，能迅速补充营养。每 100g 大豆样品中，含异黄酮 128mg，传统方法生产的分离蛋白含异黄酮 102mg，而豆乳中含 9.65mg，相当于干物质中每 100g 含异黄酮 100mg 以上。豆腐中含异黄酮 27.74mg，其干物质含异黄酮 200mg 以上。
>
> 大豆异黄酮的类雌激素能够弥补 30 岁以后女性雌性激素分泌不足；可调节雌激素水平，缓解更年期综合征症状和改善骨质疏松；还影响激素分泌、代谢生物学活性、蛋白质合成、生长因子活性，是天然的癌症化学预防剂。

## 二、结构

黄酮类化合物的种类较多，其结构类型也有多种，见表 3-7-1 所示。

**表 3-7-1 黄酮类化合物的结构类型与代表**

| 类型 | 母体结构 | 代表化合物 |
|------|----------|------------|
| 黄酮类 | | 黄芩素、黄芩苷 |
| 黄酮醇类 | | 槲皮素、芦丁 |
| 二氢黄酮类 | | 陈皮素、甘草苷 |
| 二氢黄酮醇类 | | 水飞蓟素、异水飞蓟素 |
| 异黄酮类 | | 大豆素、葛根素 |
| 二氢异黄酮类 | | 鱼藤酮 |
| 查耳酮类 | | 异甘草素、补骨脂乙素 |
| 橙酮类 | | 金鱼草素 |
| 黄烷类 | | 儿茶素 |
| 花色素类 | | 飞燕草素、矢车菊素 |
| 双黄酮类 | | 银杏素、异银杏素 |

### 三、性质

黄酮类化合物多为结晶性固体，少数（如黄酮苷类）为无定形粉末。

#### （一）性状

黄酮类化合物多为结晶性固体，少数（如黄酮苷类）为无定形粉末。除二氢黄酮、黄烷醇等游离的苷元母核有旋光性外，其余则无光学活性。苷类由于在结构中引入糖的分子，故均有旋光性，且多为左旋。黄酮类化合物的颜色与分子中是否存在交叉共轭体系及助色团（—OH、—OCH₃等）的种类、数目以及取代位置有关。黄酮、黄酮醇及其苷类多显灰黄至黄色，查耳酮为黄至橙黄色，而二氢黄酮、异黄酮类，因不具有交叉共轭体系或共轭链短，故二氢黄酮不显色，异黄酮显微黄色。

#### （二）溶解性

一般游离苷元难溶或不溶于水，易溶于甲醇、乙醇、乙酸乙酯、乙醚等有机溶剂及稀碱水溶液中。相对而言，二氢黄酮比黄酮、黄酮醇、查耳酮在水中的溶解度稍大；花色苷元（花青素）类以离子形式存在，具有盐的通性，故亲水性较强，在水中的溶解度较大；黄酮类化合物的羟基糖苷化后，水溶度相应加大，而在有机溶剂中的溶解度则相应减小。

#### （三）酸性与碱性

**1. 酸性**

黄酮类化合物分子中多具有酚羟基，显酸性，可溶于碱性水溶液、吡啶甲酰胺中。但由于酚羟基数目及位置不同，酸性强弱也不同，以黄酮为例，其酚羟基酸性强弱顺序依次为：7,4′-二羟基＞7-OH 或 4′-OH＞一般酚羟基＞5-OH

**2. 碱性**

γ-吡喃环上的 1-氧原子，有未共用的电子对，表现微弱的碱性，可与强无机酸（如浓硫酸、盐酸等）生成𨦡盐，但生成的𨦡盐极不稳定，加水后即可分解。

#### （四）显色反应

黄酮类化合物的颜色反应与分子中的酚羟基及 γ-吡喃酮环有关。

**1. 还原反应**

（1）盐酸-镁粉（或锌粉）反应 鉴定黄酮类化合物最常用的颜色反应。多数黄酮、黄酮醇、二氢黄酮类化合物显橙红至紫红色，少数显紫至蓝色，当 B 环上有—OH 或—OCH₃取代时，呈现的颜色亦即随之加深。但查耳酮、儿茶素类则无该显色反应。异黄酮类除少数例外，也不显色。

（2）四氢硼钠（钾）反应 NaBH₄是对二氢黄酮类化合物专一性较高的一种还原剂。与二氢黄酮类化合物产生红色至紫色，而其他黄酮类化合物均不显色。

**2. 络合反应**

（1）铝盐 常用试剂为 1％三氯化铝或硝酸铝溶液。生成的络合物多为黄色（$\lambda_{max}=415nm$），并有荧光，可用于定性及定量分析。

（2）锆盐 用来区别黄酮类化合物分子中 3-OH 或 5-OH 的存在。加 2％二氯氧化锆（$ZrOCl_2$）甲醇溶液到样品的甲醇溶液中，若黄酮类化合物分子中有游离的 3-OH 或 5-OH 存在时，均可反应生成黄色的锆络合物。但两种锆络合物对酸的稳定性不同。3-OH-4-酮基络合物的稳定性比 5-OH-4-酮基络合物的稳定性强。当反应液中接着加入枸橼酸后，5-羟基黄酮的黄色溶液显著褪色，而 3-羟基黄酮溶液仍呈鲜黄色。

（3）三氯化铁反应 多数黄酮类化合物因分子中含有酚羟基，可呈蓝色。

### 四、生物活性

黄酮类化合物分布广泛，具有多种生物活性。具体表现在以下方面：

#### （一）心血管系统活性

不少治疗冠心病有效的中成药均含黄酮类化合物，如芦丁、槲皮素、葛根素以及人工合成的立可定（recordil）等含有黄酮类成分。

#### （二）抗菌及抗病毒活性

木犀草素、黄芩苷、黄芩素等均有一定的抗菌作用；槲皮素、二氢槲皮素、桑色素、山奈酚等具有抗病毒作用；大豆苷元、染料木素、鸡豆黄素 A 对 HIV 病毒也有一定抑制作用。

#### （三）抗肿瘤活性

黄酮类化合物具有抗肿瘤活性，但其抗肿瘤机制多种多样。如槲皮素的抗肿瘤活性与其抗氧化作用、抑制相关酶的活性、降低肿瘤细胞耐药性、诱导肿瘤细胞凋亡及雌激素样作用等有关；水飞蓟素的抗肿瘤活性与其抗氧化作用、抑制相关酶活性、诱导细胞周期阻滞等有关。

#### （四）抗炎、镇痛活性

芦丁、羟基芦丁、二氢槲皮素等对角叉菜胶、5-HT 及 PGE 诱发的大鼠足爪水肿、甲醛引起的关节炎及棉球肉芽肿等均有明显抑制作用；金荞麦中的双聚原矢车菊苷元有抗炎、解热、祛痰等作用；金丝桃苷、芦丁、槲皮素及银杏叶总黄酮等有良好的镇痛作用。

#### （五）保肝活性

水飞蓟素对中毒性肝损伤、急慢性肝炎、肝硬化等有良好的治疗作用；淫羊藿黄酮、黄芩素、黄芩苷能抑制肝组织脂质过氧化，提高肝脏 SOD 活性，减少肝组织脂褐素形成，对肝脏有保护作用；甘草黄酮可保护乙醇所致肝细胞超微结构的损伤等。

除此之外，大量研究表明黄酮类化合物还具有降压、降血脂、抗衰老、提高机体免疫力等药理活性。

## 第二节　银杏叶的炮制

### 一、银杏叶概述

银杏叶为银杏科植物银杏 *Ginkgo biloba* L. 的干燥叶。其性味甘苦涩平，有益心敛肺、化湿止泻等功效。《中药志》记载它能"敛肺气，平喘咳，止带浊"。据现代药理研究，银杏叶对人体和动物体的作用较为广泛，如改善心血管及周围血管循环功能，对心肌缺血有改善作用，具有促进记忆力、改善脑功能的作用。此外，其还具有降低血黏度、清除自由基等作用。

#### （一）银杏形态

银杏树又名白果树，生长较慢，寿命极长，自然条件下银杏从栽种到结果要二十多年，四十年后才能大量结果，因此别名"公孙树"，有"公种而孙得食"的含义，是树中的老寿星。银杏树具有观赏、经济、药用价值，全身是"宝"。银杏树是第四纪冰川运动后遗留下来的最古老的裸子植物，是世界上十分珍贵的树种之一，因此被视为植物界中的"活化石"。

银杏为落叶大乔木,胸径可达 4 米,幼树树皮近平滑,浅灰色,大树的皮灰褐色,不规则纵裂,有长枝与生长缓慢的距状短枝。叶互生,在长枝上辐射状散生,在短枝上 3～5 枚成簇生状,有细长的叶柄,扇形,两面淡绿色,在宽阔的顶缘多少具缺刻或 2 裂,宽 5～8cm,具多数叉状细脉。雌雄异株,稀同株,球花单生于短枝的叶腋;雄球花成菜荑花序状,雄蕊多数,各有 2 花药;雌球花有长梗,梗端常分两叉(稀 3～5 叉),叉端生 1 具有盘状珠托的胚珠,常 1 个胚珠发育成发育种子。种子核果状,具长梗,下垂,椭圆形、长圆状倒卵形、卵圆形或近球形,长 2.5～3.5cm,直径 1.5～2cm;假种皮肉质,被白粉,成熟时淡黄色或橙黄色;种皮骨质,白色,常具 2(稀 3)纵棱;内种皮膜质。

[ 课堂互动 ]

银杏叶片多皱褶,完整呈扇形;颜色变化神奇而且美丽大方,初秋黄绿色春季绿色,深秋金黄色。可把银杏叶制作成漂亮的书签。

## (二)银杏叶有效成分

银杏叶中主要含有黄酮类化合物、萜类内酯及白果内酯等,以黄酮类化合物含量较高,约有 0.5%～1% 主要以苷的形式存在。银杏叶中黄酮类化合物既有单黄酮如山柰素、槲皮素、异鼠李素及其苷,亦有双黄酮类如银杏双黄酮(银杏素)、去甲银杏双黄酮、金松双黄酮、穗花杉双黄酮等以及儿茶素类。银杏叶黄酮的结构如图 3-7-1 所示。

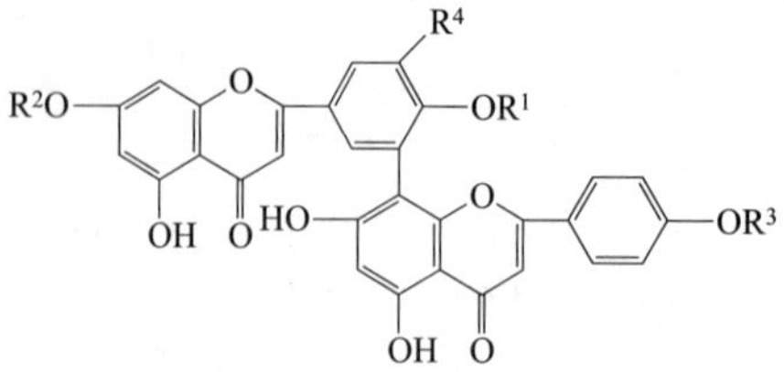

| 化合物 | $R^1$ | $R^2$ | $R^3$ | $R^4$ |
|---|---|---|---|---|
| 穗花杉双黄酮 | H | H | H | H |
| 去甲银杏双黄酮 | $CH_3$ | H | H | H |
| 银杏双黄酮 | $CH_3$ | $CH_3$ | H | H |
| 异银杏双黄酮 | $CH_3$ | $CH_3$ | $CH_3$ | H |
| 金松双黄酮 | $CH_3$ | H | H | $OCH_3$ |

图 3-7-1 银杏叶黄酮的结构

## 二、银杏叶的采收

秋季叶尚绿时采收,及时干燥。以色黄绿者为佳。

## 三、银杏叶的炮制

炮制时取原药材,除去杂质,可采取炒制、晒制等炮制方式。

**1. 炒制**

(1)采叶 制茶的叶以主干及侧枝中下部位置的叶片为佳,采摘时间以在生长期内的中午 10 时以前为宜。采回的叶子要及时加工处理,一时加工不完须注意保鲜。

(2)杀青 当杀青锅温烧至 200℃ 左右时,将 1 千克鲜叶投入锅内焖 0.5～1 分钟,然后用手或"Y"字形木杈将叶片迅速从锅底翻上来,再均匀地抖顺锅底,直至手握青叶能成团并稍有弹性时即可起锅。

(3)揉捻 叶片杀青后稍加摊晾,接着用手紧握成团,在木板上向前推滚成圈状,使叶成细条状。推滚时用力要轻,方向要一致,直至用双手握紧叶子后再放开,叶能自然松散即可。

（4）初炒　将锅加温到 170～190℃，投入揉捻过的叶子，用双手或小木板压在锅内滚炒，并几次散开使叶子受热均匀。如此反复进行，直至有手感时取出摊晾，让其回潮变软。

（5）复炒　将摊晾过的茶叶再投入锅中，用大火加热，但翻动要轻，用力要均匀，炒至叶烫手为止。

（6）包装　复炒茶叶摊晾凉后，用簸箕除碎末和杂质，即可用无毒塑料袋或铁罐等容器包装。密封后放在干燥无异味处贮存。

**2. 晒制**

把银杏叶采集来以后，用清水洗干净，再放在锅里蒸 15 分钟，然后在太阳光下晒干即可。

## 第三节　银杏叶总黄酮的提取分离

### 一、提取分离基础知识

#### （一）提取方法

在植物的花、叶、果实等组织中，黄酮类化合物一般多以苷的形式存在，而在木质部坚硬组织中，则多以游离苷元形式存在。黄酮类化合物提取溶剂的选择，主要根据被提取物的存在形式及伴存的杂质而定。常用的提取方法有以下几种：

**1. 溶剂提取法**

溶剂提取法的关键在于溶剂的选择，而黄酮的提取则依据黄酮类成分的存在状态（游离、苷）、溶解性以及溶剂的溶解性能来选择溶剂。

黄酮类苷及极性大的苷元，可选用不同浓度的甲醇、乙醇、乙酸乙酯、丙酮进行提取，一些多糖苷类也可用沸水提取。大多数苷元宜用极性较小的溶剂，如氯仿、乙醚、乙酸乙酯及高浓度乙醇等进行提取，而对多甲氧基的黄酮苷元甚至可用苯进行提取。在提取黄酮苷类成分时，应避免发生水解，可按一般苷的提取方法先破坏酶的活性。

由于黄酮类化合物在植物体内存在的部位不同，所含杂质亦不一样，对提取得到的粗提物可用溶剂萃取法进行精制处理。如植物叶或种子的醇提取液，可用石油醚处理除去叶绿素等脂溶性色素及油脂等。而某些提取物的水溶液经浓缩后加入多倍量的浓醇，沉淀除去蛋白质、多糖等水溶性杂质。有时溶剂萃取过程也可用逆流分配法连续进行。常用的溶剂系统有水-乙酸乙酯、正丁醇-石油醚等。溶剂萃取过程在除去杂质的同时，往往还可以收到分离苷和苷元或极性苷元和非极性苷元的效果。黄酮类化合物的提取溶剂选择如表 3-7-2 所示。

表 3-7-2　黄酮类化合物的提取溶剂

| 溶剂 | 提取原理 | 游离黄酮 | 黄酮苷 | 备　注 |
|---|---|---|---|---|
| 乙醇 | 溶解范围广 | ＋ | ＋ | |
| 甲醇 | 苷、苷元均可溶 | 90％～95％ | 60％ | 甲醇毒性大 |
| 沸水 | 多糖苷易于水 | | ＋ | 水成本低、安全，水溶性杂质多 |
| 碱性乙醇 | 酚羟基的酸性 | ＋ | ＋ | 石灰水除杂质效果好 |

**2. 碱提取酸沉淀法**

利用黄酮类化合物多数具有酚羟基，显酸性而易溶于碱水，故可用碱水提取。碱水提取液加酸酸化，黄酮类化合物游离即可沉淀析出。此法应用广泛，具有经济、安全、方便等优点。适用于具有酸性而又难溶于冷水的黄酮类化合物，如芦丁、橙皮苷、黄芩苷等的提取。常用的碱水有饱和石灰水溶液、5％碳酸钠水溶液或稀氢氧化钠溶液。当药材为花、果实类时，适宜用石灰水提取，使其中含羧基的果胶、黏液质等水溶性杂质生成钙盐沉淀，更有利于黄酮类化合物的纯化处理。

用碱提取酸沉淀法提取时，应当注意所用的碱液浓度不宜过高，以免在强碱性下，尤其加热时破坏黄酮母核。在加酸酸化时，酸性也不宜过强，以免生成锌盐，致使析出的黄酮化合物又重新溶解，降低产品收率。

### （二）分离方法

#### 1. 溶剂萃取法

该法主要是利用黄酮与杂质、苷与苷元、苷元与苷元等成分之间的极性（分配系数 $K$）差异进行分离。

#### 2. pH 梯度萃取法

该法主要是利用游离黄酮类化合物的酸性差异进行分离。

#### 3. 柱色谱法

常用聚酰胺和硅胶色谱。

（1）聚酰胺柱色谱（首选法）　洗脱顺序（含水溶剂：乙醇-水等）：

① 苷元相同：叁糖苷→双糖苷→单糖苷→苷元（酚羟基比例）。

② 母核上羟基越多，洗脱越慢（酚羟基数量）。

③ 酚羟基数量相同：邻羟基的→对（间）羟基的（酚羟基的位置）。

④ 芳香核、共轭双键越多，洗脱越慢（酚羟基所处母核的共轭程度）。

⑤ 不同苷元：异黄酮→二氢黄酮醇→黄酮→黄酮醇。

母核共轭程度较后两者小，后者比前者多一个羟基。

（2）硅胶柱色谱　洗脱顺序：羟基越多，极性越大，越后洗出（不分醇羟基、酚羟基）。

#### 4. HPLC

HPLC 适用于各种黄酮类化合物的分离。

原理：反相柱色谱（黄酮类化合物极性大）。

固定相：ODS。

ODS 柱是十八烷基硅烷键合硅胶填料（octadecylsilyl，简称 ODS）。这种填料在反相色谱中发挥着极为重要的作用，它可完成高效液相色谱 $70％ \sim 80％$ 的分析任务。由于 $C_{18}$(ODS)是长链烷基键合相，有较高的碳含量和更好的疏水性，对各种类型的生物大分子有更强的适应能力，因此在生物化学分析工作中应用最为广泛。

流动相：不同比例的水-乙腈。

---

**[ 案例分析 ]**

**实例**　现在，银杏叶总黄酮的提取很少采用溶剂提取法，而采用超临界流体萃取法、微波提取法、酶提取法、超声提取法等。

**分析**　溶剂提取法虽然是国内外使用最广泛的方法，但步骤多、周期长、产率低、产品中有机溶剂易残留。因而，对银杏叶黄酮的提取方法进行了优化，采用其他方法，如微波提取法能对萃取体系中的不同组分进行选择性加热，受溶剂亲和力的限制较小，可供选择的溶剂较多及热效率较高，升温快速均匀，大大缩短了提取时间，提高了萃取效率。

## 二、银杏中总黄酮的提取工艺流程

### （一）醇提法

**1. 70％乙醇提取**

工艺如图 3-7-2 所示。

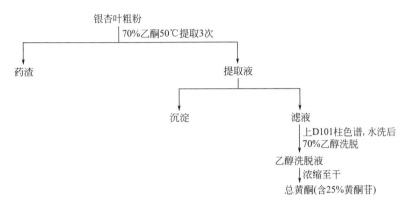

图 3-7-2　银杏中总黄酮的 70％乙醇提取工艺流程

70％的乙醇提取银杏叶粗粉，使黄酮类化合物溶于醇液。提取液浓缩后加水，可沉淀水不溶性杂质，滤液上大孔吸附树脂，除去水溶性杂质。

**2. 95％乙醇提取**

工艺如图 3-7-3 所示。

### （二）丙酮提取法

工艺如图 3-7-4 所示。

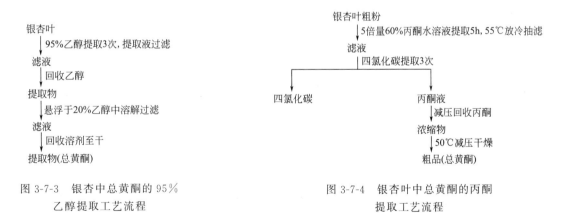

图 3-7-3　银杏中总黄酮的 95％
乙醇提取工艺流程

图 3-7-4　银杏叶中总黄酮的丙酮
提取工艺流程

## 第四节　银杏总黄酮的成型与鉴别

## 一、银杏总黄酮的成型

银杏叶经初步提取，得到提取液后，可采用溶剂萃取法、醋酸铅沉淀法、酸碱处理法、大孔树脂吸附法、离子交换树脂吸附法、聚酰胺吸附法等方法进一步分离纯化，得到总黄酮提取物。具体可采取以下几种方法：

### （一）溶剂萃取法

利用黄酮化合物和杂质极性的不同，选用不同的溶剂进行萃取可去除杂质。例如，中药材的热水提取液或稀乙醇提取液，用石油醚提取可除去叶绿素、胡萝卜素、蜡和油脂等脂溶性物质。

### （二）醋酸铅沉淀法

含有酚羟基的黄酮化合物可与1‰醋酸铅或碱式醋酸铅反应生成黄-红色的沉淀，此特性可将黄酮化合物从水溶液中分离出来。

### （三）酸碱处理法

多数含酚羟基的黄酮苷元或一些黄酮苷在水中的溶解度低，可用碱水提取，碱水提取液加酸可使黄酮从水溶液中析出。

### （四）大孔吸附树脂法

含黄酮的水溶液通过大孔吸附树脂柱时，黄酮化合物被吸附在树脂上，而其他水溶性杂质可随水从大孔吸附树脂柱中流出或洗脱，然后再用乙醇从大孔吸附树脂上把黄酮类化合物洗脱下来，减压回收乙醇可得到黄酮化合物。

### （五）离子交换树脂法

含黄酮的水溶液通过离子交换树脂柱时，黄酮化合物被吸附在离子交换树脂上，而其他水溶性杂质可随水从离子交换柱中流出或从离子交换柱上洗脱，然后再用乙醇从离子交换树脂上把黄酮类化合物洗脱下来，减压回收乙醇可得到黄酮化合物。

此外，离子交换树脂还可以用来精制黄酮化合物与金属离子形成的盐类络合物，如芦丁与三氯化铝形成络合物后上阳离子交换树脂柱，用水洗除杂质后，再以乙醇洗脱黄酮化合物。用铅盐法精制、分离黄酮苷类化合物时，也可以用阳离子交换树脂柱进行脱铅处理。

### （六）聚酰胺吸附法

黄酮化合物的水提液或稀醇提取液通过聚酰胺柱，黄酮化合物被聚酰胺吸附，先用水将水溶性杂质洗除后用不同浓度的乙醇洗脱，得到黄酮类化合物。

通过以上方法中的任意一种，再经过浓缩、干燥即可得到精制的银杏黄酮。

## 二、银杏总黄酮的鉴别

### （一）显色反应

见第一节三（四）

由于银杏叶提取物所含黄酮种类在30种以上，主要的黄酮类化合物有芦丁、槲皮素、山柰酚和异鼠李素等。因此，可选用盐酸-镁粉（或锌粉）反应以及三氯化铁反应作为定性检测。

### （二）色谱鉴定

色谱法特别是薄层色谱法是目前分离和鉴定黄酮类化合物的常用方法。将试样与对照品在同一条件下展开，然后观察二者斑点的位置和颜色是否一致，即可确定试样的真伪。

**1. 薄层色谱鉴定**

（1）硅胶薄层色谱　用于分离检识弱极性黄酮类化合物较好。分离检识黄酮苷元常用的展开剂有甲苯-甲酸甲酯-甲酸（5∶4∶1），也可根据待分离检识的成分极性大小，适当地调整甲苯和甲酸的比例。此外，还有苯-甲醇（95∶5）、苯-甲醇-乙酸（35∶5∶5）、氯仿-甲醇（8.5∶1.5）等。

（2）聚酰胺薄层色谱　适应范围较广，特别适合分离检识含游离酚羟基的黄酮及其苷类。由于聚酰胺对黄酮类化合物吸附能力较强，因而展开剂需要较强的极性。在大多数展开剂中含有醇、酸或水。鉴定苷元常用的展开剂有氯仿-甲醇（94∶6）、氯仿-甲醇-丁酮（12∶2∶1）、苯-甲醇-丁酮（4∶3∶3）等。鉴定黄酮苷类需要极性更强的展开剂，常用的展开剂有甲醇-水（1∶1）、丙酮-水（1∶1）、丙酮-95％乙醇-水（2∶1∶2）、水饱和的正丁醇-乙酸（100∶1）等。

**2. 纸色谱法鉴定**

纸色谱适合于分离检识各种天然的黄酮类化合物及其苷类的混合物。黄酮类化合一般宜用极性相对较小的"醇性"溶剂展开，如正丁醇-冰醋酸-水（4∶1∶5），取上层溶液为展开剂；检识黄酮苷类宜用极性相对较大的"水性"展开剂，如含盐酸或乙酸的水溶液等。苷和苷元混合物的分离和检识常采用双向纸色谱法，第一相通常用"醇性"展开剂展开，第二相用极性大的"水性"展开剂展开。

黄酮类化合物大多具有颜色，并在紫外光下出现不同荧光或有色斑点，氨蒸气处理后常产生明显的颜色变化，可用于斑点位置的确定。此外，亦可用2％三氯化铝甲醇液、10％碳酸钠水溶液等显色剂。此法同样也适用于黄酮类化合物的薄层色谱。

银杏黄酮的色谱检测可以芦丁作为标品，利用以上任一种方法进行检测。

---

### ☞ [学习小结]

**【学习内容】**

1. 结构：黄酮类化合物是由两个苯环（A 环与 B 环）通过三碳链相互连接成的具有 $C_6$-$C_3$-$C_6$ 基本骨架的一系列化合物

2. 类型：黄酮、黄酮醇、二氢黄酮、二氢黄酮醇、异黄酮、二氢异黄酮、查耳酮。

3. 黄酮的理化性质包括：性状、溶解性、光学活性等。

4. 银杏黄酮的提取分离。

5. 银杏黄酮的检识反应。

**【学习重点】**

通过理论学习和实际操作达到能灵活运用掌握的知识分析提取分离工艺流程的原理。具有用化学方法鉴别黄酮类化合物的能力，能设计简单的提取分离流程。

---

 **[知识检测]**

**一、判断题**

1. 多数黄酮苷元具有旋光性，而黄酮苷则无。（　　　）

2. 区别黄酮和黄酮醇可用四氢硼钠反应。（　　　）

3. 顾名思义，黄酮类化合物都是黄色的并具有酮基。（　　　）

4. 一般常用聚酰胺色谱来分离黄酮类化合物。（　　　）

**二、填空题**

1. 黄酮类化合物是指含有_____骨架的一类成分。

2. 黄酮类化合物因其结构的不同而在水中的溶解度不同。其中_____和_____等系非平面性分子，水中溶解度较大；_____和_____等系平面性分子，在水中溶解度较小；_____虽也具有平面性结构，但因以离子形式存在，亲水性最强，水溶解度最大。

3. 对黄酮醇类化合物和二氢黄酮醇类化合物来说，可用_____显色反应进行区分。

### 三、单项选择题

1. 聚酰胺对黄酮类化合物发生最强吸附作用时，应在（　　）中。
A. 甲酰胺　　　　　B. 水　　　　　　　C. 95％乙醇　　　　D. 酸水

2. 盐酸-镁粉反应为阳性的是（　　）。
A. 黄酮醇　　　　　B. 异黄酮　　　　　C. 查耳酮　　　　　D. 橙酮

3. 四氢硼钠反应为阳性的是（　　）。
A. 黄酮醇　　　　　B. 异黄酮　　　　　C. 二氢黄酮　　　　D. 橙酮

### 四、多项选择题

1. 黄酮类化合物的分类主要依据其母核（　　）。
A. 三碳链是否成环　　　　　　　B. 三碳链的氧化程度
C. B环的连接位置　　　　　　　D. 是否连接糖链

2. 具有旋光性的游离黄酮有（　　）。
A. 黄酮　　　　　　B. 异黄酮　　　　　C. 黄烷醇　　　　　D. 二氢黄酮

3. 中药槐米的主要有效成分为（　　）。
A. 芦丁　　　　　　　　　　　　B. 可用水进行重结晶
C. 可用碱溶酸沉法提取　　　　　D. 能发生 Molish 反应

4. 分离黄酮类化合物常用的方法有（　　）。
A. 水蒸气蒸馏法　B. 聚酰胺色谱法　　C. 硅胶色谱法　　　D. 葡聚糖凝胶色谱法

### 五、问答题

1. 请简述黄酮的理化性质。

2. 梯度 pH 萃取法适合于酸性强弱不同的黄酮苷元的分离，黄酮苷元混合成分进行萃取分离时，分别用哪几种碱性溶液萃取？并且这几种萃取液又能分别得到什么样的羟基取代黄酮？

## 实训六　葛根粉中总黄酮的提取

### 一、实训目的

1. 熟悉超声波提取葛根粉中总黄酮的操作。
2. 熟悉可见分光光度法测定总黄酮的方法。

### 二、主要仪器和试剂

1. 主要仪器

紫外-可见分光光度计、超声波发生器、电子天平。

2. 主要试剂

（1）芦丁标准溶液　精确称取 10mg 于 120℃烘干至恒重的芦丁标样，以无水甲醇溶液超声溶解并定容至 50mL 摇匀，即得浓度为 0.2mg/mL 芦丁标准液。

（2）硝酸铝溶液（100g/L）　称取 10g 硝酸铝，加水溶解并稀释至 100mL。

（3）乙酸钾溶液（98.1g/L）　称取 9.81g 乙酸钾，加水溶解并稀释至 100mL。

### 三、实训原理

试样经超声波用无水甲醇提取其中的总黄酮，利用可见分光光度法测定葛根粉中黄酮的含量。

#### 四、操作步骤

##### 1. 样品中总黄酮的提取

准确称取 2.0g（精确到 0.1mg）葛根粉于 150mL 锥形瓶中，加入无水甲醇 40mL，在 60℃超声提取 1h，抽滤，收集滤液于 100mL 容量瓶中，滤渣重新置于原锥形瓶内再加入甲醇 40mL，在 60℃超声提取 1h，抽滤，合并滤液，无水甲醇定容，摇匀。

##### 2. 可见分光光度法测定

（1）准确吸取芦丁标准液 0.00mL、0.50mL、1.00mL、1.50mL、2.00mL、3.00mL 于 25mL 容量瓶内，加无水甲醇至 6mL，分别加入硝酸铝溶液（100g/L）1 mL、乙酸钾溶液（98.1g/L）1 mL，用无水甲醇定容，摇匀，静置 30min。

（2）吸取样品提取液 1.0mL 于 25mL 容量瓶内，加无水甲醇至 6mL，分别加入硝酸铝溶液（100g/L）1 mL、乙酸钾溶液（98.1g/L）1mL，用无水甲醇定容，摇匀，静置 30min。

（3）在 $\lambda=420$nm 处测定吸光度，计算样品测定液中总黄酮含量。

#### 五、数据处理

$$X = \frac{c}{m \times d \times 1000} \times 100$$

式中　$X$——试样中总黄酮的含量，g/100g；

　　$c$——由标准系列测出样品测定液中芦丁的质量，mg；

　　$m$——试样质量，g；

　　$d$——稀释倍数。

#### 六、实训报告

填写实训报告单。

**实训报告单**

| 实训名称 | | |
|---|---|---|
| 设备器材 | 玻璃器皿 | |
| | 仪器设备 | |
| 溶剂与试剂 | 溶剂 | |
| | 试剂 | |
| 操作步骤 | | |
| 质量检验 | 检验方法 | |
| | 检验记录 | |
| 讨论与总结 | | |
| 文明操作 | 环境卫生 | |
| | 仪器使用 | |
| 学习能力 | 教师评价 | |

# 第八章

# 萜类药物的提取

【学习目标】

1. 知识目标

(1) 掌握萜类化合物常用的提取分离方法。

(2) 了解萜类化合物的理化性质与结构特点。

2. 技能目标

(1) 能利用萜类化合物的理化性质特点，对青蒿素进行提取分离。

(2) 能鉴别青蒿素。

## 第一节 萜类药物基础知识

### 一、概述

萜类化合物（terpenoids）广泛存在于自然界，是许多植物香精油的主要成分，如柠檬油、松节油、薄荷油及樟脑油等。几乎所有的植物中都含有萜类化合物，在动物和真菌中也含有萜类化合物。它们是易挥发、具有香气的油状物质，多不溶于水。萜类化合物有一定的生理及药理活性，如祛痰、止咳、驱风、发汗、驱虫或镇痛等作用，广泛用于香料和医药工业。

萜类化合物（terpenoids）从结构上讲是指具有$(C_5H_8)_n$通式以及其含氧和不同饱和程度的衍生物，可以看成是由异戊二烯或异戊烷以各种方式连接而成的一类天然化合物。

萜类化合物多数具有不饱和键，其烯烃类常称为萜烯，开链萜烯的分子组成符合通式$(C_5H_8)_n$，随着分子中碳环数目的增加，其氢原子数的比例相应减少。萜类化合物除以萜烯的形式存在外，多数是以各种含氧衍生物（如醇、醛、酮、羧酸、酯类以及苷等）的形式存在于自然界，也有少数是以含氧、硫的衍生物形式存在。

（一）萜类的分类

一般根据其构成分子碳架的异戊二烯数目和碳环数目进行分类，见表 3-8-1。将含有一个异戊二烯单位的萜类称为半萜；含有 2 个异戊二烯单位的称为单萜；含有 3 个异戊二烯单位的称为倍半萜；含有 4 个异戊二烯单位的称为二萜。其余以此类推。同时再根据各萜类化合物中碳环的有无和数目多少，进一步分为开链萜（或无环萜）、单环萜、双环萜、三环萜等。

表 3-8-1　萜类化合物的分类与分布

| 分类名称 | 碳原子数 | 通式$(C_5H_8)_n$ | 分布情况 |
|---|---|---|---|
| 半萜 | 5 | $n=1$ | 植物叶 |
| 单萜 | 10 | $n=2$ | 挥发油 |
| 倍半萜 | 15 | $n=3$ | 挥发油 |
| 二萜 | 20 | $n=4$ | 树脂、苦味质、植物醇 |
| 二倍半萜 | 25 | $n=5$ | 海绵、植物病菌、昆虫代谢物 |
| 三萜 | 30 | $n=6$ | 皂苷、树脂、植物乳汁 |
| 四萜 | 40 | $n=8$ | 植物胡萝卜素 |
| 多萜 | $7.5\times10^3 \sim 3\times10^5$ | $n>8$ | 橡胶 |

## (二) 萜类的结构

见表 3-8-2。

表 3-8-2　萜类化合物的结构类型及其来源

| 结构类型 | 活性成分 | 主要来源 | 作用与用途 |
|---|---|---|---|
| 链状单萜 | 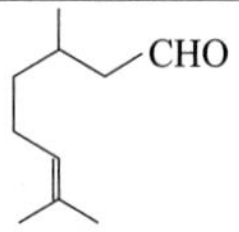 柠檬醛 | 存在于柠檬草油和香茅油等植物挥发油中 | 具有止腹痛作用 |
| 单环单萜 | 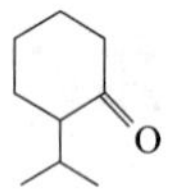 胡椒酮 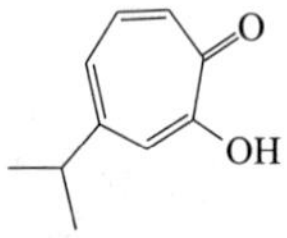<br>扁柏素 | 存在于胡椒、芸香草等植物挥发油中,存在于台湾产扁柏及罗汉柏心材中 | 具有松弛平滑肌作用,是治疗支气管哮喘的有效成分。具有卓酚酮结构,多具有抗菌活性胶 |
| 双环单萜 | 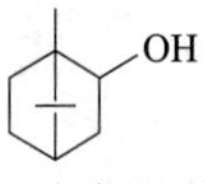 D-龙脑 | 存在于龙脑香树的挥发油及其他多种挥发油中 | 俗称冰片,有发汗、兴奋、解痉、驱虫、抗缺氧作用 |
| 链状倍半萜 | 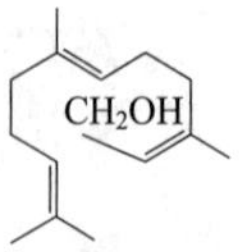 麝子油醇 | 存在于金合欢花、玫瑰花、香茅油等挥发油中 | 可作为高级香料的原料 |
| 环状倍半萜 | 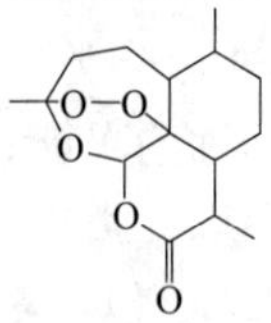 青蒿素 | 存在于菊科植物黄花蒿的干燥地上部分 | 具有预防治疗疟疾作用 |

续表

| 结构类型 | 活性成分 | 主要来源 | 作用与用途 |
|---|---|---|---|
| 萜类 | 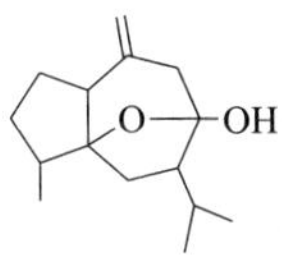 莪术醇 | 存在于姜科植物莪术干燥根茎的挥发油中 | 具有抗癌活性 |
| 链状二萜 | 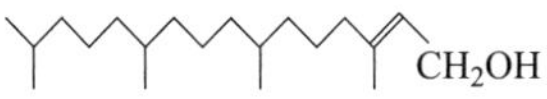 植物醇 | 是叶绿素的组成部分 | 曾作为合成维生素 K 和维生素 E 的原料 |
| 环状二萜 | 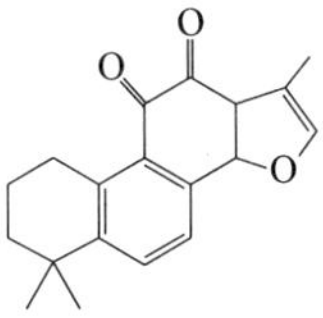 丹参酮ⅡA | 存在于唇形科植物丹参的干燥根及根茎中 | 具有活血化瘀作用，是治疗心绞痛的复方丹参片的有效成分 |
| | 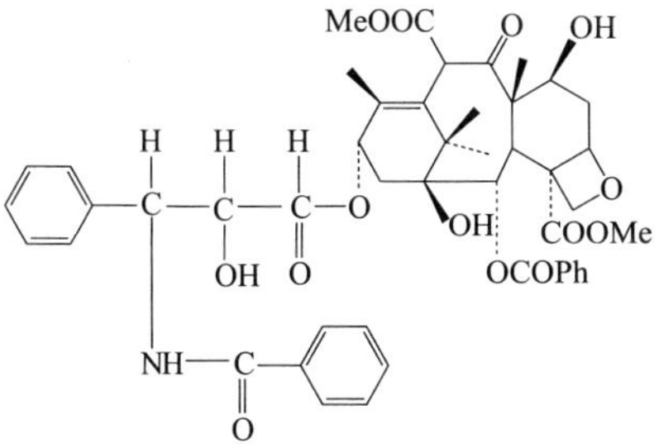 紫杉醇 | 存在于太平洋红豆杉的树皮中 | 用于治疗卵巢癌、乳腺癌和肺癌 |

---

[ **知识链接** ]

　　1963 年美国化学家瓦尼（M. C. Wani）和沃尔（Monre E. Wall）首次从一种生长在美国西部大森林中的太平洋红豆杉（Pacific Yew）树皮和木材中分离到了紫杉醇的粗提物。在筛选实验中，Wani 和 Wall 发现紫杉醇粗提物对离体培养的鼠肿瘤细胞有很高活性，并开始分离这种活性成分。由于该活性成分在植物中含量极低，直到 1971 年，他们才同杜克（Duke）大学的化学教授姆克法尔（Andre T. McPhail）合作，通过 X 射线分析确定了该活性成分的化学结构——一种四环二萜化合物，并把它命名为紫杉醇（taxol）。

## 二、性质

### （一）性状

低相对分子质量的单萜、倍半萜多为具有特殊香气的油状液体，具有挥发性，有较高的折射率，是挥发油的重要组成部分。相对分子质量较大的萜类化合物多为结晶性固体，不具有挥发性。多数萜类化合物因含有不对称碳原子而具有旋光性，且多有异构体存在。此类化合物多具有苦味，有的味极苦，所以萜类化合物又称苦味素。

### （二）溶解性

多数萜类化合物属于亲脂性成分，难溶于水，易溶于亲脂性有机溶剂和乙醇。在水中的溶解度随着分子中含氧官能团的极性增大、数量增多而增大，若与糖结合成苷则能溶于热水，易溶于乙醇，难溶或不溶于亲脂性有机溶剂。环烯醚萜苷类易溶于水和甲醇，可溶于乙醇，难溶于亲脂性有机溶剂。

### （三）水解性

具有内酯结构的萜类化合物，遇热的碱水因酯键水解而溶于其中，放冷酸化后，溶解度降低，可利用这一性质与其他萜类化合物相互分离。环烯醚萜苷类易发生水解，生成的苷元为半缩醛结构，性质活泼，容易进一步发生聚合反应，生成棕黑色树脂状沉淀。中药玄参、地黄等加工炮制后变黑，就是由于这一性质导致的。游离的苷元遇氨基酸并加热，即可变成深红色至蓝色直至生成蓝色沉淀，这也是为什么此类成分可以使皮肤染成蓝色的缘故。

### （四）化学反应

#### 1. 加成反应

具有双键和羰基的萜类化合物，可与卤素、卤化氢、亚硫酸氢钠和吉拉德（Girard）试剂发生加成反应，产物往往是结晶性的。借此可进行萜类化合物的识别、分离和纯化。

柠檬烯　　　　　　　　　柠檬烯二氢氯化物

#### 2. 氧化反应

常用的氧化剂有臭氧、铬酐（二氧化铬）、四乙酸铅、高锰酸钾和二氧化硒等，其中应用最广的是臭氧。氧化剂作用于萜类成分的各种基团，生成不同的产物。该反应既可用于测定分子中双键的位置，又可用于萜类化合物的醛酮的合成。

#### 3. 脱氢反应

环状萜的碳架在惰性气体的保护下，用铂黑或钯作催化剂，与硫或硒共热（200～300℃）发生脱氢反应，转化为芳香烃类衍生物，产物可通过波谱或化学方法加以鉴定。脱氢反应在早期研究萜类化合物时具有重要价值，但此反应有时可导致环的裂解或环合。

## 三、生理活性与分布

### （一）萜类化合物的生理活性

萜类化合物种类繁多，结构复杂，性质各异，因而生理活性也是各种各样的，其分布也十分广泛。萜类化合物具有抗癌、驱虫、抗疟、抗菌消炎、抑制血小板凝集、促进肝细胞再生等作用，有些是香料工业和化妆品工业的重要原料。

## （二）分布

萜类化合物在自然界分布极其广泛，其中主要分布在植物体内，尤其是被子植物，其次是海洋生物。常见含有萜类化合物的中药有：穿心莲、地黄、吴茱萸、龙胆、薄荷、青蒿、紫杉、丹参、人参、雷公藤等。

## 第二节　青蒿的炮制

### 一、青蒿概述

青蒿为菊科植物黄花蒿或青蒿的地上部分，具有清热退蒸、清暑截疟、除湿杀虫的功效。主治阴虚潮热骨蒸、外感温热暑湿、头目昏晕、疟疾、黄疸、泻痢、疥癣、皮肤瘙痒。

#### （一）青蒿形态

一年生草本，植株有香气。有些地方也称其为牛尿蒿。主根单一，垂直，侧根少。茎单生，高30~150cm，上部多分枝，幼时绿色，有纵纹，下部稍木质化，纤细，无毛。叶两面青绿色或淡绿色，无毛；基生叶与茎下部叶三回栉齿状羽状分裂，有长叶柄，花期叶凋谢；中部叶长圆形、长圆状卵形或椭圆形，长5~15cm，宽2~5.5cm，二回栉齿状羽状分裂，第一回全裂，每侧有裂片4~6枚，裂片长圆形，基部楔形，每裂片具多枚长三角形的栉齿或为细小、略呈线状披针形的小裂片，先端锐尖，两侧常有1~3枚小裂齿或无裂齿，中轴与裂片羽轴常有小锯齿，叶柄长0.5~1cm，基部有小形半抱茎的假托叶；上部叶与苞片叶至二回栉齿状羽状分裂，无柄。头状花序半球形或近半球形，直径3.5~4mm，具短梗，下垂，基部有线形的小苞叶，在分枝上排成穗状花序式的总状花序，并在茎上组成中等开展的圆锥花序；总苞片3~4层，外层总苞片狭小，长卵形或卵状披针形，背面绿色，无毛，有细小白点，边缘宽膜质，叶互生，暗绿色或棕绿色，卷缩，碎，中层总苞片稍大，宽卵形或长卵形，边宽膜质，内层总苞片半膜质或膜质，顶端圆；花序托球形；花淡黄色；雌花10~20朵，花冠狭管状，檐部具2裂齿，花柱伸出花冠管外，先端2叉，叉端尖；两性花30~40朵，孕育或中间若干朵不孕育，花冠管状，花药线形，上端附属物尖，长三角形，基部圆钝，花柱与花冠等长或略长于花冠，顶端2叉，叉端截形，有睫毛。瘦果长圆形至椭圆形。花果期6~9月。

#### （二）青蒿素的来源

**1. 黄花蒿植物中提取青蒿素**

青蒿素主要是从黄花蒿中直接提取得到；或提取青蒿中含量较高的青蒿酸，然后半合成得到。但目前青蒿素及其衍生物的生产仍主要依赖天然资源，除黄花蒿外，尚未发现含有青蒿素的其他天然植物。所以，通过黄花蒿提取青蒿素的各种方法，也就成为青蒿素制备研究的热点问题。

黄花蒿虽然系世界广布品种，但青蒿素含量随产地不同差异极大。据迄今的研究结果，除中国重庆东部、福建、广西、海南部分地区外，世界绝大多数地区生产的青蒿中的青蒿素含量都很低，无利用价值。据国家有关部门调查，在全球范围内，目前只有中国重庆酉阳地区武陵山脉生长的青蒿才具有工业提炼价值。酉阳是世界上最主要的青蒿生产基地，其青蒿生产种植技术已通过了国家GAP认证，享有"世界青蒿之乡"的美誉，全球有80%的原料青蒿产自酉阳。对这种独有的药物资源，国家有关部委从20世纪80年代开始就明文规定对青蒿素的原植物（青蒿）、种子、干鲜全草及青蒿素原料药一律禁止出口。

**2. 青蒿素的其他来源**

除了从黄花蒿植物中可提取青蒿素外，还可以 R（＋）-香草醛为原料，经十几步化学反应合成青蒿素；也可通过生物合成与组织培养的方法获得青蒿素。当然，青蒿组织培养的研究工作主要集中在利用生物技术的手段来进行组织培养物的改进和青蒿素含量的筛选和建立，对于利用反应器培养组织来进行青蒿素的研究工作仍处于起步阶段。

（三）青蒿的采收时期

青蒿气香特异，味微苦。以色绿，叶多，香气浓者为佳。夏末花蕾期 7 月下旬至 8 月中旬割取地上部分采收。除去老茎，阴干。

[课堂互动]

市场上有青蒿、黄花蒿、牡蒿、茵陈蒿和小花蒿等五种蒿草，但有些蒿草是不含青蒿素的。请仔细辨别哪些蒿草含青蒿素。

## 二、青蒿的炮制

**1. 净制**

除去杂质，摘去粗枝。

**2. 切制**

喷淋清水，稍润，2 分长切段，晒干。

**3. 炮炙**

（1）鳖血制

① 取青蒿段，置大盆内，淋入用温水少许稀释的鳖血，拌匀，稍闷，置锅内用文火微炒，取出，放凉即得。每青蒿段 100kg，用活鳖 200 个取血。

② 鳖血拌青蒿；取青蒿净片用鳖血 13％，黄酒 25％，拌匀，使之吸尽，干燥。

（2）炒制　取青蒿段用微火炒至微黄色，或褐黄色微焦为度。

（3）醋制　取生片，放火锅内用武火炒，再加醋 10％边炒边洒，炒至黄褐色时，取出晾冷，筛净灰屑，即可入药。

## 第三节　青蒿素的提取分离

## 一、提取基础知识

（一）提取方法

萜类化合物虽都是由活性异戊二烯基衍生而来的，但种类繁多、骨架庞杂、结构包容极广，因此提取分离的方法也因其结构类型的不同而呈现多样化。

**1. 溶剂提取法**

萜类化合物中环烯醚萜以苷的形式较多见，亲水性较强，故多用甲醇或乙醇为溶剂进行提取。非苷形式的萜类化合物具有较强的亲脂性，可溶于甲醇、乙醇中，易溶于乙酸乙酯、氯仿、苯、乙醚等亲脂性有机溶剂中。这类化合物一般用有机溶剂进行加热回流提取，或先用甲醇或乙醇提取后再用石油醚、氯仿或乙酸乙酯等亲脂性有机溶剂萃取；也可用不同极性的有机溶剂按极性递增的方法直接依次提取，得到不同极性的萜类提取物，再进行分离。

二萜类易聚合而树脂化，所以宜选用新鲜药材或迅速晾干的药材，尽可能避免酸、碱的处理。提取苷类成分时应按照常规事先破坏酶的活性。

（1）苷类化合物的提取　用甲醇或乙醇为溶剂进行提取，经减压浓缩后转溶于水中，滤除水不溶性杂质，继用乙醚或石油醚萃取，除去残留的树脂类等脂溶性杂质，水液再用正丁醇萃取，减压回收正丁醇后即得粗总苷。

（2）非苷类化合物的提取　用甲醇或乙醇为溶剂进行提取，减压回收醇液至无醇味，残留液再用乙酸乙酯萃取，回收溶剂得总萜类提取物；或用不同极性的有机溶剂按极性递增的方法依次分别萃取，得不同极性的萜类提取物，再进行分离。

**2. 碱提取酸沉淀法**

利用药材中倍半萜内酯类化合物在热碱液中开环成盐而溶于水中，酸化后又闭合而析出原化合物的特性来提取，但这类化合物在酸碱处理时容易发生结构重排，应该加以注意。

**3. 吸附法**

（1）活性炭吸附法　苷类的水提取液用活性炭吸附，经水洗除去水溶性杂质后，再选用适当的有机溶剂如烯醇、醇依次洗脱，回收溶剂，可以得到纯品，如桃叶珊瑚苷的分离。

（2）大孔树脂吸附法　将含苷的水溶液通过大孔树脂吸附，同样用水、烯醇、醇依次洗脱，然后再分别处理，也可得纯的苷类化合物。如甜叶菊苷的提取与分离。

**（二）分离方法**

（1）柱色谱分离　常用的吸附剂有硅胶、氧化铝（中性氧化铝）。亦可采用硝酸银柱色谱进行分离。

（2）利用结构中的特殊功能团进行分离　倍半萜内酯可在碱性条件下开环，加酸后又环合，借此可与非内酯类化合分离；萜类生物碱也可用酸碱法分离。不饱和双键、羰基等可用加成的方法制备衍生物加以分离。

此外还有结晶法分离。

## 二、青蒿素的物理性质

青蒿素（artemisinin）是从黄花蒿（*Artemisia annua* L.）及其变种大头黄花蒿中提取的一种倍半萜内酯过氧化物。其化学结构如图 3-8-1 所示。

图 3-8-1　青蒿素的结构

青蒿素为无色针状晶体，味苦，熔点为 $156 \sim 157℃$，密度为 $1.30 \mathrm{g/cm^3}$，比旋度为（＋）$75° \sim$（＋）$78°$。在氯仿、丙酮、乙酸乙酯、苯或冰醋酸中易溶，可溶于乙醇、乙醚，微溶于冷石油醚，几乎不溶于水。因其具有特殊的过氧基团，对热不稳定，易受热、湿和还原性物质的影响而分解。

---

**［案例分析］**

**实例**　实际生产中，青蒿素的提取率一般都较低。

**分析**　生产上，一般从植物黄花蒿中提取青蒿素，而青蒿素的提取率都较低。原因有三：一是青蒿素在黄花蒿中的含量不高，而且黄花蒿的自然资源不甚丰富；二是青蒿素是细胞内产物，提取时青蒿素从细胞内释放，扩散进入提取介质比较慢，影响了提取率，增加了操作成本；三是青蒿素对热不稳定，受热易分解。因此，为避免以上情况，常采用大孔吸附树脂提取青蒿素。

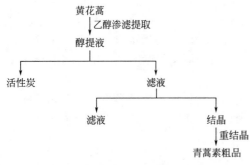

图 3-8-2　青蒿素提取分离工艺

## 三、青蒿素提取分离工艺

常采用乙醇提取法提取黄花蒿中的青蒿素，以活性炭脱色，有机溶剂进行重结晶纯化。其工艺流程如图 3-8-2 所示。

还可用乙醚、石油醚、正己烷及溶剂汽油等提取青蒿素，然后用含水乙醇等进行结晶精制，获得青蒿素产品。

### 1. 工艺一

工艺流程如图 3-8-3 所示。

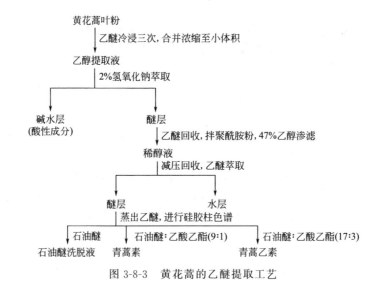

图 3-8-3　黄花蒿的乙醚提取工艺

### 2. 工艺二

用超临界 $CO_2$ 萃取青蒿素，无毒、无污染、可循环使用、工艺简单、时间短，青蒿素几乎不发生热裂解等化学变化，萃取物中蜡状杂质物含量低，产品质量好，有很好的工业应用前景。

（1）工艺流程　如图 3-8-4 所示。

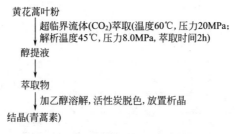

图 3-8-4　黄花蒿的超临界流体萃取工艺

（2）主要步骤

① 萃取　将干燥青蒿粉碎为 60 目左右的颗粒，然后置于萃取罐中，密闭后从钢瓶中放出 $CO_2$，经净化器净化后进行液化，然后由高压泵泵入萃取罐。控制压力为 $20 \sim 30 MPa$，在 $35 \sim 50 ℃$ 循环提取，提取时间为 $2 \sim 3 h$，$CO_2$ 流量为青蒿质量的 $15 \sim 30$ 倍$/h$。

② 分离萃取完成后，将溶有青蒿素的液体从萃取罐泵入分离系统。其条件为：第一级分离压力 12～13MPa，温度 40～45℃；第二级分离压力 5～5.5MPa，温度 40～45℃；$CO_2$ 流量为青蒿质量的 15～30 倍/小时。减压后 $CO_2$ 气化并与青蒿素提取物分离，从分离器底部放出青蒿素油状提取物。

③ 纯化　将硅胶烘干后装入色谱柱，控制色谱柱直径与硅胶柱高度的比例大于等于 1：5。硅胶吸附青蒿素容量约为 20mg/mL 硅胶，称取定量的青蒿素粗提物，用少量洗脱剂溶解，加到吸附柱上方，然后泵入洗脱剂进行洗脱。洗脱剂为正己烷-乙醚混合液，其体积比为 80：20，洗脱流速为 0.5～1.5 倍树脂体积/小时。收集含有青蒿素的洗脱液，回收正己烷及乙醚后获得青蒿素粗品。

④ 结晶　将其溶解于 50％乙醇中，自然冷却，有大量白色晶体析出。然后过滤，收集滤液并用 50％乙醇反复洗涤晶体后，置于 60℃真空烘箱中进行真空干燥，获得白色青蒿素结晶。

⑤ 再生　将洗脱青蒿素的硅胶柱用 2 倍床体积的甲醇洗脱浸泡 30min，再以 3 倍硅胶柱体积的甲醇以 2～3 倍硅胶柱体积/h 的流速洗脱，获得再生硅胶，可重复使用。

## 第四节　青蒿素的成型与鉴别

### 一、青蒿素的成型

通过分离纯化的青蒿素粗品用一定浓度乙醇反复洗涤之后，置于 60～80℃真空烘箱中进行真空干燥，获得白色青蒿素结晶。

### 二、青蒿素的鉴别

#### （一）显色反应

**1. 异羟肟酸铁反应**

取本品 10mg 溶于 1mL 甲醇中，加入 7％盐酸羟胺甲醇溶液 4～5 滴，在水浴上加热至沸，冷却后加稀盐酸调至酸性，然后加入 1％三氯化铁溶液 1～2 滴，溶液即呈紫色。

**2. 2,4-二硝基苯肼反应**

取本品 10mg 溶于 1mL 三氯甲烷中，将三氯甲烷溶液滴于滤纸片上，以 2,4-二硝基苯肼试液喷洒，在 80℃烘箱中烘 10min，则斑点呈黄色。

**3. 碱性间二硝基苯反应**

取本品 10mg 溶于 2mL 乙醇中，加入 2％间二硝基苯的乙醇液和饱和氢氧化钠各数滴，水浴微热，溶液呈紫红色。

#### （二）薄层色谱检识

吸附剂：硅胶 G 或硅胶 G-CMC-Na 板。

样品：青蒿素样品乙醇液，青蒿素对照品乙醇液。

展开剂：石油醚-乙酸乙酯（8：2）或苯-乙醚（4：1）。

显色剂：1％香草醛-浓硫酸溶液（青蒿素呈鲜黄色斑点继变成蓝色）。

[学习小结]

**【学习内容】**

1. 结构　萜类化合物指具有$(C_5H_8)_n$通式以及其含氧和不同饱和程度的衍生物，可以看成是由异戊二烯或异戊烷以各种方式连接而成的一类天然化合物。其结构多，数量大，生物活性广泛。萜类化合物多数具有不饱和键，其烯烃类常称为萜烯，开链萜烯的分子组成符合通式$(C_5H_8)_n$，随着分子中碳环数目的增加，其氢原子数的比例相应减少。萜类化合物除以萜烃的形式存在外，多数是以各种含氧衍生物（如醇、醛、酮、羧酸、酯类以及苷等）的形式存在于自然界，也有少数是以含氮、硫的衍生物存在。

2. 类型　一般根据其构成分子碳架的异戊二烯数目和碳环数目进行分类。将含有一个异戊二烯单位的萜类称为半萜；含有 2 个异戊二烯单位的称为单萜；含有 3 个异戊二烯单位的称为倍半萜；含有 4 个异戊二烯单位的称为二萜。其余以此类推。同时再根据各萜类化合物中碳环的有无和数目多少，进一步分为开链萜（或无环萜）、单环萜、双环萜、三环萜等。

3. 萜类的理化性质包括：性状、溶解性、化学反应等。

4. 青蒿素的炮制、提取与分离。

5. 青蒿素的检识反应。

**【学习重点】**

通过理论学习和实际操作达到能灵活运用掌握的知识分析提取分离工艺流程的原理。具有用化学方法鉴别萜类化合物的能力，能设计简单的提取分离流程。

---

[知识检测]

**一、填空题**

1. 经验的异戊二烯法则认为，自然界存在的萜类化合物都是由＿＿＿＿＿＿衍生而来的。

2. 双环单萜的结构类型较多，常见的有＿＿＿＿种。以＿＿＿＿和＿＿＿＿结构最稳定，形成的衍生物最多，如樟树挥发油中的主要成分樟脑属于＿＿＿＿；松节油中的主要成分蒎烯属于＿＿＿＿衍生物。

3. 青蒿素来源于植物＿＿＿＿，其药理作用主要表现为＿＿＿＿。

**二、判断题**

1. 二萜类化合物大多数不具有挥发性。（　　）

2. 青蒿素是一种具有二萜骨架的过氧化物，是国外研制的一种高效抗疟活性物质。（　　）

3. 紫杉醇最早从太平洋红豆杉 *Taxus brevifolia* 的树皮中分离得到，1992 年底美国 FDA 批准上市。（　　）

4. 萜类成分的沸点随着相对分子质量增大、双键数目增多而升高。（　　）

**三、单项选择题**

1. 非苷萜、萜内酯及萜苷均可溶的溶剂是（　　）。

A. 苯　　　　　　　B. 乙醇　　　　　　　C. 氯仿　　　　　　　D. 水

2. 从中药中提取二萜类内酯可用的方法是（　　）。

A. 水提取醇沉淀法　　　　　　　B. 酸水加热提取加碱沉淀法

C. 碱水加热提取加酸沉淀法　　　D. 水蒸气蒸馏法

3. 色谱法分离萜类化合物，最常用的吸附剂是（　　　）。

A. 硅胶　　　　　B. 酸性氧化铝　　　C. 碱性氧化　　　　D. 葡聚糖凝胶

**四、问答题**

1. 萜类化合物分几类？分类的依据是什么？各类萜在植物体内主要以何种形式存在？

2. 青蒿素是哪类化合物？具有何生物活性？如何增强其生物活性？

# 实训七　黄花蒿中青蒿素的提取分离与鉴定

**一、实训目的**

（1）学会运用乙醇提取法提取黄花蒿中的青蒿素，以活性炭脱色、有机溶剂进行重结晶等方法对黄花蒿中青蒿素进行提取和精制；会用显色反应、色谱法进行青蒿素的检识。

（2）完成青蒿素的提取分离及鉴定指标。

**二、实训设备、仪器及药品**

黄花蒿、乙醇、三氯甲烷、石油醚、乙酸乙酯、活性炭、苯、乙醚、甲醇、盐酸羟胺、间二硝基苯、香草醛-浓硫酸溶液、三氯化铁试液、2,4-二硝基苯肼试液、盐酸、氢氧化钾。

渗滤筒、回流装置、烧杯、锥形瓶、硅胶 G-CMC 板、温度计、展开槽。

**三、实训原理**

青蒿素属于倍半萜类内酯化合物，其可溶于乙醇、丙酮和三氯甲烷等有机溶剂。本实验选择乙醇提取，利用三氯甲烷和乙酸乙酯重结晶，再利用活性炭吸附而纯化。

**四、操作流程**

（一）提取分离

将黄花蒿粉碎，筛去枝梗，称取 250g，置于烧杯中用 70％乙醇润湿放置半小时后，装于渗滤筒中，开始渗滤，流速每分钟 3～5mL，收集渗滤液为原料量的 6～8 倍，加入原料重量的 4％左右的活性炭脱色，搅拌半小时，澄清，过滤，滤液减压回收乙醇适量，放置，析晶，抽滤，得青蒿素粗品。母液浓缩至出现浑浊为止，静置，冷却，待结晶析出后，过滤，又得另一部分青蒿素粗品。合并两次所得青蒿素粗品，称重，加入 5 倍量三氯甲烷，或加入 10 倍量的乙酸乙酯溶解，过滤，回收溶剂至干，趁热加入为粗品重量 2 倍的乙醇，倾去乙醇液，放置，析晶，结晶再用少量 70％乙醇洗涤，即得青蒿素精品。

（二）青蒿素的检识

1. 显色反应

（1）异羟肟酸铁反应　取本品 10mg 溶于 1mL 甲醇中，加入 7％盐酸羟胺甲醇溶液 4～5 滴，在水浴上加热至沸，冷却后加稀盐酸调至酸性，然后加入 1％三氯化铁溶液 1～2 滴，溶液即呈紫色。

（2）2,4-二硝基苯肼反应　取本品 10mg 溶于 1mL 三氯甲烷中，将三氯甲烷溶液滴于滤纸片上，以 2,4-二硝基苯肼试液喷洒，在 80℃烘箱中烘 10min，则斑点呈黄色。

（3）碱性间二硝基苯反应　取本品 10mg 溶于 2mL 乙醇中，加入 2％间二硝基苯的乙醇液和饱和氢氧化钠各数滴，水浴微热，溶液呈紫红色。

2. 薄层色谱检识

吸附剂：硅胶 G 或硅胶 G-CMC-Na 板。

样　品：青蒿素样品乙醇液、青蒿素对照品乙醇液。

展开剂：石油醚-乙酸乙酯（8∶2）或苯-乙醚（4∶1）。

显色剂：1％香草醛-浓硫酸溶液（青蒿素呈鲜黄色斑点继变成蓝色）。

试验结果：观察斑点颜色，计算 $R_f$。

**五、操作提示**

（1）2,4-二硝基苯肼试液：取 1g 2,4-二硝基苯肼、36％盐酸 10mL 溶于 1000mL 乙醇中，即得。

（2）用本提取纯化方法只能得粗品，若需要纯品可采用硅胶柱色谱法分离。方法是：取粗品用乙醚溶解上柱，先用石油醚洗脱，再改用石油醚-乙酸乙酯（8∶2）洗脱，洗脱液浓缩，即可得较纯的青蒿素。

（3）提取操作的关键是回收乙醇的温度，水浴温度不得超过 60℃，否则青蒿素在乙醇和水中会被破坏。

**六、实训报告**

填写实训报告单。

**实训报告单**

| 实训名称 | | |
|---|---|---|
| 设备器材 | 玻璃器皿 | |
| | 仪器设备 | |
| 溶剂与试剂 | 溶剂 | |
| | 试剂 | |
| 操作步骤 | | |
| 质量检验 | 检验方法 | |
| | 检验记录 | |
| 讨论与总结 | | |
| 文明操作 | 环境卫生 | |
| | 仪器使用 | |
| 学习能力 | 教师评价 | |

# 第九章

# 挥发油药物的提取

【学习目标】

1. 知识目标

(1) 掌握挥发油的化学组成。

(2) 了解各类挥发油成分的结构特点。

2. 技能目标

(1) 会鉴别薄荷油的方法和操作技术。

(2) 会用水蒸气蒸馏法、溶剂提取法提取薄荷油的方法和操作技术。

## 第一节 挥发油药物基本知识

### 一、概述

人们出门旅行时总喜欢带一小瓶风油精，以防蚊虫叮咬、头痛头晕等。风油精中的主要药效成分是从植物中得到的挥发油（essential oil）。

挥发油又称精油，是存在于植物中的一类具有芳香气味、可随水蒸气蒸馏而又与水不相混溶的油状液体成分的总称。它不仅在医药上具有重要作用，在香料工业、食品工业以及化学工业等方面也有普遍的应用。

我国含挥发油的植物很多，主要存在于种子植物中。挥发油在植物体内的分布呈多样性，大多数以油滴状态存在。有的全株植物含有（如荆芥、紫苏）；有的分布在根（如当归）、根茎（姜）、花（丁香）、果（柑橘）、种子（豆蔻）等器官中。在植物不同的药用部位，所含挥发油的成分不同，如樟科樟属植物的树皮挥发油多含桂皮醛，叶中多含丁香酚，根与木质部主含樟脑；有的植物在同一药用部位因采集时间不同，所含挥发油也有差异，如胡荽子在果实未成熟时，其挥发油主含桂皮醛和异桂皮醛，而在成熟时，主含芳樟醇和杨梅叶烯；欧薄荷挥发油中的 L-薄荷醇随植物生长而增多，而 L-薄荷酮相对减少。

挥发油是一类重要的活性组分，具有重要的作用。如薄荷油可祛风健胃，当归油可镇痛，柴胡油可退热，土荆芥油可驱肠虫，茵陈蒿油可抗霉菌。近年来还发现某些挥发油具抑制肿瘤作用，如莪术油和鸦胆子油等。

### 二、结构

大多数植物的挥发油往往含有十几种或几十种成分，不同的挥发油所含化学成分的种类、含量及比例也不同，但往往以某种或某几种占较大比例。挥发油中的化学成分按化学结构特点可分为萜类化合物、芳香族化合物、脂肪族化合物以及它们的含氧衍生物，少数挥发油中还含有某些含硫、含氮的化合物。化学组成及实例见表 3-9-1 所示。

表 3-9-1　挥发油化学组成及实例

| 化学组成 | 代表化合物 | 来源与用途 |
|---|---|---|
| 萜类化合物(主要是单萜、倍半萜及其含氧衍生物，包括醇、酚、醚、醛、酮、酯等，是挥发油的主要组成部分，其中含氧衍生物是挥发油生物活性和香气的主要成分) | 薄荷醇 | 存在于唇形科薄荷属植物薄荷 *Mentha Haplocalyx* Briq. 的干燥地上部分，是薄荷的主要有效成分，具有祛风、局部止痛和消炎的作用 |
| 芳香族化合物(大多数为苯丙素的衍生物，多具有 $C_6$-$C_3$ 的基本碳架。在挥发油中所占的比例较大，仅次于萜类化合物) | 丁香酚 | 存在于丁香挥发油中，含量可达 $14\% \sim 21\%$，具有止痛、抗菌消炎作用 |
| 脂肪族化合物(主要是一些小分子的脂肪族化合物) | 甲基正壬酮 | 存在于三白草科植物蕺菜地上部分，具抗菌消炎、镇痛镇咳等作用 |
| 含硫、含氮化合物(少数挥发油中有含硫、含氮化合物) | $CH_2=CH-CH_2-N=C=S$<br>异硫氰酸丙烯酯 | 存在于十字花科黑芥子挥发油中，芥子苷经芥子酶水解后产生，具抗菌作用 |
| | 大蒜辣素 | 由大蒜中大蒜氨酸经酶水解后产生的物质，具抗菌、抗病作用 |

[ **知识链接** ]

精油不仅在医药上具有重要作用，在香料工业、食品工业以及化妆品工业等方面也有普遍的应用。

而精油美容让越来越多的爱美女子趋之若鹜，例如：薰衣草 SPA 精油适合所有皮肤，可平衡油脂，尤其适用于晒伤烫伤皮肤的伤口愈合，淡化疤痕及妊娠纹效果显著，熏香可净化空气、安抚情绪，泡澡可滋润肌肤等。但是，近来却有很多报道指出，精油很可能对皮肤造成严重伤害，导致很多爱美女性对精油美容充满了疑问。

其实，如果是天然的、纯净的精油，一般不会有问题，因为它的分子极小，渗透率极高，多余的精油会随着体液排出；但合成的化学"精油"须小心对待。

## 三、性质

### （一）性状

#### 1．状态

多数挥发油在常温下为无色或浅黄色油状液体，少数具有颜色，如洋甘菊显蓝色、麝香草油显红色、苦艾油显蓝绿色。某些挥发油在低温时含量高的成分可析出结晶，这种析出的结晶称为"脑"，如薄荷脑等。分离出"脑"的挥发油称为"脱脑油"。

**2. 气味**

大多数挥发油具有强烈的香气和辛辣味，少数有臭气或腥气味，如驱虫的土荆芥油有臭气，鱼腥草油有腥气味。挥发油的气味往往是鉴别其品质优劣的重要依据。

**3. 挥发性**

挥发油在室温下可自行挥发而不留任何痕迹。故常将挥发油的乙醚溶液点于滤纸片上，如能在室温下自行挥发为挥发油，可与脂肪油相区别。

**（二）溶解性**

挥发油难溶或不溶于水中，易溶于亲脂性有机溶剂中，如石油醚、乙醚、苯、二硫化碳等。在乙醇中的溶解度随乙醇浓度的增大而增大。

**（三）物理常数**

虽然挥发油的组成比较复杂，但每一种挥发油的化学成分种类及比例是基本稳定的，故物理常数也有其一定的范围。例如挥发油的沸点一般在 $70\sim300℃$ 之间；相对密度一般在 $0.85\sim1.065$ 之间，多数比水轻，少数比水重（如丁香油、桂皮等）；挥发油几乎均有光学活性，比旋度（＋）$97°\sim177°$；挥发油具有强的折光性，折射率 $1.43\sim1.61$。

**（四）化学常数**

**1. 酸值**

酸值指中和 1g 挥发油中游离羧酸类成分所消耗氢氧化钾的质量（mg），是代表挥发油中游离羧酸和酚类物质含量的指标。

**2. 酯值**

酯值指水解 1g 挥发油中所含酯消耗氢氧化钾的质量（mg），是反映挥发油中酯类成分含量的指标。

**3. 皂化值**

皂化值指皂化 1g 挥发油所消耗氢氧化钾的质量（mg），是代表挥发油中游离羧酸、酯和酚类物质总含量的指标。皂化值等于酸值加酯值。

酸值、酯值、皂化值可反映挥发油品质。

**（五）稳定性**

挥发油与空气、光线长期接触，会发生氧化变质反应，从而使颜色变深，相对密度增大，气味改变，并聚合形成树脂样物质，失去挥发性，不能再随水蒸气馏出。因此，提取挥发油时要考虑条件；贮存时，应密闭于棕色瓶中，且置于阴凉低温处。

---

[课堂互动]

挥发油与空气、光线长期接触，会发生氧化变质反应，从而使颜色变深，相对密度增大，气味改变，并聚合形成树脂样物质，失去挥发性。怎样储存挥发油可避免？

---

**四、生物活性**

挥发油多具有祛痰、止咳、平喘、驱风、健胃、解热、镇痛、抗菌消炎作用。例如：香柠檬油对淋球菌、葡萄球菌、大肠杆菌和白喉菌有抑制作用；柴胡挥发油制备的注射液有较好的退热效果；丁香油有局部麻醉、止痛作用；土荆芥油有驱虫作用；薄荷油有清凉、驱风、消炎、局麻作用；茉莉花油具有兴奋作用等等。临床上早已应用的有樟脑、冰片、薄荷脑、丁香酚、百里香草酚等。

## 第二节　薄荷的炮制

### 一、薄荷概述

薄荷系唇形科植物薄荷属植物 *Mentha haplocalyx* Briq 的干燥地上部分。其具有宣散风热、清头目、透疹等功效，用于风热感冒、风湿初起、头痛、目赤、喉痹、口疮、风疹等症的治疗。

#### （一）薄荷中主要有效成分的结构

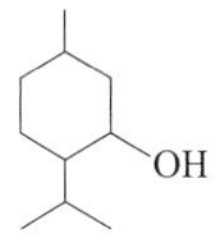

薄荷中含挥发油成分复杂，主要是单萜类及其含氧衍生物，其中薄荷醇含量最高，占挥发油的 75%～85%，薄荷酮占 10%～20%，乙酸薄荷酯占 1%～6%，此外，还含有柠檬烯、异薄荷酮、桉油精等。薄荷醇的结晶又称薄荷脑，是薄荷的有效成分，具有驱风、消炎、局部止痛等作用。薄荷醇的结构如图 3-9-1 所示。

图 3-9-1　薄荷醇的结构

#### （二）理化性质

薄荷油为无色或淡黄色透明油状液体，具有挥发性和薄荷香气，可溶于乙醇、氯仿、乙醚等有机溶剂。薄荷油中的薄荷醇低温放置可析出"薄荷脑"。

#### （三）薄荷的采收

薄荷的采收，由于地区及气候的差异，各地均有不同，在浙江每年可收 2 次，华北采集 1～2 次，四川可收 2～4 次。一般头刀在 7 月，二刀在 10 月，选晴天采割。广东广西温暖地区一年也可收割 3 次，割取全草晒干。薄荷的采收期应选在其成熟期，此时在叶片花序中的精油含量最高。

### 二、薄荷的炮制

#### （一）净制

除去老梗及杂质。

拣净杂质，除去残根，先将叶抖下另放，然后将茎喷洒清水，润透后切段，晒干，再与叶和匀。

（1）薄荷叶　用箩筛去土末，拣净杂质，取用净叶。

（2）薄荷梗　将揉去叶子的净薄荷梗洗净，润透，切节，晾干。

（3）薄荷粉　取原药材晒脆，去土及梗，磨成细粉，成品称薄荷粉。

#### （二）切制

喷淋清水，稍润，切段，晾干。

#### （三）炮炙

**1. 蜜制**

先将蜜熔化，至沸腾时加薄荷拌匀，用微火炒至微黄即可。每 500kg 薄荷用蜂蜜 180kg。

**2. 盐制**

先将薄荷叶蒸至软润倾出，放通风处稍凉；再用甘草、桔梗、浙贝三味煎汤去渣，浸泡薄荷至透；另将炒热研细，投入薄荷内，待吸收均匀，即成。每100kg薄荷，用盐200kg、甘草25kg、桔梗12kg、浙贝12kg。

现在研究发现，将新鲜的薄荷趁鲜切制后，立即晒干，或微火炕干，并使之干透，盛装于洗净、晒干、灭菌的小口瓦罐或铁皮箱内密封，置于通风干燥处，经贮存周年色泽仍保持新鲜，气味芳香，质量较好。而经过浸泡的切制品，浸泡过程有效成分流失很多，再经高温反复炕晒，保管不善，使色泽灰暗，芳香气味大部分散失，质量较差。所以薄荷应趁鲜切制并贮存。

## 第三节　薄荷油的提取分离

### 一、挥发油提取分离基础

由于挥发油具有挥发性和亲脂性等特性，因此可采用水蒸气蒸馏法、有机溶剂提取法和压榨法等方法进行提取。

#### （一）提取方法

**1. 水蒸气蒸馏法**

水蒸气蒸馏法是从植物中提取挥发油最常用的方法。提取时，可将原料置于蒸馏装置中加水浸泡后，直接加热蒸馏（称为共水蒸馏法）；也可将原料置于带有有孔隔板的蒸馏装置中，底部加热使水产生水蒸气或直接从底部通入水蒸气进行蒸馏（称为通入水蒸气蒸馏法）。挥发性成分随水蒸气一同进入冷凝器，冷却后流入收集容器内，挥发油因不溶于水而发生油水分层。有时挥发油在水中溶解度稍大（如玫瑰油），可采用盐析法促使其析出或用低沸点有机溶剂将其萃取出来。

应注意用蒸馏法所得的挥发油，除原料中的成分外，还可能包括某些蒸馏过程中所产生的挥发性分解产物，尤其是共水蒸馏，因其直接加热部位受热温度过高，容易使挥发油中的某些成分变化，还可能使原料焦化而使挥发油气味改变，降低其作为香料的品质。不同产地、季节的植物通过水蒸气蒸馏法所获得的挥发油成分也有较大差别。

[案例分析]

**实例**　挥发油常采用水蒸气蒸馏法提取。

**分析**　水蒸气蒸馏提取挥发油的提取效率较高，而且具有设备简单、操作容易、成本低等优点。但要注意药材粉碎度不能太细，提取时间也不宜过长，且反应混合物中的杂质若有挥发性，就不能保证所提取挥发油的纯度，挥发油的收率也很低。

**2. 溶剂提取法**

利用低沸点的有机溶剂如用低沸程石油醚（30～60℃）、乙醚等，采用连续回流提取或冷浸法进行提取。提取液蒸去溶剂即得主含挥发油的浸膏。本法所得挥发油中可能含有树脂、油脂、蜡质等成分，必须进一步精制。可利用乙醇对蜡、脂等杂质的溶解度随温度下降而降低的特点，先用热乙醇溶解浸膏，再冷却后滤除析出的杂质，回收乙醇即得。此方法既可作为独立的提取方法使用，也可作为不宜用水蒸气蒸馏法提取的挥发油的补充提取方法。

其方法所用装置如图 3-9-2 所示。

### 3. 压榨法

含挥发油较多的新鲜药材，如橘皮、柠檬皮、橙皮等，用机械压榨法将挥发油挤压出来。所得压榨液中包含大量水分及组织细胞等杂质，须经静止分层或离心过程分出油分。此方法所得挥发油可保持原有的新鲜香味。

### 4. 超临界流体萃取法

二氧化碳超临界流体萃取技术可用于挥发油提取，其原理如图 3-9-3 所示。采用此法可以防止挥发油成分的氧化或热解，提高挥发油的品质。但二氧化碳属低极性溶剂，提取物中的非挥发油成分较多，造成分离上的困难，且工艺要求高、投资大，我国应用还不普遍。

### （二）分离方法

### 1. 冷冻处理

将挥发油置于 0℃ 以下使其析晶，如无结晶析出可将温度降至 −20℃，继续放置。取出结晶再经重结晶可得纯品。

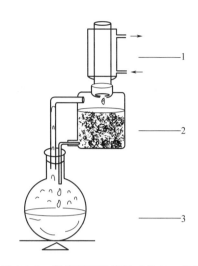

图 3-9-2　低沸程有机溶剂（如 30～60℃ 石油醚）连续提取装置示意图
1—冷凝器，将气态有机溶剂冷却为液态；
2—提取器，提取挥发油；3—溶剂蒸馏

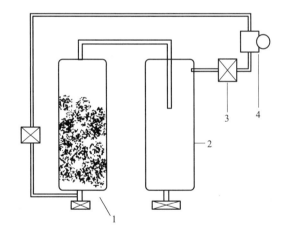

图 3-9-3　超临界流体萃取原理示意图
1—提取罐；2—分离罐/$CO_2$汽化；3—阀；4—压缩泵

### 2. 分馏法

挥发油各成分的沸点各异，可用分馏法初步分离。但挥发油的组分多对热及空气中的氧较敏感，因此常采用减压装置进行分馏（如图 3-9-4 所示）。一般在 35～70℃/10mmHg 时蒸馏出来的是单萜烯类化合物，在 70～100℃/10mmHg 时蒸馏出来的是单萜的含氧化合物，在 100℃ 以上的产物多是倍半萜烯及其含氧衍生物等。分馏所得馏分往往有交叉存在情况，如想得到单一组分还须进一步精制。

### 3. 化学法

根据挥发油中各组分所具有的官能团不同，选择适当的化学方法处理，达到使各组分分离的目的。

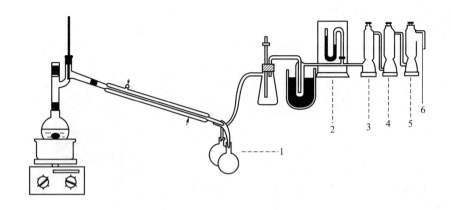

图 3-9-4　减压分馏法分离挥发油成分示意图

1—接收瓶；2—真空表；3—氯化钙；4—氢氧化钙；5—石蜡片；6—（接）真空泵

（1）碱性成分的分离　将挥发油溶于乙醚中，用 1％硫酸或盐酸萃取，所得酸水液经碱化后再用乙醚萃取，蒸去乙醚即得碱性成分。

（2）酸、酚性成分的分离　将分离出碱性成分的挥发油乙醚母液分别用 5％碳酸氢钠和 2％氢氧化钠溶液萃取，所得各碱性水溶液经酸化后用乙醚萃取，前者可得酸性成分，后者可得酚性成分。工业上从丁香罗勒油中提取丁香酚即用此法。

（3）醛、酮成分的分离　首先将分离出碱性、酸性、酚性成分的挥发油乙醚母液经水洗至中性，以无水硫酸钠干燥后，加亚硫酸氢钠饱和溶液，分离出水层或加成物结晶，加酸或碱液处理，以乙醚萃取，可得醛类成分和甲基酮类成分。将分去碱性、酸性、酚性、含醛和甲基酮等成分的挥发油乙醚母液，回收乙醚，在残留物中加入适量的 Girard T 或 Girard P 试剂的乙醇溶液和 10％乙酸，加热回流 1h，待反应完成后加适量水稀释，用乙醚萃取，分取水层，酸化后再用乙醚萃取，可获得含酮基类成分。

（4）醇类成分的分离　挥发油与丙二酸单酰氯或邻苯二甲酸酐或丁二酸酐反应（生成酸性酯），用碳酸钠溶液溶解反应物，用乙醚洗去未反应的挥发油，所余碱溶液经酸化后用乙醚萃取出所生成的酯，蒸去乙醚，残留物经皂化反应，最后用乙醚萃取出挥发油中的醇类成分。

**4. 色谱法**

（1）吸附色谱法　一般是将分馏法或化学分离法得到的挥发油用吸附色谱法进一步分离。吸附剂常用氧化铝和硅胶，洗脱剂多用低沸程石油醚、乙醚、己烷、乙酸乙酯等按一定比例组成的溶剂系统进行洗脱。

（2）硝酸银络合色谱法　硝酸银络合色谱法依据化合物中双键的数目和位置的不同，与硝酸银形成 π 络合物的难易及稳定性的差异进行分离。硝酸银在硅胶中的比例以 2％～2.5％较为合适。选用柱色谱或薄层色谱均可。一般来说，双键多的化合物易形成络合物；末端双键较其他双键形成的络合物稳定；顺式双键大于反式双键的络合能力；环外双键较环内双键更易形成络合物。添加了硝酸银的吸附剂（或柱或薄层板）需避光保存与操作。

## 二、薄荷油的提取分离

薄荷中含挥发油组成复杂，主要是单萜类及其含氧衍生物，其中薄荷醇含量最高。它的提取分离方法及工艺如下：

（1）水蒸气蒸馏法提取薄荷中的挥发油，结晶法分离纯化，其工艺如图 3-9-5 所示。

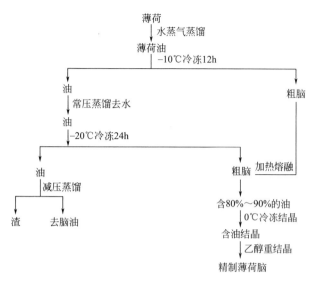

图 3-9-5　水蒸气蒸馏法提取，结晶法分离薄荷油工艺

（2）水蒸气蒸馏法提取薄荷中的挥发油，以结晶法和分馏法分离纯化，其工艺如图 3-9-6 所示。

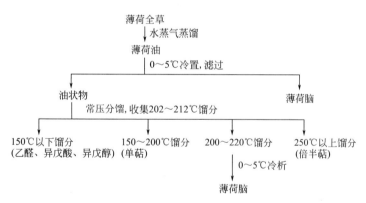

图 3-9-6　水蒸气蒸馏法提取，结晶法与分馏法分离薄荷油工艺

## 第四节　薄荷油的成型与鉴别

### 一、薄荷油的成型

先将通过提取分离的含脑 80%～90% 的油在 0℃ 下冷冻结晶，得到含油结晶。含油结晶再利用乙醇重结晶之后干燥即得。

### 二、薄荷油的鉴别

#### （一）点滴反应

取硅胶—CMC—Na 薄层板一块，用铅笔在薄层板上打出小格子，将点样用的薄荷油用乙醇稀释成 5～10 倍的溶液，再用细玻璃棒蘸取薄荷油乙醇溶液，点在每个小方格内，控制样点的大小不要超格，再用毛细管吸取不同的试剂点在每个小格内，控制斑点的大小不要超格，空白对照格也随同各竖排点相同的试剂，立即观察每一方格内颜色的变化，并初步推测该挥发油可能含有成分的类型。

**1. FeCl₃ 反应**（检酚类）

取样品一滴，溶于 1mL 乙醇中，加入 1％的 FeCl₃ 醇液 1～2 滴，如显蓝紫或绿色，表示有酚类物质。

**2. 苯肼试验**（检酮、醛类）

取 2,4-二硝基苯肼试液 0.5～1mL，加 1 滴样品的醇溶液，用力振摇，如有酮醛化合物，应析出黄-橙红色沉淀，如无反应，可放置 15min 后再观察。

**3. 荧光素试验法**

将样品乙醇液滴在滤纸上，喷洒 0.05％荧光素水溶液，然后趁湿将纸片暴露在 5％Br₂/CCl₄ 蒸气中，含有双键的萜类（如挥发油）呈黄色，背景很快转变为浅红色。

**4. 香草醛-浓硫酸试验**

取挥发油乙醇液 1 滴于滤纸上，滴以新配制的 0.5％香草醛的浓硫酸乙酸液，呈黄色、棕色、红色或蓝色反应。

**（二）薄层色谱检识**

吸附剂：硅胶-CMC-Na 薄层板。

样　品：薄荷油乙醇液。

展开剂：石油醚-乙酸乙酯（85∶15）；石油醚（30～60℃）。

取硅胶 H-CMC-Na 薄层板（6cm×15cm）一块，在距底边 1.5cm 及 8cm 处分别用铅笔画起始线和中线。将八角茴香油溶于丙酮，用毛细管点于起始线上呈一长条形，先用石油醚（30～60℃）-乙酸乙酯（85∶15）为展开剂展开至薄层板中线处取出，挥去展开剂，再放入石油醚（30～60℃）中展开至接近薄层板顶端时取出，挥去展开剂后，分别用下列几种显色剂喷雾显色：

（1）1％香草醛-硫酸试剂：可与挥发油产生紫色、红色等。

（2）荧光素-溴试剂：如产生黄色斑点，表明含有不饱和化合物。

（3）2,4-二硝基苯肼试剂：如产生黄色斑点，表明含有醛或酮类化合物。

（4）0.05％溴甲酚绿乙醇试剂：如产生黄色斑点，表明含有酸性化合物。

观察斑点的数量、位置及颜色，推测每种挥发油中可能含有化学成分的种类及数量。

**[学习小结]**

**【学习内容】**

1. 化学组成：挥发油的化学组成包括单萜及倍半萜、芳香族、脂肪族等。
2. 挥发油的理化性质包括：性状、溶解性、挥发性、稳定性、结晶性。
3. 薄荷的炮制、提取与分离。
4. 薄荷油的检识反应。

**【学习重点】**

通过理论学习和实际操作达到能灵活运用掌握的知识分析提取分离工艺流程的原理。具有用化学方法鉴别挥发油类化合物的能力，能设计简单的提取分离流程。

[知识检测]

### 一、填空题

1. 挥发油中所含化学成分按其化学结构，可分为三类：_____、_____ 和 _____。其中以_____为多见。

2. 提取挥发油的方法有_____、_____、_____和_____。

3. 挥发油在低温条件下析出的固体成分俗称为_____，例如_____。

4. 挥发油应密闭于_____色瓶中_____保存，以避免_____的影响发生分解变质。

5. 挥发油的物理常数有_____、_____、_____。衡量挥发油质量的化学指标有_____、_____、_____。酸值是代表挥发油中_____成分的含量；酯值是代表挥发油中_____的含量。

6. 薄荷油来自_____科_____属植物，用作_____药和_____药。薄荷油化学组成复杂，主要成分为_____和_____等。薄荷醇又称_____，结构式为_____。

### 二、判断题

1. 从数值上讲，皂化值就是酸值和酯值的综合。（　　　）

2. 挥发油中萜类化合物的含氧衍生物是挥发油中生物活性较强或具有芳香气味的主要组成成分。（　　　）

3. 水蒸气蒸馏法是提取挥发油最常用的方法。（　　　）

4. 挥发油经常与日光及空气接触，可氧化变质，使其密度增大，颜色变深，甚至树脂化。（　　　）

5. 挥发油是植物体内一类具有芳香气味，在常温下能挥散的油状液体化合物。（　　　）

### 三、单项选择题

1. 超临界萃取法提取挥发油时常选择哪种物质为超临界流体物质？（　　　）
A. 二氧化碳　　　B. 乙烷　　　　　　C. 乙烯　　　　　　D. 甲苯

2. 从挥发油乙醚液中分离碱性成分可用（　　　）。
A. 5％$NaHCO_3$ 和 NaOH　　　　　　B. 1％HCl 或 $H_2SO_4$
C. 邻苯二甲酸酐　　　　　　　　　　D. Girard 试剂 T 或 P

3. 从挥发油乙醚液中分离酚酸性成分可用（　　　）。
A. 5％$NaHCO_3$ 和 2％NaOH　　　　　B. 1％HCl 或 $H_2SO_4$
C. 邻苯二甲酸酐　　　　　　　　　　D. Girard 试剂 T 或 P

4. 评价挥发油质量，首选理化指标为（　　　）。
A. 折射率　　　　B. 酸值　　　　　　C. 相对密度　　　　D. 皂化值

### 四、问答题

1. 挥发油的通性有哪些？应如何保存？为什么？

2. 什么叫挥发油？挥发油由哪几类化学成分组成？

## 实训八　薄荷中薄荷油的提取分离与鉴定

### 一、实训目的

（1）学会运用水蒸气蒸馏法、结晶法对薄荷中挥发油进行提取和精制；会用点滴反应、薄层色谱法进行薄荷油的检识。

(2) 完成薄荷油的提取分离及鉴定指标。

**二、设备、仪器及药品**

薄荷、挥发油提取装置、烧杯、锥形瓶、硅胶 G-CMC 板、温度计、展开槽、点滴板、广口瓶。

食盐、石油醚、乙酸乙酯、乙醇、三氯化铁试液、溴酚蓝试液、2,4-二硝基苯肼试液、香草醛-浓硫酸试液

**三、实训原理**

(1) 利用挥发油的挥发性，采用水蒸气蒸馏法提取薄荷中挥发油，然后将被蒸出的水与油放置分层后，将油分出。

(2) 利用薄荷油中薄荷醇含量高且低温放置可析出"薄荷脑"的性质分出薄荷醇。

**四、操作步骤**

1. 提取分离

称取薄荷适量置于蒸馏瓶内，加水适量浸泡，安装蒸馏器，加热，通水蒸气进行蒸馏，收集馏出液，至馏出液不混浊或无薄荷油芳香味时，停止蒸馏。将蒸馏液收集于一广口瓶中，加入饱和食盐水或精制食盐，使食盐量达约 2%～3%，混合均匀，密盖瓶塞静置过夜，待薄荷油全部聚集于液面，放出水层，收集薄荷油。将薄荷油−10℃冷冻放置，析出脑，经过滤得薄荷脑粗品和脱脑油。

2. 薄荷油的鉴定

(1) 点滴反应　取硅胶-CMC-Na 薄层板一块，用铅笔在薄层板上打出小格子，将点样用的薄荷油用乙醇稀释成 5～10 倍的溶液，再用细玻璃棒蘸取薄荷油乙醇溶液，点在每个小方格内，控制样点的大小不要超格；再用毛细管吸取不同的试剂点在每个小格内，控制斑点的大小不要超格。空白对照格也随同各竖排点相同的试剂，立即观察每一方格内颜色的变化，并初步推测该挥发油可能含有成分的类型。

检测试剂：①三氯化铁试液；②溴酚蓝试液；③2,4-二硝基苯肼试液；④香草醛-浓硫酸试液。

(2) 薄层色谱检识

吸附剂：硅胶-CMC-Na 薄层板。

样　品：薄荷油乙醇液。

展开剂：石油醚-乙酸乙酯（85∶15）；石油醚（30～60℃）。

显色剂：1%香草醛-浓硫酸溶液。

双向色谱：

取硅胶-CMC-Na 薄层板（10cm×10cm）一块，沿起始线的右侧 1.5cm 处点上薄荷油，先在石油醚中作第一次展开，当展至终端时取出薄层板，挥尽溶剂，再将薄层板调转 90°角。置于石油醚-乙酸乙酯（85∶15）展开剂作第二方向展开至终端，取出薄层板，挥去溶剂，用 1%香草醛-浓硫酸溶液显色，仔细观察各个斑点的位置，推测薄荷油的组成成分类型。

实验结果记录：观察斑点颜色，记录图谱并计算 $R_f$ 值

**五、实训报告**

填写实训报告单。

**实训报告单**

| 实训名称 | | |
|---|---|---|
| 设备器材 | 玻璃器皿 | |
| | 仪器设备 | |
| 溶剂与试剂 | 溶剂 | |
| | 试剂 | |
| 操作步骤 | | |
| 质量检验 | 检验方法 | |
| | 检验记录 | |
| 讨论与总结 | | |
| 文明操作 | 环境卫生 | |
| | 仪器使用 | |
| 学习能力 | 教师评价 | |

# 第十章
# 皂苷类药物的提取

【课程质量标准】

1. 知识标准

掌握皂苷苷元的结构特征、类型及性质与鉴别反应。

2. 技能标准

能熟练地鉴别甘草中的甘草皂苷。

## 第一节 皂苷类药物基本知识

### 一、皂苷概述

生活中我们发现，某些植物的水（提取）溶液在剧烈搅拌或振摇时会产生大量泡沫（如皂角、龙舌兰等植物），如同肥皂那样，故名皂苷。

皂苷广泛存在于自然界，是苷元为三萜或螺旋甾烷类化合物的一类糖苷，主要分布于陆地高等植物中，许多中草药如人参、远志、桔梗、甘草、知母和柴胡等的主要有效成分都含有皂苷，海星和海参等海洋生物中也有少量存在。

[ 知识链接 ]

人参皂苷（ginsenoside，GS）是人参的主要有效成分，在人参中的含量 4% 左右。现已明确知道的 GS 单体约有 40 余种，其中研究最多且与肿瘤细胞凋亡最为相关的为 $Rg_3$ 与 $Rh_2$。

众多研究表明，它具有较高的抗肿瘤活性，对正常细胞无毒副作用，与其他化疗药物（如顺铂）联合应用有协同作用，通过调控肿瘤细胞增殖周期、诱导细胞分化和凋亡来发挥抗肿瘤作用。

### 二、皂苷的结构与分类

皂苷是由一多环烃的非糖部分（苷元）与糖通过苷键的方式连接而成的一类天然产物。根据已知皂苷元（sapogenin）的结构特点将其分为两大类型——甾体皂苷（steroidal saponins）和三萜皂苷（triterpenoid saponins）。三萜皂苷在生物生成过程中常使分子中具有羧基结构，故又称为酸性皂苷；而甾体皂苷的分子不具有这种特性，故又称中性皂苷。

## （一）甾体皂苷

甾体皂苷是由甾体皂苷元和糖组成，其苷元基本碳架属螺甾烷醇衍生物，具螺缩酮的结构。依照螺甾烷结构中 C-25 的构型和环 F 的环合状态，可将甾体皂苷分为 4 种类型，分别是螺旋甾烷类、异螺旋甾烷类、变形螺甾烷醇类与呋甾烷醇类。螺甾烷醇型 F 环为六元环结构，C-25 为 S 构型，甲基取直立键。异螺甾烷醇型 F 环为六元环结构，C-25 为 R 构型，甲基取平伏键。变形螺甾烷醇型 F 环为五元四氢呋喃环，此类型较为少见。呋甾烷醇型 F 环为开链衍生物，是螺甾烷型的前体，它们的结构类型如图 3-10-1 所示。常见的甾体皂苷有薯蓣皂苷、知母皂苷、燕麦皂苷、沿阶草皂苷和铃兰皂苷等。

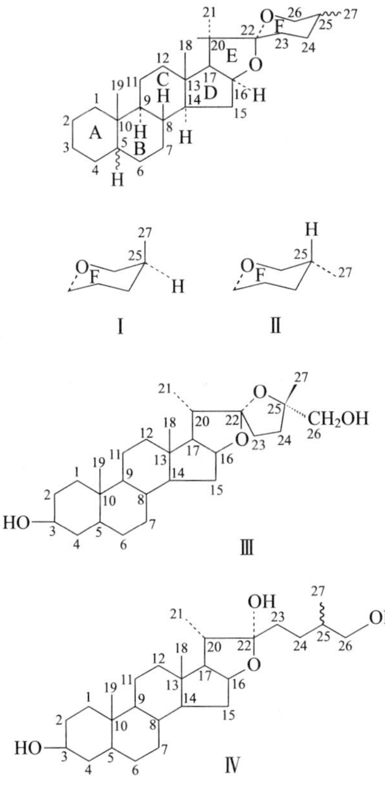

图 3-10-1　甾体皂苷结构类型
Ⅰ—螺旋甾烷；Ⅱ—异螺旋甾烷；
Ⅲ—变形螺甾烷醇类；Ⅳ—呋甾烷醇类

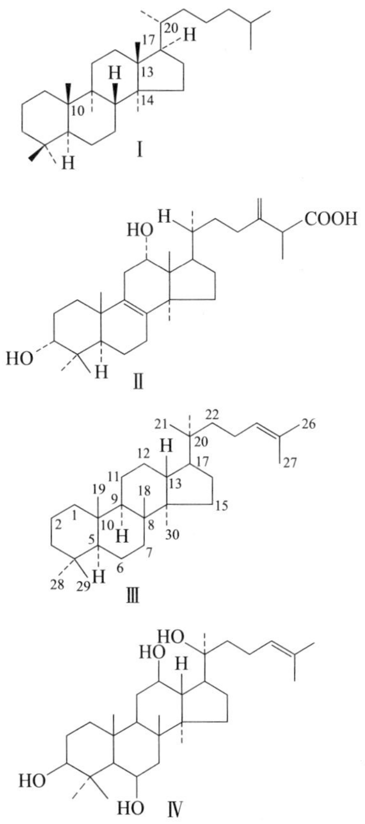

图 3-10-2　四环三萜型皂苷的结构
类型及实例
Ⅰ—羊毛甾烷；Ⅱ—猪苓酸 A；Ⅲ—达马烷；
Ⅳ—20(S)-人参三醇

## （二）三萜皂苷

三萜皂苷是由三萜皂苷元和糖组成的。它们的苷元与甾体皂苷类不同，多数由 30 个碳原子组成，其结构符合"异戊二烯定则"，由 6 个异戊二烯单位缩合而成。该类皂苷元结构中多具有羧基，所以有时又称三萜皂苷为酸性皂苷。

近年来由于分离纯化及结构测定手段的迅速发展，使一些复杂三萜类的分离、结构鉴定能较为顺利地进行，因而三萜类的研究进展很快，同时也发现了不少新的三萜类化合物。随着三萜皂苷生物活性显示出的广阔应用前景，三萜皂苷类化合物已成为天然药物研究中的一个重要领域，例如豆科植物大豆，具有增强机体免疫力、降血脂、降血压等多种功效，被人们称为健康食品。其有效成分为大豆皂苷。大豆皂苷具有抑制脂质氧化的作用，并可抑制肝功能受损的发生和改善血清脂质，还具有抗凝血等作用。

与甾体皂苷的分类相似，三萜皂苷同样依据皂苷元的结构特征进行分类，可分为四环三萜和五环三萜皂苷元两大类，各类又可分为若干小类。

**1. 四环三萜型**

常见类型有：羊毛甾烷型，存在于黄芪、升麻等植物中以及海参、海星等海洋生物中；达玛甾烷型，为人参、三七等植物中的主要有效成分；葫芦烷型，存在于苦瓜、罗汉果等植物；原萜烷型，中药泽泻获得的泽泻醇 A、B 等属此类结构；楝烷型，主要得自楝科植物中，只有 26 个碳组成，称为降四环三萜。常见四环三萜型皂苷的结构类型及实例见图 3-10-2。

**2. 五环三萜皂苷元**

这类皂苷在中药中较为常见，五环三萜皂苷元主要有以下三种类型：

（1）齐墩果烷型 又称 β-香树脂烷型，其基本碳架为多氢蒎的五环母核，其结构如图 3-10-3 所示。环的稠合方式为 A/B、B/C、C/D 环均为反式，D/E 环为顺式。母核上有 8 个甲基，C-8、C-10、C-17 连有 β-CH₃，C-14 位上有 α-CH₃。

（2）乌苏烷型 又称 α-香树脂烷型，其结构如图 3-10-4 所示。与齐墩果烷型不同之处是 E 环上两个甲基位置不同，即连接在 C-20 位的一个甲基转位到 C-19 位上。

（3）羽扇豆烷型 与齐墩果烷型不同的是 E 环为五元环，在 C-19 位上有 α-构型的异丙烷或异丙烯基取代，D/E 环反式，中草药中此类型较少，且大多以苷元形式存在，少数以皂苷形式存在。其结构如图 3-10-5 所示。

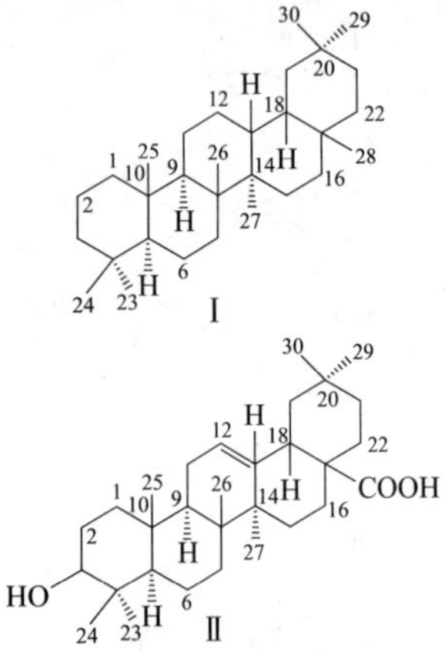

图 3-10-3 齐墩果烷型五环三萜皂苷元结构及实例
Ⅰ—β-香树脂醇型；Ⅱ—齐墩果酸

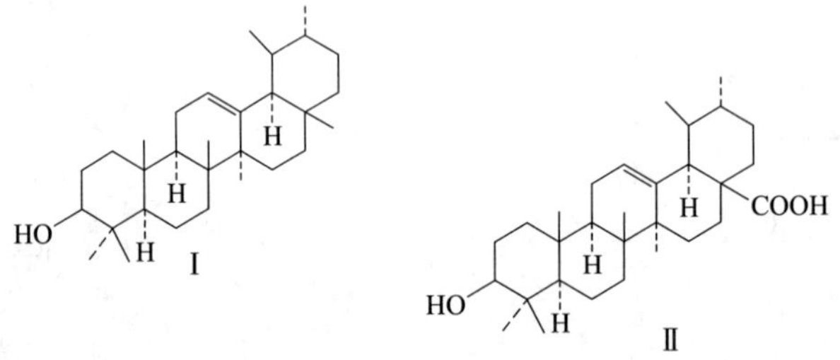

图 3-10-4 乌苏烷型五环三萜皂苷元结构及实例
Ⅰ—α-香树脂醇型；Ⅱ—熊果酸

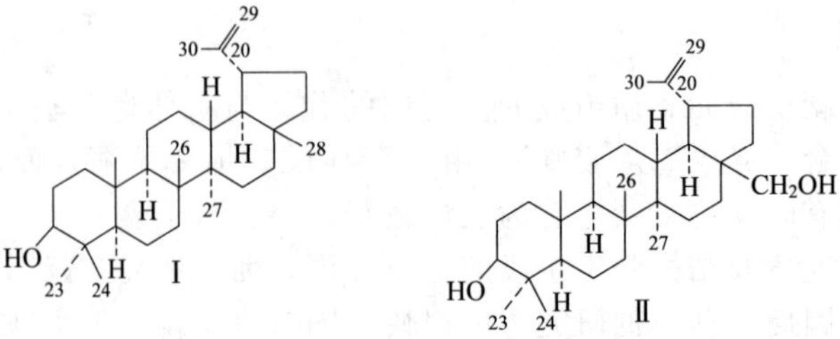

图 3-10-5 羽扇豆烷型五环三萜皂苷元结构及实例
Ⅰ—羽扇豆醇型；Ⅱ—白桦脂醇

糖链长短的变化以及糖链的多少都可引起皂苷性质的变化。按照糖链的长短，可将皂苷分为单糖苷、双糖苷等；按照糖链的多寡，又有单糖链苷、双糖链苷等。组成糖链的单糖常见的有 D-葡萄糖、D-半乳糖、L-鼠李糖、L-阿拉伯糖、D-木糖、D-葡萄糖醛酸、D-半乳糖醛酸等。

### 三、皂苷的性质

#### （一）性状

**1. 皂苷的形态**

皂苷相对分子质量较大，不易结晶，大多为白色或乳白色的无定形粉末，仅少数为晶体，如常春藤皂苷为针状晶体，而皂苷元多为具有一定熔点的结晶体。

**2. 皂苷的味道及刺激性**

皂苷多数具有苦味而辛辣，其粉末对人体各部分的黏膜有强烈的刺激性，尤以鼻黏膜最为灵敏，吸入鼻内能引起喷嚏。因此某些皂苷内服，能刺激消化道黏膜，产生反射性黏液腺分泌，可用于祛痰止咳。但有的皂苷无这种性质，例如甘草皂苷有明显而强的甜味，对黏膜刺激性弱。

**3. 吸湿性**

大多数皂苷具吸湿性，应干燥保存。

#### （二）溶解性

皂苷一般可溶于水，易溶于热水、含水稀醇、热甲醇和热乙醇，几乎不溶或难溶于乙醚、苯等亲脂性有机溶剂。皂苷在含水正丁醇或戊醇中有较大溶解度，因此丁醇或戊醇常作为从水溶液中提取皂苷的溶剂，从而与糖、蛋白质等亲水性大的成分分离。

次级皂苷在水中溶解度降低，易溶于醇、丙酮、乙酸乙酯。皂苷元不溶于水，可溶于苯、乙醚、氯仿等低极性溶剂。

#### （三）表面活性

在皂苷的结构中，苷元具有不同程度的亲脂性，糖链具有较强的亲水性，从而使皂苷成为一种表面活性剂，用力振荡就会产生泡沫，也有去污的作用。因此，皂苷可作为清洁剂、乳化剂应用，但有些皂苷起泡性不明显。

#### （四）溶血性

大多数皂苷能破坏红细胞而有溶血作用。所以，一般含皂苷的药物不宜静脉注射用，其水溶液肌内注射也易引起组织坏死，口服则无溶血作用。

皂苷的溶血作用是因为多数皂苷能与红细胞膜上胆甾醇结合生成不溶于水的复合物，破坏了红细胞的正常渗透性，使细胞内渗透压增高而使细胞破裂，从而导致溶血现象。但并不是所有皂苷都能破坏红细胞而产生溶血作用。如人参总皂苷无溶血现象，但经分离后，其中以人参三醇及齐墩果酸为苷元的人参皂苷有显著溶血作用，而以人参二醇为苷元的人参皂苷则有抗溶血作用。皂苷溶血现象的有无还与皂苷元结构有关，F环裂解的呋甾烷醇类皂苷因不能和胆甾醇生成分子复合物，故不具有溶血性质。

#### （五）与金属盐类生成沉淀

皂苷的水溶液可以与一些金属盐类如铅盐、钡盐、铜盐等生成沉淀。酸性皂苷的水溶液加入硫酸铵、乙酸铅或其他中性盐类即生成沉淀，中性皂苷的水溶液则需加入碱性乙酸铅、氢氧化钡等碱性盐类才能生成沉淀。该性质可用于皂苷的提取与初步分离。

### （六）皂苷的水解

皂苷的苷键可以被酶、酸或碱水解，随水解条件不同，产物可以是次皂苷、皂苷元和糖。次皂苷可以是部分糖先被水解，也可以是双糖链皂苷中一条糖链先被水解。一般可用 $2 \sim 4mol/L$ 酸水解，若酸浓度过高或酸性过强（如高氯酸），由于水解条件剧烈，可导致皂苷元在水解过程中发生脱水、环合、双键位移、取代基位移、构型转化等变化，使水解产物不是真正的皂苷元，而造成研究工作复杂化，甚至会产生错误结论。例如人参皂苷的原始苷元应是 $20(S)$-原人参二醇和 $20(S)$-原人参三醇，但在酸水解过程中发生构型转化，得到 $20(R)$-人参二醇和 $20(R)$-人参三醇。因此，选用温和的水解方法（如酶解法、土壤微生物培养法、Smith 氧化降解或光解法等）可以得到原始皂苷元。在碱性条件下水解，反应条件比酸水解温和，反应容易控制，特别适用于苷元遇酸不稳定的皂苷的水解。

[ 课堂互动 ]

皂苷按照皂苷元的结构特点可分为哪些类型？酸水解皂苷时，若酸浓度过高或酸性过强，会导致皂苷元有何变化？

## 四、皂苷的生物活性

皂苷类化合物广泛存在于人类的食物及药用植物中，具有多种生理功能，是许多植物药的主要活性成分。下面简要介绍皂苷的一些主要生物活性：

### （一）抗炎

皂苷具有明显的抗炎活性。如已应用于临床治疗肝炎的药物齐墩果酸；治疗类风湿性关节炎、系统性红斑狼疮和肾炎的卫矛科植物雷公藤中的雷公藤酮；具有明显抗炎作用和降低血清胆固醇、甘油三酯作用的柴胡皂苷等。

### （二）抗微生物作用

人们通过长期研究发现很多皂苷具有抗植物致病原体和人类致病原体的作用。如常春藤皂苷具有较强的抗真菌活性；从番荔枝科暗罗属植物 *Polyathia Suberosa* 中分离出来的一种新的 31 个碳的羊毛脂烷型三萜，能在 H9 淋巴细胞中抑制 HIV 复制。

### （三）抗肿瘤作用

许多皂苷类化合物具有抗肿瘤作用。从中药鸦胆子中分离出来的多种苦木素型三萜类成分，具有显著的抗肿瘤活性，但该类化合物毒性大，限制了临床的应用。白桦酸具有抗肿瘤活性，属于羽扇豆烷型三萜类化合物，存在于桦树、石榴树、酸枣仁和天门冬等植物中。

### （四）心血管活性

许多皂苷类化合物具有降低胆固醇、抗低压缺氧、抗心律失常、正性肌力作用及毛细血管保护作用等。通过清醒家兔实验研究表明，三七皂苷对心肌缺血和再灌注损伤具有保护作用；对急性脑缺血的作用研究表明，人参皂苷 $Rb_1$ 的抗脑缺血作用与其钙拮抗有关；三七中分离得到的人参三醇型皂苷对冠状动脉结扎诱发的缺血再灌注心律失常具有对抗作用；黄芪皂苷能显著改善心肌收缩力，增加冠脉血流，对心肌功能具有保护作用。一些薯蓣皂苷对治疗冠心病有效，可减轻心绞痛，调节新陈代谢。

## （五）其他活性

皂苷除具有以上活性外，还有许多其他生物活性，如茶叶、茶子可降低胆固醇、降低血压，非洲商陆中分离出的 Lemmatoxin 具有杀灭精子活性的作用等。

## 第二节　甘草的炮制

### 一、甘草概述

甘草是豆科甘草属植物甘草 *Glycyrrhiza uralensis* Fisch. 等的干燥根及根茎，具有补脾益气、清热解毒、祛痰止咳、缓急止痛、调和诸药功效。

#### （一）主要成分

甘草含有多种化学成分，主要有三萜类皂苷、黄酮、生物碱、氨基酸等。大量的研究表明，甘草酸（甘草甜素）及甘草次酸和黄酮类物质是甘草中最重要的生理活性物质，主要存在于甘草根表皮以内的部分。甘草酸和甘草次酸的结构与关系如图 3-10-6 所示。

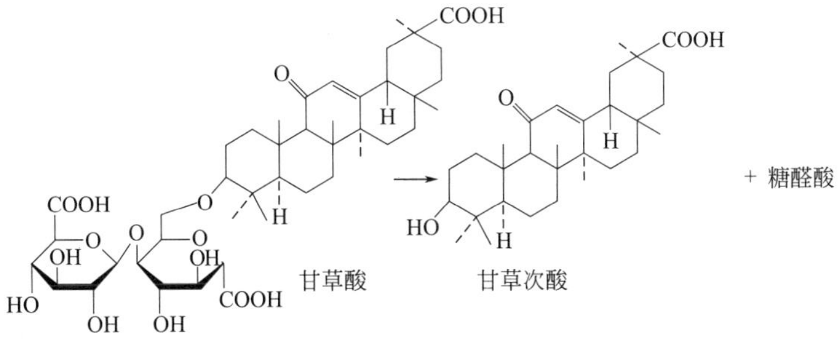

图 3-10-6　甘草酸和甘草次酸的结构与关系

#### （二）理化性质

**1. 甘草酸**

甘草酸异名甘草皂苷、甘草甜素。分子式为 $C_{42}H_{62}O_{16}$，相对分子质量 822.92。无色柱状结晶，熔点为 170℃，加热至 220℃分解。易溶于热水和热的稀乙醇，几乎不溶于无水乙醇或乙醚。其水溶液有微弱的起泡性及溶血性。在植物体中以钾盐或钙盐存在。甘草酸有糖醛酸，难水解，一般用 10% 硫酸加热 24h 或稀酸加压、加热水解。甘草酸与 5% 稀硫酸在加压下，110～120℃进行水解，生成 2 分子葡萄糖醛酸及其苷元甘草次酸。

**2. 甘草酸单钾盐**

针状结晶，熔点为 212～217℃（分解）。易溶于稀碱液，可溶于冷水（1:50），难溶于甲醇、乙醇、丙酮、乙酸。

**3. 甘草次酸**

甘草次酸为甘草酸的水解产物。分子式为 $C_{30}H_{46}O_4$，相对分子质量 470.64。针状结晶（乙酸-乙醚-石油醚），熔点为 297～298℃。易溶于乙醇、氯仿。

### 二、采收加工

种子繁殖 3～4 年，根状茎繁殖 2～3 年即可采收。在秋季 9 月下旬至 10 月初，地上茎叶枯萎时采挖。甘草根深，必须深挖，不可刨断或伤根皮，挖出后去掉残茎。泥土，忌用水洗，趁鲜分出主根和侧根，去掉芦头、毛须、枝杈，晒至半干，捆成小把，再晒至全干。也可在春季甘草茎叶出土前采挖，但秋季采挖质量较好。

### 三、甘草的炮制

将甘草拣去杂质，洗净，用水浸泡至八成透时，捞出，润透切片，晾干。

蜜炙甘草：取甘草片，加炼熟的蜂蜜与开水少许，拌匀，稍闷，置锅内用文火炒至变为深黄色、不粘手为度，取出放凉。（每50kg甘草片用炼熟蜂蜜12.5～15kg。）

《雷公炮炙论》中提到："凡使甘草，须去头尾尖处，用酒浸蒸，从巳至午出，暴干，细锉使。一斤用酥七两，涂上炙，酥尽为度。又先炮令内外赤黄用良。"

《得配本草》中云："粳米拌炒，或蜜炙用。"

> **[ 案例分析 ]**
>
> **实例**　甘草具有肾上腺皮质激素样作用。
>
> **分析**　甘草的根及根茎中的主要成分为20余种三萜皂苷类物质，总含量6%～14%，其中甘草甜素5%～12%，系甘草酸的钾、钙盐。甘草酸水解产生1分子甘草次酸、2分子葡萄糖醛酸。此外，还含有少量的甘草黄苷、异甘草黄苷、三羟基甘草次酸、甘草醇、异甘草醇、5-甲基甘草醇、甘露醇、葡萄糖、蔗糖、苹果酸、桦木酸、淀粉、甘草苦味素及微量挥发油等。其甘草粉、甘草浸膏、甘草甜素、甘草次酸对健康人及多种动物均有促进钾、钠和水潴留排泄量增加的作用，与去氧皮质酮的作用相似。甘草甜素能显著增强和延长可的松的作用。

## 第三节　甘草中甘草酸与甘草次酸的提取与分离

### 一、提取分离基础

#### （一）皂苷类药物的提取方法

**1. 皂苷的提取**

用不同浓度的乙醇或甲醇作为溶剂提取，提取液减压浓缩后，加适量水，必要时先用石油醚等亲脂性有机溶剂萃取，除去亲脂性杂质，然后用正丁醇萃取，减压蒸干，得粗制总皂苷。

也可以将醇提取液减压回收溶剂后，通过大孔吸附树脂，先用少量水洗去糖和其他水溶性成分，然后再用30%～80%甲醇或乙醇梯度洗脱，洗脱液减压蒸干，得粗制总皂苷。

此外，可以先用石油醚或汽油将药材进行脱脂处理，去除油脂、色素，再用乙醇或甲醇为溶剂加热提取，冷却提取液。由于多数皂苷难溶于冷乙醇或冷甲醇，就可能析出沉淀。

**2. 皂苷元的提取**

皂苷元易溶于苯、氯仿、石油醚等极性有机溶剂而不溶或难溶于水。一般可将粗皂苷水解后，再用弱极性有机溶剂萃取，也可直接将药材加酸水解，使皂苷生成皂苷元，再用有机溶剂萃取。

加酸水解皂苷时，由于水解条件比较强烈，皂苷元可能发生结构变异而生成次生结构，得不到原生皂苷元，如欲获得原生皂苷元，则应改用温和的水解条件如两相酸水解、酶水解或 Smith 降解等方法。

### （二）皂苷类药物的分离方法

**1. 溶剂沉淀法**

利用皂苷难溶于乙醚、丙酮等溶剂的性质，先将粗总皂苷溶于少量的甲醇或乙醇中，然后逐滴加入乙醚或丙酮至混浊，放置产生沉淀，滤过得极性较大的皂苷。母液继续滴加乙醚或丙酮，至析出沉淀得极性较小的皂苷。通过这样反复处理，可初步将不同极性的皂苷分离。

**2. 铅盐沉淀法**

将粗皂苷溶于乙醇溶液中，加入过量 20％～30％ 中性醋酸铅，使酸性皂苷沉淀完全，滤出沉淀，滤液再加 20％～30％ 碱性醋酸铅，中性皂苷可产生沉淀，滤出沉淀。将沉淀分别溶于水或稀醇中，按常法脱铅，脱铅后将滤液减压浓缩，残渣溶于乙醇，滴加乙醚至产生沉淀，即可获得提纯的酸性皂苷和中性皂苷。

**3. 色谱法色谱法**

吸附色谱法适用于分离亲脂性皂苷元，吸附剂常用硅胶，用混合溶剂洗脱。为了加速洗脱过程，近年来常采用高压柱进行。

由于皂苷极性较大，分配柱色谱分离比吸附柱色谱效果好，常用水饱和的硅胶为支持剂，以氯仿-甲醇-水等极性较大的溶剂系统进行梯度洗脱。制备薄层色谱用于皂苷分离，可获得较好效果。同时，反相色谱方法也得到了广泛应用。通常以反相键合相 Rp-18、Rp-8 或 Rp-2 为填充剂，常用甲醇-水或乙腈-水等溶剂为洗脱剂。反相色谱柱需用相对应的反相薄层色谱进行检识，有预制的 Rp-18、Rp-8 等反相高效薄层板。

液滴逆流色谱法（DCCC）同其他分离技术相配合，是获得纯皂苷的有效手段。分离效能高，有时可将结构极为近似的成分分开。例如从柴胡中分离柴胡皂苷 a、柴胡皂苷 c 和柴胡皂苷 d。柴胡皂苷 c 为三糖苷，通过柱色谱可以较容易地从含二糖的柴胡皂苷中分离出来。但柴胡皂苷 a 和柴胡皂苷 d 结构极为相似，只是 C-16 羟基构型不同（前者为 $\beta$-OH，后者为 $\alpha$-OH），一般柱色谱分离很难分开，采用 DCCC 法分离可获得满意的效果。

在实际工作中靠一种分离方法较难获得皂苷单体，大多数需多种方法才能得到单体。一般来说，先将粗皂苷用大孔吸附树脂或凝胶色谱法处理，分成几部分后，再采用硅胶柱、DCCC、HPLC 或 TCL 法等进行进一步分离纯化，才能获得单体成分。

## 二、甘草中甘草皂苷的提取与分离

### （一）提取分离原理

甘草皂苷（甘草酸）多以钾盐或钙盐的形式存在于甘草中，其盐易溶于水，于水溶液中加浓硫酸即可析出甘草酸，利用此性质提取甘草酸。甘草酸经酸水解，其苷元不溶于水而析出，可分离得到甘草次酸。

### （二）提取分离工艺

**1. 甘草酸粗品的提取**

工艺如图 3-10-7 所示。

**2. 甘草酸单钾盐的制备**

工艺如图 3-10-8 所示。

**3. 甘草次酸的制备**

工艺如图 3-10-9 所示。

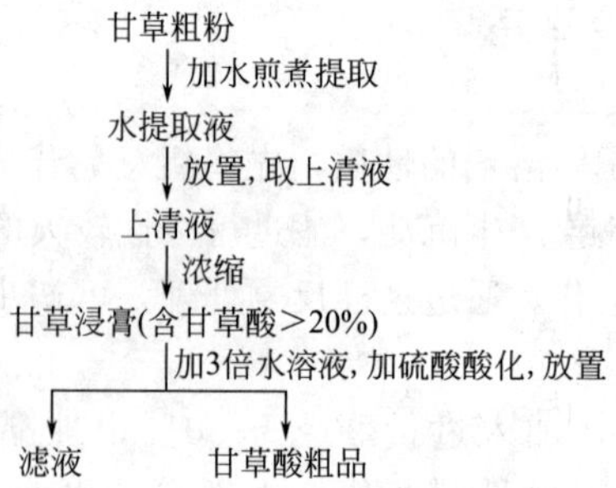

甘草粗粉
　↓ 加水煎煮提取
水提取液
　↓ 放置,取上清液
上清液
　↓ 浓缩
甘草浸膏(含甘草酸>20%)
　↓ 加3倍水溶液,加硫酸酸化,放置

滤液　　　甘草酸粗品

图 3-10-7　甘草酸的提取工艺

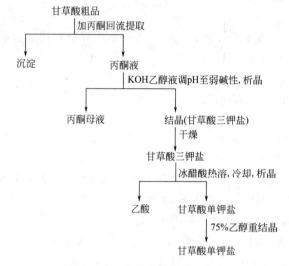

甘草酸粗品
　加丙酮回流提取

沉淀　　　丙酮液
　　　　　　↓ KOH乙醇液调pH至弱碱性,析晶

丙酮母液　　　结晶(甘草酸三钾盐)
　　　　　　　　↓ 干燥
　　　　　　甘草酸三钾盐
　　　　　　　　↓ 冰醋酸热溶,冷却,析晶

乙酸　　　甘草酸单钾盐
　　　　　　↓ 75%乙醇重结晶
　　　　　甘草酸单钾盐

图 3-10-8　甘草酸单钾盐的制备

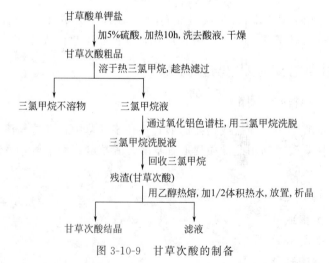

甘草酸单钾盐
　↓ 加5%硫酸,加热10h,洗去酸液,干燥
甘草次酸粗品
　↓ 溶于热三氯甲烷,趁热滤过

三氯甲烷不溶物　　三氯甲烷液
　　　　　　　　　　↓ 通过氧化铝色谱柱,用三氯甲烷洗脱
三氯甲烷洗脱液
　　↓ 回收三氯甲烷
残渣(甘草次酸)
　　↓ 用乙醇热熔,加1/2体积热水,放置,析晶

甘草次酸结晶　　　　滤液

图 3-10-9　甘草次酸的制备

## 第四节　甘草中甘草酸的成型与鉴别

### 一、甘草中甘草酸的成型

#### （一）晶体干燥

将湿甘草酸放入真空干燥箱内，调节真空度，在70~80℃温度下加热40~60min，即得干甘草酸。

#### （二）成型

将干燥的甘草酸粉碎，过筛，即得甘草酸成品。

### 二、甘草中甘草酸的鉴别

#### （一）呈色反应

**1. Libermann-Burchard 反应**

取甘草酸少许于试管中加冰醋酸0.5mL使溶解，再加醋酐0.5mL，沿试管壁滴加浓硫酸1mL，液体则呈现紫红色，渐渐变成蓝色。

**2. 香草醛-浓硫酸反应**

取甘草酸少许于试管中，加乙醇0.5mL使溶解，加入5%香草醛-浓硫酸溶液2mL，溶液变成黄色，滴加水5滴后变成红色，再滴加水10滴，溶液变成紫色。

#### （二）色谱鉴定

**1. 糖的纸色谱**

供试品：滤去苷元后的水液，分取1/5量，滴加氢氧化钡至pH值为3，滤过，除去硫酸钡沉淀，滤液浓缩至2~3mL，作为糖的待测液。

对照品：葡萄糖醛酸对照品，葡萄糖醛酸$R_f$值0.16（文献值）。

支持剂：新华1号滤纸。

展开剂：正丁醇-乙酸-水（4:1:5，上层）。

显色剂：苯胺-邻苯二甲酸试液。

点样完成后置于105℃烘箱中烘10min，显色。

**2. 薄层色谱**

样品：自制甘草酸粗品的甲醇溶液。

对照品：甘草酸铵对照品的甲醇溶液。

吸附剂：1%氢氧化钠溶液制备的硅胶G板。

展开剂：乙酸乙酯-甲醇-冰醋酸-水（30:2:2:4）。

显色：10%硫酸乙醇溶液，于105℃烘3~5min，置紫外光（365nm）下观察荧光。

---

### [学习小结]

【学习内容】

1. 皂苷的结构类型和分类：皂苷是由皂苷元和糖、糖醛酸或其他有机酸组成。按照皂苷元的化学结构将皂苷分成两大类：甾体皂苷和三萜皂苷。它们都广泛存在于自然界。

2. 皂苷的理化性质包括：性状、溶解性、溶血性、表面活性、沉淀反应、水解反应。

3. 甘草的炮制、提取与分离。

4. 甘草酸的检识反应。

【学习重点】

通过理论学习和实际操作达到能灵活运用掌握的知识分析提取分离工艺流程的原理。具有用化学方法鉴别皂苷类化合物的能力，能设计简单的提取分离流程。

## [ 知识检测 ]

### 一、选择题

1. （　　）多具有羧基，所以又常被称为酸性皂苷。

A. 甾体皂苷　　　　B. 黄酮苷　　　　　　C. 三萜皂苷　　　　D. 强心苷

2. 一般皂苷提取分离过程中最常选用的试剂是（　　）。

A. 正丁醇　　　　B. 乙酸乙酯　　　　C. 乙醚　　　　D. 氯仿

3. 泡沫试验可用于（　　）成分的鉴别。

A. 黄酮　　　　B. 挥发油　　　　C. 生物碱　　　　D. 皂苷

4. 皂苷类化合物的分离过程中，将皂苷先溶于少量甲醇中，然后逐滴加入（　　），使皂苷析出。

A. 乙醚　　　　　　　　　　　　　B. 丙酮

C. 乙醚-丙酮（1∶1）混合剂　　　D. 正丁醇

5. 从水溶液中萃取皂苷常选用的溶剂是（　　）。

A. 乙醚　　　　B. 乙醇　　　　C. 乙酸乙酯　　　　D. 正丁醇

6. 区别三萜皂苷和甾体皂苷的颜色反应是（　　）。

A. 香草醛-浓硫酸　B. 三氯乙酸　　　C. 五氯化锑　　　D. 茴香醛-浓硫酸

7. 组成甾体皂苷元的碳原子数是（　　）。

A. 30　　　　B. 27　　　　C. 25　　　　D. 28

8. 皂苷溶血作用的有无取决于（　　）。

A. 糖的种类　　　B. 皂苷元　　　　C. 糖的数目　　　D. 糖链数目

### 二、填空题

1. 甾体皂苷元是由_____碳原子组成，其基本碳架为_____，按结构中_____和_____分为_____、_____、_____、_____四种结构类型。

2. 甾体皂苷分子结构中不含_____，呈_____，故又称_____。

3. 可用于区别甾体皂苷和三萜皂苷的显色反应是_____和_____；可用于区别螺甾烷型和F环开环的呋甾烷型甾体皂苷的显色反应是_____和_____。

4. 提取皂苷多利用皂苷的_____，采用_____提取。主要使用_____或_____作溶剂，提取液回收溶剂后，用_____萃取或用_____、_____沉淀，或用_____处理，即可得到粗皂苷。提取皂苷元可根据其_____溶于水，而_____溶于有机溶剂的性质，自原料中先提取粗皂苷，将粗皂苷_____后，用_____等有机溶剂自水解液中提取皂苷元，或将植物原料直接_____，再用有机溶剂提取。

### 三、问答题

如何用化学方法区别甾体皂苷和三萜皂苷？

## 实训九 甘草中甘草酸和甘草次酸的提取分离与鉴定

### 一、实训目的
（1）学会运用回流提取法、重结晶法对甘草中甘草酸和甘草次酸进行提取和精制；会用呈色反应、薄层色谱法进行甘草酸和甘草次酸的检识。

（2）完成甘草中甘草酸和甘草次酸的提取分离及鉴定指标。

### 二、实训药品及器材
甘草粗粉、浓硫酸、乙醇、香草醛、硅胶 G、氧化铝、正丁醇、乙酸、石油醚、苯、乙酸乙酯、氯磺酸、四氯化碳、0.1%甲紫乙醇溶液

粉碎机、圆底烧瓶、冷凝器、回流装置、过滤装置、真空干燥箱。

### 三、实训原理
甘草酸多以钾盐或钙盐的形式存在于甘草中，其盐易溶于水，于水溶液中加浓硫酸即可析出甘草酸，利用此性质提取甘草酸。甘草酸经酸水解，其苷元不溶于水而析出，可分离得到甘草次酸。

### 四、操作步骤
（一）甘草中甘草皂苷的提取分离工艺流程

甘草挑选除杂→粉碎→提取→过滤→浓缩→分离→沉淀→重结晶→干燥→成品

（二）工艺过程

1. 粉碎

将干净干燥的甘草放入粉碎机中粉碎，过 10 目筛，制得甘草粉。

2. 提取

称取一定质量的甘草粉放入反应器中，加入其 5 倍质量的水，在搅拌下于 85℃以上加热回流 2.5h，过滤、滤渣再加 3 倍质量的水重复提取一次，合并滤液。

3. 浓缩

将甘草酸提取液用薄膜蒸发器进行真空浓缩，当滤液体积减小 4/5 时，趁热过滤。

4. 分离

在已经冷却的浓缩滤液中，加入其 1/2 容量的 95%乙醇，然后静置过夜，经过滤除去植物蛋白、多糖等沉淀物。

5. 沉淀

在经上述处理的甘草酸浓缩液中，用浓硫酸调其 pH 值，使甘草酸沉淀析出，然后进行离心分离，得粗甘草酸。

6. 重结晶

用 60～70℃的稀乙醇进行重结晶，减压过滤后得甘草酸湿品。

7. 干燥

将湿甘草酸放入真空干燥箱内，调节真空度，在 70～80℃温度下加热 40～60min，即得干甘草酸。

8. 成品

将干燥的甘草酸粉碎，过筛，即得甘草酸成品。

（三）甘草酸及甘草次酸的鉴别

1. 显色鉴定

取皂苷少许溶于乙醇 0.5mL 中，加入 0.5%香草醛浓硫酸试液 2mL，加入水 5 滴变成红色，再加水 10 滴变成紫色，即为阳性反应。

2. 薄层色谱鉴定

试样：自制甘草酸。

吸附剂　硅胶 G（使用前在 100℃活化 30min）。

展开剂　正丁醇-乙酸-水（6∶4∶3）。

显色剂　先喷 1％碘的四氯化碳溶液显黄色斑点，4min 后再喷 0.1％甲紫乙醇溶液，黄色斑点变为紫色。

试样：自制甘草次酸。

吸附剂　硅胶 G。

展开剂　石油醚-苯-乙酸乙酯-乙酸（10∶20∶7∶0.5）。

显色剂　喷氯磺酸-乙酸（1∶3）后，100℃烤 5min，显黄色斑点，4min 后再喷 0.1％甲紫乙醇溶液，甘草次酸显黄色斑点，$R_f$ 为 0.24。

## 五、操作提示

（1）甘草品种较多，因品种和产地差异，其甘草酸、甘草次酸含量差异很大。

（2）甘草酸一般用无机酸如硫酸、盐酸水解，若水解条件控制不好，很容易发生异构化反应。用酶水解甘草酸，可得到纯的甘草次酸。

## 六、实训报告

填写实训报告单。

**实训报告单**

| 实训名称 | | |
|---|---|---|
| 设备器材 | 玻璃器皿 | |
| | 仪器设备 | |
| 溶剂与试剂 | 溶剂 | |
| | 试剂 | |
| 操作步骤 | | |
| 质量检验 | 检验方法 | |
| | 检验记录 | |
| 讨论与总结 | | |
| 文明操作 | 环境卫生 | |
| | 仪器使用 | |
| 学习能力 | 教师评价 | |

# 提取分离常用溶剂的性质

| 溶剂名称 | 溶剂主要性质 |
|---|---|
| 甲醇 | 无色透明液体，具挥发性，易燃，与水、乙醇或乙醚能任意混合。相对分子质量 32.04；相对密度 0.792；熔点为 −97.8℃；沸点为 64.6℃；折射率 1.3301；燃烧热 5420kJ/mol；在空气中甲醇蒸气的爆炸极限 6.0%～36.5%（体积分数） |
| 乙醇 | 无色透明液体，易挥发，易燃。与水、乙醚或苯能任意混合。与水按照一定的比例混合，常用于各种化合物的提取，应用广泛。相对分子质量 46.7；相对密度 0.789；熔点 −114.3℃，沸点 78.4℃；折射率 1.3614；燃烧热 1365.5kJ/mol；在空气中的爆炸极限 3.3%～19.0%（体积分数） |
| 丙酮 | 无色透明液体，有特臭，易挥发，易燃。与水、乙醇、氯仿、石油醚等能任意混合。可用于中等极性化合物的提取。相对分子质量 58.08；相对密度 0.792；熔点 −94℃，沸点 56.3℃；折射率 1.3588；燃烧热 1792kJ/mol；在空气中的爆炸极限 2.6%～12.8%（体积分数） |
| 正丁醇 | 无色透明液体，有特臭，易燃。与乙醇、乙醚或苯能任意混合。常用于皂苷的萃取。相对分子质量 74.12；相对密度 0.810；熔点 −90.2℃，沸点 117.7℃；折射率 1.3993；燃烧热 2673.2kJ/mol；在空气中的爆炸极限 1.45%～11.25%（体积分数） |
| 乙酸乙酯 | 无色透明液体，与丙酮、三氯甲烷或乙醚能任意混合。常用于低极性和中等极性化合物的提取或萃取。相对分子质量 88.11；相对密度 0.902；熔点 −83.6℃，沸点 77.1℃；折射率 1.3708～1.3730；燃烧热 2244.2kJ/mol；在空气中的爆炸极限 2.0%～11.5%（体积分数） |
| 乙醚 | 无色透明液体，具刺激性，易挥发，易燃，具麻醉性，遇光或久置空气中可被氧化成过氧化合物。能与乙醇、苯、氯仿、石油醚和油类等任意混合，微溶于水。常用于低极性化合物的萃取。相对分子质量 46.7；相对密度 0.713；熔点 −116℃，沸点 34.6℃；折射率 1.3530；燃烧热 2752.9kJ/mol；在空气中的爆炸极限 1.85%～36.5%（体积分数） |
| 氯仿 | 无色透明液体，质重，易挥发。与乙醇、乙醚、苯、石油醚能任意混合，在水中微溶。常用于生物碱类化合物的提取或萃取。相对分子质量 119.38；相对密度 1.484；熔点 −63.5℃，沸点 61.3℃；折射率 1.4476；燃烧热 402.23kJ/mol；在空气中的爆炸极限 1.30%～11.0%（体积分数） |
| 甲苯 | 无色透明液体，有苯样特臭，易燃。与乙醇或乙醚能任意混合，在水中不溶。生产中出于工艺的需要，常作为苯的替代溶剂。相对分子质量 92.14；相对密度 0.867；熔点 −94.9℃，沸点 110.6℃；折射率 1.4967；燃烧热 3905.0kJ/mol；在空气中的爆炸极限 1.2%～7.0%（体积分数） |
| 石油醚 | 无色透明液体，特臭，易挥发，易燃，与无水乙醇、乙醚、苯任意混合，不溶。相对分子质量 195.34；相对密度 0.64～0.66；熔点 <−73℃，沸点 40～80℃（沸程 30～60℃，60～90℃，90～120℃）；无固定折射率；无可用燃烧热；空气中爆炸极限 1.1%～7.8%（体积分数） |

# 参 考 文 献

［1］ 许文渊．药用植物学．北京：中国医药科技出版社，1995.
［2］ 郑小吉．药用植物学．北京：人民卫生出版社，2005.
［3］ 吴剑峰．天然药物化学．北京：高等教育出版社，2006.
［4］ 康胜利．天然药物化学．北京：中国人民大学出版社，2010.
［5］ 赵中振．百药炮制．北京：人民卫生出版社，2011.
［6］ 李迎春，曾健青，刘莉玫等．丹参中3种丹参酮的超临界二氧化碳萃取及液相色谱分析．色谱，2002，（1）.
［7］ 莫尚志，李菁，史庆龙等．超临界 $CO_2$ 萃取绒毛鼠尾草脂溶性活性成分的研究．中药材，2004，（10）.
［8］ 何兰，姜志宏．天然产物资源化学．北京：科学出版社，2008
［9］ 李成舰．天然药物化学．北京：化学工业出版社，2013.
［10］ 李建民．天然药物学．北京：化学工业出版社，2014.
［11］ 王宁．天然药物学．北京：化学工业出版社，2013.
［12］ 李利红．药用植物学．北京：化学工业出版社，2013.